U0156398

建筑工程招投标实务与案例分析

第3版

主　编　李志生

副主编　付湘江　刘春胜

参　编　付冬云　樊建平

机械工业出版社

本书通过大量案例，以实务操作及法律解读为核心，对我国工程建设招标投标领域的理论与实践进行了系统而全面的介绍。全书分为 12 章，主要内容包括：绪论，建筑工程的招标方式和招标范围，建筑工程的招标程序，建筑工程的评标方法，建筑工程的招标文件，建筑工程的投标策略，建筑工程的投标文件，建筑工程的投标程序，建筑工程的开标、评标与定标，建筑工程的中标公示及中标合同，建筑工程招标投标的监管、异议、投诉、违法责任与处理，建筑工程招标代理机构。

本书的特色：突出实用性、实践性、全面性及可操作性，坚持招标投标法律法规与招标投标实践相统一；经典案例贯穿始终，理论与案例分析紧密结合，充分反映了当前国内建筑工程招标投标领域的新动向、新做法。

本书内容丰富、可读性强，既可供企业中高层管理者、招标和投标负责人，以及制造业和信息产业产品采购和供应部门、市场拓展部门、战略发展部门的技术和管理人员阅读与使用，也可作为高等院校土建类、工程管理类专业教学用书。

图书在版编目（CIP）数据

建筑工程招投标实务与案例分析/李志生主编 . —3 版 . —北京：机械工业出版社，2022.6
ISBN 978-7-111-71040-0

Ⅰ.①建… Ⅱ.①李… Ⅲ.①建筑工程–招标–案例②建筑工程–投标–案例 Ⅳ.①TU723

中国版本图书馆 CIP 数据核字（2022）第 108537 号

机械工业出版社（北京市百万庄大街 22 号　邮政编码 100037）
策划编辑：陈玉芝　王　博　责任编辑：陈玉芝　王　博　关晓飞
责任校对：郑　婕　贾立萍　责任印制：单爱军
河北宝昌佳彩印刷有限公司印刷
2022 年 8 月第 3 版第 1 次印刷
184mm×260mm · 17.25 印张 · 427 千字
标准书号：ISBN 978-7-111-71040-0
定价：49.80 元

电话服务　　　　　　　　网络服务
客服电话：010-88361066　机 工 官 网：www.cmpbook.com
　　　　　010-88379833　机 工 官 博：weibo.com/cmp1952
　　　　　010-68326294　金 书 网：www.golden-book.com
封底无防伪标均为盗版　机工教育服务网：www.cmpedu.com

前　言

党的十八大以来，党中央、国务院把处理好政府与市场的关系、转变政府职能作为全面深化改革的关键，大力推进简政放权、放管结合、优化服务。在建筑工程招标投标领域，国务院以及有关部委积极改革和完善以"放、管、服"为重要内容的招标投标制度，深化招标投标领域"放管服"改革，解决招标投标市场存在的突出问题，对招标投标领域的重要法律、法规和部门规章进行了修订、废除或删减，全国招标投标的政策和形势发生了较大的变化。此外，本书自2014年出版第2版以来，经历了较长的时间，期间社会经济已发生了较大的变化，第2版已不能适应国内建筑领域招标投标的发展需求。基于上述原因，我们进行了再次修订。

第3版在以下几方面进行了修订或完善。第一是全面梳理了现行的法律法规和国家部委的规章，试图反映国家有关建筑工程招标投标的最新规定，并增加了国家发展和改革委员会的权威解读内容。另外，如无特殊说明，书中所有的法律条文均援引自本书成书时的现行版本。第二是修订了第2版的不再适用的内容，如加强了电子招标投标各环节的介绍，删去了招标代理资格方面的介绍等。第三是全面加强了案例分析，使之更具针对性、适用性和可读性。第四是各章的思考与练习增加了选择题部分的参考答案，并制作了PPT课件，方便各院校使用。第五是全书内容更统一，概念更清晰，更富有逻辑性，如删掉了政府采购的部分内容，使全书前后术语更标准和统一。

本次修订工作主要由广东工业大学土木与交通工程学院的李志生完成。李志生担任主编，珠海市三湘建筑基础工程有限公司的付湘江和招投研究院（广州）有限公司的刘春胜担任副主编。参加编写工作的还有广东宏建工程造价咨询有限公司的付冬云以及珠海市三湘建筑基础工程有限公司的樊建平。其中，李志生负责第1~5章，第8~12章，第6章第4~6节，第7章第4~8节的编写，并与付冬云共同编写第6章第1、2节，与刘春胜共同编写第

6章第3节和第7章第1节，与付湘江共同编写第7章第2节，与樊建平共同编写第7章第3节。各章思考与练习的设计及PPT课件的制作均由李志生完成。

在本书的编写过程中，我们还得到了广东省公共资源交易联合会陈平会长、朱本祥秘书长及何键华副秘书长等业内专家的大力支持，在此一并表示感谢。

今后，我们将继续总结全国招标投标工作的经验和做法，及时反馈和跟踪招标投标工作的政策和形势，并欢迎读者继续提供有益的意见和建议，我们对此深表感谢。相关意见和建议请发至电子邮箱Chinaheat@163.com（李志生）。为方便授课，教师可以登录机械工业出版社教育服务网（www.cmpedu.com）注册后下载PPT课件。本书咨询电话：010-88379079。

由于编者水平和时间有限，本书疏漏之处在所难免，请广大读者给予批评指正。

编　者

目 录

第1章

绪　论

本章将介绍招标投标的起源和发展历史，论述招标投标的特征、意义和作用，重点介绍我国建筑工程招标投标的相关法律法规和现行规定，并阐述我国建筑工程招标投标市场的交易情况和制度建设情况。

1.1　招标投标的起源与作用

招标投标制度自形成以来，至今已有 200 多年的历史。经过世界各国及国际组织的理论探索和实践总结，现在招标投标制度已非常成熟，形成了一整套行之有效且国际通用的操作规程，在国际工程交易和货物、服务采购中被广泛使用。招标投标制度最被人称道之处就是"三公"（公开、公平、公正）原则以及择优原则。正因如此，招标投标被称为市场经济中高级的、规范的、有组织的交易方式，而招标投标制度也被世界各国推崇为符合市场经济原则的规范和有效的竞争机制，成为实现社会资源优化配置的有力推手。

1.1.1　招标投标的含义与起源

招标投标是国际上普遍应用的、有组织的一种市场交易行为，是贸易中工程、货物或服务的一种买卖方式。

招标是指在一定范围内公开货物、工程或服务采购的条件和要求，邀请众多投标人参加投标，并按照规定程序从中选择交易对象的一种市场交易行为。

招标投标是商品经济的产物，出现于资本主义发展的早期阶段。招标投标起源于 1782 年的英国。当时的英国政府首先从政府采购入手，在世界上第一个进行货物和服务类别的招标采购。由于招标投标制度具有其他交易方式所不具备的公开性、公平性、公正性、组织性和一次性等特点，以及符合社会通行的、规范的操作程序，招标投标从诞生之日起就具备了旺盛的生命力，并被世界各国沿用至今。

按照习惯，我们定义工程交易的方式为招标，而政府采购（含工程、货物、服务）为采购方式的招标，简称采购。本书中，建设工程交易的论述和分析均以工程招标为主，但是因为政府采购中也含有部分或少量的工程项目招标［尤其是 PPP（政府与社会资本合作）工程］，因此，本书没有严格区分招标和采购方式。

1.1.2　招标投标的特征、意义与作用

1. 招标投标的主要特征

概括地说，招标投标的主要特征是"两明""三公"和"一锤子买卖"。所谓"两明"，就是指用户或者业主明确，招标的要求明确；所谓"三公"，就是指招标的全过程做到公开、公平、公正；所谓"一锤子买卖"，就是指招标过程是一次性的。

（1）用户或者业主明确　招标制度下，必须是某一特定的用户（也可以是几家用户联合）或者业主，提出需要购买重要的物品或者建设某项工程，也就是说招标人必须明确。

（2）招标的要求明确　招标时，必须以文字方式（招标文件）明确提出招标方的具体要求，如对投标人的资格要求、招标内容的技术要求、交货或者完成工程的时间和地点、付款方式等细节都必须明确提出。

（3）招标必须公开竞争　招标过程和程序必须有高度的透明度。依据相关法律、法规，必须将招标信息、招标程序、开标过程、中标结果全部公开，使每一个投标人都获得同等的信息。

（4）评标必须公开、公平、公正　所谓公开，就是招标的全过程必须公开或公示。所谓公平，就是要求给所有投标人同等的机会，不得设置限制排除某些潜在的投标人。所谓公正，就是要按照事先确定的评标原则和方法进行，不得随意指定中标人。

（5）"一锤子买卖"　招标是"一锤子买卖"或一次性行为，这是因为：第一，招标投标是一种"要约邀请"活动，投标人必须满足招标人的要求（主要体现为投标时必须同意招标文件的内容），如果不同意可以不投标，但一旦投标了就视为认同招标人的要求。第二，在招标投标过程中，无论是在投标报价还是签订中标合同的过程中，都不允许投标人与招标人反复地讨价还价，中标合同既要满足招标文件，也要满足中标文件。第三，同一个项目的招标，每个投标人只允许提交一份投标文件，不允许提交多份投标文件，即所谓的"一标一投"。第四，在评标委员会确定中标人后，招标人和中标人应及时签订合同，不允许反悔和放弃、剥夺中标权利。

2. 招标投标的意义

招标投标对保证市场经济的健康运行具有重要意义。市场经济是法治的经济，其基本要求是市场公正、机会均等、自由开放、公平竞争。只有资本要素在社会上自由、畅通地运行，资源才能在全社会范围内实现优化配置。招标投标的"三公"原则，契合了市场经济的发展要求，也保证了市场经济的顺利发展。同时，对建筑工程的招标投标来说，工程项目招标投标是培育和发展建筑市场的重要环节，能够促进我国建筑业与国际接轨。招标投标不仅对提高资金的使用效益和质量，适应经济结构战略性调整的要求，发挥市场配置资源的基础性作用具有重要意义，而且对致力于营造公开、公平、公正竞争的市场秩序，提高工程质量具有重要意义。

3. 招标投标的作用

（1）促进有效竞争和市场公平　招标投标制度实行"三公"原则，特别是招标的全过程必须公开，每个环节都实行信息公示。因此，招标投标能促进市场各方进行有效竞争和公

平交易。市场经济中最有效的机制是通过市场配置资源的机制，而市场机制中最为关键的、起主导作用的就是自由竞争机制。市场经济中的竞争机制能否顺利地发挥作用，很大程度上取决于竞争方式的优劣和竞争是否充分、是否有效。竞争机制发挥的程度，最终会对资源配置的优化程度产生作用。

招标投标方式下的交易是一种有效竞争，也是一种"有用的""健康的""规范的"竞争。由于招标投标实行"三公"原则，因此各行为主体很难开展"寻租"活动。招标投标机制属于公平有效的竞争，因此能激发人们正常的积极性、创造性、牺牲精神和冒险精神，从而使交易中的竞争有效。所谓有效，就是真正做到存优汰劣。之所以如此，其根本的原因是招标投标保障了竞争机制的充分发挥。在这种竞争动力的作用下，投标人不能心存侥幸，寄希望于贿赂、收买等"寻租"行为，而是要凭借实力参与竞争。招标方式下的竞争结果，必然对所有参与竞争的投标人起到积极的促进作用。赢者要考虑如何保持竞争优势，输者则有必要进行反思，从自身寻找差距。要想中标，必须加强自身的核心竞争力，比如提高产品的质量和性能，提高服务水平，提高诚信和技术水平，积累更多的业绩或经验等。

事实上，在招标投标活动中，这种充分竞争就是一个资源优化配置的过程。企业只有在公平规范的市场竞争中注重"练内功"，才会有直接的回报。而只有当竞争真正导致优胜劣汰，作为市场主体的企业才会积极投身于生产性的、能够增进社会福利的活动，整个社会的资源才能得到优化配置。

招标投标的"三公"原则，能强化各种监督制约机制，深化体制机制改革。当前，一些地方的招标工程就引入了纪检、监察、政协、公证等社会力量，这是推广招标投标制度过程中的创新。招标投标过程中贯彻实施的《中华人民共和国政府信息公开条例》，规定招标投标过程中的信息资源应予以公开，这有利于促进社会公平，从而实现社会经济的良性发展。

（2）**规范市场竞争，促进规范交易** 招标投标机制有助于解决建设交易市场无序竞争、过度竞争或缺乏竞争的问题，促进建立统一、开放、竞争、有序的建设市场体系。招标投标规范了竞争行为，对鼓励人们勤劳致富、摒弃投机取巧、力戒浮躁，以及净化社会环境、促进精神文明建设，都将起到积极的作用。

市场经济本质上是一种自由竞争性经济。作为市场主体的企业在参与市场竞争的过程中，往往动用一切可能的手段来获取更多的利润或更高的市场占有率。这些手段中，有价格方面的（如协定价格、指导价格、默契价格等），也有非价格方面的（如广告宣传、促销活动），甚至还包括一些非法行为。在市场发育并不完全、法律体系尚不完善、信息传递相对落后的市场经济初级发展阶段，市场竞争行为经常处于无序的状态。

招标投标制度恰好能约束这些非正常竞争行为，促进规范交易的进行。招标投标制度每一个步骤都公开，规则透明，交易结果公示，评审过程实行专家打分制度，业主、代理机构、评标专家、监督方各自独立。招标投标的特点是交易标的物和交易条件的公开性和事先约定性。因此，招标投标能有效地规范市场交易行为，对净化行业风气，促使企业遵循诚实守信、合法经营的原则具有重要意义。

（3）**降低交易费用和社会成本** 市场经济体系成熟完善的标志，不仅包括市场主体的行为规范，还应包括交易双方可以通过最便捷的方式平等地获取市场交易的信息。任何交易行为都存在买卖双方。所谓交易费用，就是交易双方为完成交易行为所需付出的经济代价。

新古典经济学理论往往假设经济活动中不存在"阻力",即假设交易费用为零。而事实上交易费用(交易对方的搜索费用、谈判费用、运输费用等)不但存在,而且不可忽略,还往往起着决定性作用。由于采购信息的公开,竞争的充分程度大为提高。交易费用的大小是和竞争的充分程度相关的:竞争的充分程度越高,交易费用越低。这是因为,充分竞争使得买卖双方都节约了大量的有关价格形成、避免欺诈、讨价还价以及保证信用等方面的费用。

招标投标是市场经济条件下一种有组织的、规范的交易行为。其第一个特点就是公开,而公开的第一个内容就是交易机会的所在。按照招标投标的惯例,采购人若以招标的方式选择交易对方,必须首先以公告的方式公开采购内容,同时辅以招标文件详细说明交易的标的物以及交易条件。在买方市场的条件下,公开交易机会可以极大地缩短对交易对方的搜索过程,从而节约搜索成本;同时也使得市场主体可以通过最便捷的方式平等地获取市场信息。目前,为规范建筑工程交易行为,招标投标信息往往都在网上公布,各地方政府、工程交易中心、招标代理机构、政府采购网站都可以发布招标信息、公布招标结果。信息公开已成为常态。由于信息发布的快捷、经济、方便,搜索招标信息也变得非常容易。

公开招标的全面实施还在节约国有资金、保障国有资金有效使用方面起到了积极作用。招标投标还能降低其他无谓的"攻关费用"和市场开拓费用,从而降低社会的总运行成本。

(4)完善价格机制,真实反映市场传导 经济学常识告诉我们,市场机制通过供求的相互作用,把与交易有关的必要信息集中反映到价格之中。由于市场价格包含全部必要的信息,市场主体根据价格变动而进行的调节,不仅对自身有益,而且对整个社会有利。市场的均衡价格是供求双方抗衡的结果,为使这种抗衡有意义,买卖双方必须"势均力敌"。假若一方对另一方占有压倒性优势,抗衡便名存实亡,所产生的价格不可能正确反映社会供求状况,因而也就不可能最优地配置有限的社会资源。

交易双方信息的不完整和不对称常常导致不公平交易,而不公平交易势必造成资源浪费或资源配置失误。当卖方有较完全的信息,而买方有不完全的信息时,竞争就不对称,市场价格便不能将有关信息全部反映出来。例如,如果买方对商品质量无法检验区别,那么质量下降这一变动就不能通过竞争反映到价格中去,即价格并不因质量下降而下跌。这种一方掌握着另一方所没有的知识的情况,被称为信息不对称。在信息不对称的条件下,价格机制就不能有效率地配置资源,因为价格已经不能作为一个有效的信号工具,市场机制也因此而失效。

当某一机制在特定的信息条件下无法胜任协调经济活动的使命时,其他更有效的机制便应运而生并取而代之。在信息不对称的条件下,市场机制有着严重缺陷,于是其他非价格机制便应运而生,其中之一便是招标投标机制。

招标投标机制是市场经济的产物,同时也是信息时代的产物。在市场经济的条件下,社会资源的优化配置与组合大多是在市场交易过程中实现的。潜在交易对方的搜索,只是交易行为最初始的信息交流。交易结果是否符合社会资源优化配置的原则,取决于交易双方是否是在信息相对对称的条件下成交的。

招标投标机制可以促使交易双方沟通信息并有效缩短沟通的过程。招标投标过程实际上是一个有效解决交易双方信息不对称矛盾的过程,机电产品采购实行招标的实践充分说明了这一点。

自招标这一采购方式被采用至今,国际上已形成了一套相对固定的操作模式。多年来,机电产品招标代理机构借鉴这套做法,并在招标的具体操作过程中结合实际进行了积极的探索,逐步摸索出了投标前进行技术交流的方法,以此来解决交易双方信息不对称的矛盾。招标前的技术交流,使买方有机会比较全面且低成本地收集世界先进的技术信息并加以利用。

招标投标方式有助于解决交易双方信息不对称矛盾的另一个原因是:与单独商务谈判相比,投标人在投标过程中所承受的竞争压力要大得多,对整个竞争的态势更是有切肤之感。在这种重压之下,投标人为了在竞争中保持优势,以期最后赢得合同,就不得不主动提供有关自己产品的各种信息。在此信息对称的条件下,买方才能作出正确的选择,交易才能公平,资源才能得到优化配置。

(5)**优选中标方案,提高社会效益** 传统交易方式最明显的不足是采购信息未能在最广泛的范围内传播,买方只能与有限的几家卖方进行谈判,完成所谓的"货比三家",之后就拍板成交。相比之下,采用招标方式进行采购时,业主或受委托的专职招标代理机构必须按惯例公开采购信息及标的物,一项招标活动可能有数十家投标人参与竞争,业主单位或用户单位能够从数十家单位中选择报价低、方案优、售后服务好的单位中标,从而形成最广泛、最充分、最彻底的竞争。尽管招标投标制度不能保证每次都能选中方案最好、报价最低的单位,但并不能因此而否定招标投标制度是好的制度。运用招标投标方式进行采购,其结果是不仅使特定的这次采购决策能够符合资源优化配置的原则,而且采购到的标的物价廉物美。事实上,每一次招标投标的结果都传导了比较真实的价格信息,竞争越是充分、完全,价格信息越趋真实、准确,最终促进社会资源的优化配置。

招标投标在不同的领域应用,其功用或目的也是不尽相同的。有关招标的研究资料表明,最初的招标,是在买方市场的条件下具体买家所采取的一种交易方式,其基本目的只是为了降低购买成本,用现在的话来说就是追求的只是经济效益。社会效益也许是客观存在的,但当时的人们并没有去发现它,因此也未去计较或追求它。

招标投标产生于商品经济条件下,并在市场经济条件下日趋完善。最早采用招标方式进行采购的目的是降低成本,其具体的手段是营造规范公平的竞争局面。这时候招标的目的和手段都是比较单一的,人们对招标投标的认识,也同样比较简单。即使到了今天,许多人谈及招标投标,也只了解或认为招标可以降低价格。虽然这样的看法并不全面,但道出了招标投标最为基本的目的和作用。在招标投标日趋完善的过程中,人们发现,运用招标投标所带来的结果不仅仅是得以降低一次特定采购的成本,事实上它产生了于买方甚至整个社会都有益的综合效益——资源得到优化配置。这一发现使得人们更为积极主动地运用招标投标机制。所谓主动,就是将社会所需要的综合效益,如规范市场竞争行为、优化社会资源配置等,作为招标投标的目标去追求。

市场机制作为一个理想的模型,其前提是完全竞争。完全竞争市场形成的条件之一是完全信息,即买卖双方都完全明了所交换的商品的各种特性。但是,在现实生活中,完全竞争市场所假设的前提条件是不会充分存在的,它只是一种理论抽象。任何经济机制都是在不完全信息条件下运转的,市场机制也不例外。

上述常识告诉我们两个简单的道理:一个是自由竞争具有定价功能;另一个是使价格准确反映社会供求状况的竞争有助于社会资源的优化配置。

招标方式下的采购,尤其是在有专职招标代理机构介入的情况下,竞争相对要更加完全。专职招标机构的信息发布渠道,以及由于自身工作需要所积累的信息和驾轻就熟的信息搜集网络,远比单一买方"临时抱佛脚"对交易对方的搜寻要来得充分、彻底,由此就有可能营造出充分竞争的氛围。因为，卖方的增多会对竞争起到一种"自乘"作用，使竞争加剧；再者，招标机构的介入使单一的买方成为整个买方群体中的一员，也使卖方对潜在的需求有了更为清晰的了解，尤其是对潜在的利润有了更多的企盼，这一企盼同样也对竞争起到催化剂的作用。相对买方自行比价、谈判、采购而言，此时的竞争要激烈得多，造成的价格下降幅度也要大得多。招标代理机构的介入还使买方不再形单影只，并和卖方在力量对比上发生根本性变化，从而在整个招标过程中始终处于主动地位。在这种竞争态势之下，作为竞争结果的价格就能比较准确地反映供求状况，为社会资源流动提供正常的导向信息。

2020 年 2 月 20 日，国家发展和改革委员会发布了《关于建立健全招标投标领域优化营商环境长效机制的通知》（发改法规〔2021〕240 号），要求深入贯彻党的十九届五中全会关于坚持平等准入、公正监管、开放有序、诚信守法，形成高效规范、公平竞争的国内统一市场的决策部署，落实《优化营商环境条例》精神，进一步深化招标投标领域营商环境专项整治，切实维护公平竞争秩序，根据国务院办公厅政府职能转变办公室深化"放管服"改革优化营商环境工作安排，充分认识建立健全招标投标领域优化营商环境长效机制的重要性。为巩固和深化招标投标领域营商环境专项整治成果，进一步营造公平竞争的市场环境，迫切要求建立健全长效机制，久久为功，持续发力，推动招标投标领域营商环境实现根本性好转。

总之，招标投标制度在维护市场秩序，促进公平竞争，保障工程质量，提高投资效益，遏制腐败和不正之风等方面发挥了积极的作用。

1.2　国际招标投标发展概述

1.2.1　国际招标投标的发展变化

众所周知，招标和投标并非起源于中国，而是起源于英国。因此，招标和投标文件也是先有英文的，然后才有中文的。招标投标制度是商品经济的产物，它出现于资本主义发展的早期阶段。早在 1782 年，当时的英国政府从政府采购入手，在世界上首次进行了招标采购。由于这种制度奉行"公开、公平、公正"的原则，一出现就具备了强大的生命力，随后被世界各国采用并沿用至今。随着招标投标制度在实践中不断改进和革新，今天国际上通行的招标投标制度已相当完善，已成为世界银行等国际援助项目普遍使用的制度。

在市场经济高度发展的资本主义国家，采购招标形成最初的起因是政府、公共部门或政府指定的有关机构的采购开支主要来源于法人和公民的税赋和捐赠，而这些资金的用途必须以一种特别的采购方式来促进采购尽量节省开支，并最大限度地透明、公开以及高效。继英国 18 世纪 80 年代首次设立文具公用局（Stationery Office）后，许多西方国家通过了专门规范政府和公共部门招标采购的法律，形成了西方国家具有惯例色彩的公共采购市场。

进入 20 世纪后，世界各国的招标制度得到了很大的发展。西方国家大都立法规定，政府公共财政资金的采购必须实行公开招标。这既是为了优化社会的资源配置，更是预防腐败的需要。在国际贸易中，西方发达国家采用招标投标机制，主要是希望消除国家间的贸易壁垒，促进货物、资本、人员流动。国际金融组织采用招标投标机制，则是为了减少或降低贷款或投资风险。例如，世界贸易组织（WTO）在东京回合谈判通过的《政府采购协议》就要求成员对政府采购合同的招标程序作出规定，以保证供应商在一个平等的水平上进行公平竞争。发展中国家运用招标投标机制，则主要是为了改善本国进口商品和服务的质量，减少和防止国有资产流失。

20世纪70年代以来，招标采购在国际贸易中的比例迅速上升，招标投标制度也成为一项国际惯例，并形成了一整套系统、完善的为各国政府和企业所共同遵循的国际规则。目前，各国政府都已加强和完善了与本国法律制度和规范体系相适应的招标投标制度，这在促进国际经济合作和贸易往来方面发挥着重大作用。

进入21世纪以来，随着世界经济全球化的加速推进，加之互联网的广泛使用，招标投标形势发生了很大变化。当前，世界上的主要国际组织和发达国家都在积极探索、规划和大力推行政府采购电子化。虽然各国的发展很不平衡，但是采购的电子化已是大势所趋。更重要的是，由于国际组织不仅注重采购电子化方面的立法，而且普遍在其采购实践中实现了电子化。新兴工业化国家和一些中等发达国家也都在采取积极措施，推动政府采购及其电子化的发展，如韩国、新加坡、马来西亚等国家，政府采购电子化的应用都比较普遍。此外，招标投标在合同签订的规范性方面也发生了一些新的变化。最典型的是国际咨询工程师联合会（FIDIC）编制的合同条款、格式等，已被世界银行和世界各国所接受和应用，成为招标投标合同的范本。

1.2.2 国际招标投标法律和术语的变化

经过多年的发展，招标投标也发生了很大的变化。表1-1说明了世界银行关于招标投标的一些定义在1992年前后的变化情况。

表1-1 世界银行关于招标投标的一些定义在1992年前后的变化情况

序号	项目	1992年以前	1992年开始
1	招标	Tendering	Bidding
2	投标或投标文件	Tender	Bid
3	投标人	Tenderer	Bidder
4	投标邀请	Invitation to Tenders	Invitation for Bids
5	投标人须知	Instructions to Tenderers	Instructions to Bidders
6	合格的投标人	Eligible Tenderers	Eligible Bidders
7	招标文件	Tendering Documents	Bidding Documents
8	投标文件正本	Original Tender	Original Bid
9	投标文件副本	Copy of Tender	Copy of Bid
10	投标价格	Tender Prices	Bid Prices
11	投标保证金	Tender Security	Bid Security
12	开标	Tender Opening	Bid Opening
13	招标公司	Tendering Co.	Tendering Co.

注：标准翻译来自世界银行的《采购指南》和《招标文件》等范本。

从表 1-1 可以看到，招标、投标、投标人的英文单词有两组，即首字母为 T 的 Tendering、Tender、Tenderer（T 字母组）和首字母为 B 的 Bidding、Bid、Bidder（B 字母组）。在 1992 年以前，世界银行的《采购指南》和《招标文件》等范本用的是 T 字母组，从 1992 年起则用 B 字母组。我们没有必要去研究从 T 字母组演变到 B 字母组的原因和历史背景，但我们要知道曾经有过这种演变，现在世界银行用的是 B 字母组。

总的说来，1992 年以后的定义更加规范、严格。由于世界银行有关招标投标的文字使用是权威性的，我国的招标投标制度在招标程序、招标文件、评标办法等方面，基本上都是学习和借鉴世界银行的。因此，这些变化的说明对我们有指导意义。关于招标投标英文单词的这些使用变化，我们也应该学习和借鉴世界银行。值得说明的是，由于中国机电设备招标中心和一部分招标机构在 1992 年以前就成立了，所以在其英文名称和刊物名称中，"招标"一词的英文用的是 Tendering，如招标中心的英文名称用的是 Tendering Center，《中国招标》的英文名称为《China Tendering》。至于 1992 年以后成立的其他一些招标机构，其英文名称本来应该用 Bidding，但实际上大都用的是 Tendering，其原因是为了与中国机电设备招标中心的英文名称保持一致。目前，已有相当多的招标机构使用 Bidding 作为"招标"的英文名称。

尽管招标投标的某些方面发生了变化，但是可以发现，它有两个方面不会变，即最基本的作用和目的：一是按市场原则实现资源优化配置；二是以廉政为原则防止腐败。前者可以称为招标投标的自然属性，后者则是其社会属性。这也就是我们常说的经济效益和社会效益。这两个基本作用能否"万变不离其宗"地得以实现，则取决于招标投标固有的"公开、公平、公正"特性能否得以顺利发挥。

1.3 我国招标投标发展概述

1.3.1 我国招标投标制度的演变

我国招标投标制度的发展大致经历了探索与建立、发展与规范、完善与推广三个阶段。

1. 招标投标制度的探索与建立阶段

由于种种历史原因，招标投标制度在我国起步较晚。从中华人民共和国成立到 1978 年的中国共产党十一届三中全会，由于我国一直实行的是高度集中的计划经济体制，在这一体制下，政府部门、国有企业及其有关公共部门基础建设和采购任务都由主管部门用指令性计划下达，企业的一切经营活动也大部分由主管部门安排，因此招标投标也曾一度被中止。

十一届三中全会以后，我国开始实行改革开放政策，计划经济体制有所松动，相应的招标投标制度开始获得发展。1980 年 10 月 17 日，国务院在《关于开展和保护社会主义竞争的暂行规定》中首次提出："应当逐步改革现行的经济管理体制，积极地开展竞争"；"对一些适宜于承包的生产建设项目和经营项目，可以试行招标、投标的办法"。1981 年，吉林省吉林市和深圳特区率先试行了工程招标投标制度，并取得了良好效果。这一尝试在全国起到了示范作用，并揭开了我国招标投标的新篇章。

但是，20 世纪 80 年代，我国的招标投标主要侧重在宣传和实践方面，还处于社会主义计划经济体制下的一种探索阶段。

2. 招标投标制度的发展与规范阶段

20 世纪 80 年代中期到 20 世纪 90 年代末，我国的招标投标制度经历了试行→推广→兴起的发展过程。1984 年 9 月 18 日，国务院颁发了《关于改革建筑业和基本建设管理体制若干问题的暂行规定》，提出"大力推行工程招标承包制"，"要改变单纯用行政手段分配建设任务的老办法，实行招标投标"。就此，我国的招标投标制度迎来了发展的春天。

1984 年 11 月，当时的国家计委和建设部联合制定了《建设工程招标投标暂行规定》，从此我国全面拉开了招标投标制度的序幕。随着改革开放的深化，加之我国有加入 WTO 的需求，旧有的政策法规已经越来越不能适应新的市场经济环境。1985 年，为了改革进口设备层层行政审批的弊端，我国推行"以招代审"的方式，对进口机电设备推行国内招标。经国务院国发〔1985〕13 号文件批准，中国机电设备招标中心于 1985 年 6 月 29 日在北京成立，其职责是统一组织、协调、监管全国机电设备招标工作。时任国家经济委员会副主任的朱镕基同志主持召开了第一届招标中心理事会，我国的机电设备招标工作由此起步。随后，北京、天津、上海、广州、武汉、重庆、西安、沈阳 8 个城市组建起各自的机电设备招标公司，这些公司成为我国第一批从事招标业务的专职招标机构。1985 年起，全国各个省、市、自治区以及国务院有关部门，以国家有关规定为依据，相继出台了一系列地方、部门性的招标投标管理办法，极大地推动了我国招标投标行业的发展。1985 年至 1987 年的两年间，我国的机电设备招标系统借鉴世界银行等国际组织的经验和采购程序，并结合我国国情开展试点招标，积累了初步的经验。1987 年，我国的机电设备招标工作迎来了一个新的发展高潮，招标机构获得了一次难得的发展机遇。国家开始全面推行进口机电设备国内招标，要求：凡国内建设项目需要进口的机电设备，必须先委托中国机电设备招标中心下属的招标机构在中国境内进行公开招标；凡国内制造企业能够中标制造供货的，就不再批准进口，国内不能中标的，可以批准进口。在招标工作快速发展的同时，专职招标队伍也在不断壮大，全系统一起迈开步伐、齐心协力，不断探索招标理论、业务程序，明确行业技术规范，为我国招标投标行业未来的发展打下了坚实的基础。

1992 年，国家在进口管理方面采取了一系列重大举措，倡导招标要遵照国际通行规则，按国际惯例行事。从 1992 年开始，我国的机电设备招标逐步转向公开的国际招标。1993 年后，国家对机电设备招标系统的管理由为进口审查服务转为面向政府、金融机构和企业，为国民经济运行、优化采购和企业技术进步服务。

20 世纪 90 年代初期到中后期，全国各地普遍加强了对招标投标的管理和规范工作，也相继出台了一系列法规和规章，招标方式已经从以议标为主转变为以邀请招标为主。这一阶段是我国招标投标发展史上最重要的阶段，招标投标制度得到了长足的发展，全国的招标投标管理体系基本形成，为完善我国的招标投标制度打下了坚实的基础。此后，随着改革开放形势的发展和市场机制的不断完善，我国在基本建设项目、机械成套设备、进口机电设备、科技项目、项目融资、土地承包、城镇土地使用权出让、政府采购等许多政府投资及公共采购领域，都逐步推行了招标投标制度。

1994 年，我国进口体制实行了重大改革，将进口机电产品分为三大类，第一类是实行配额管理的机电产品，第二类是实行招标的特定机电产品，第三类是自动登记进口的机电产品。对第二类特定机电产品，国家指定了28家招标专职机构进行招标，由中国机电设备招标中心对这28家机构实行管理。从此，专职招标机构开始逐步向市场化的自由竞争转型，进一步强化了对政府和企业的招标服务职责。至此，我国的招标投标制度已开始与国际接轨。

3. 招标投标制度的完善与推广阶段

2000年1月1日，《中华人民共和国招标投标法》正式颁布实施。《中华人民共和国招标投标法》明确规定我国的招标方式分为公开招标和邀请招标两种，不再包括议标。这个重大的转变标志着我国招标投标制度的发展进入了全新的历史阶段，我国的招标投标制度从此走上了完善的轨道。《中华人民共和国招标投标法》的制定与颁布为我国公共采购市场、工程交易市场的规范管理并因此逐步走上法制化轨道提供了基本的保证。2003年1月1日，我国又颁布施行了《中华人民共和国政府采购法》，使我国的招标事业和招标系统迎来了一个大发展的时期。从此，我国的招标投标开始多元发展，进入高速增长的态势。

《中华人民共和国招标投标法》通过法律手段推行招标投标制度，要求大型基础设施、公用事业以及使用国有资金投资或国家融资的工程建设项目，包括项目的勘察、设计、施工、监理以及与工程建设有关的重要设备、材料等的采购，凡达到国家规定的规模标准，必须进行招标。目前，各地方政府基本都已建立了工程交易中心、政府采购中心和各种评标专家库，基本上能满足公共财政支出实行招标的需要。

与此同时，各高校开设了很多与招标投标有关的专业和课程，各种招标投标的相关书籍纷纷出版，各种关于招标投标的理论和论文大量涌现。

党的十八大尤其是十九大以来，以商事制度改革、简政放权改革和深化"放管服"的综合改革措施为标志，我国工程领域的招标投标制度发生了较大的变化。以《中华人民共和国招标投标法》（2017年修订）、《中华人民共和国招标投标法实施条例》（2018年修订）、《中华人民共和国政府采购法》（2014年修订）、《中华人民共和国政府采购法实施条例》（2015年制定）等法律法规为标志，建筑工程的招标投标改革成果体现在以下几个方面：一是加强业主或招标人的自主权；二是简化了资质、资格等方面的市场限制和壁垒，国务院及下属住建、交通、水利等部委合并、简化甚至取消了相当多的资质认定，例如取消了招标代理机构的资格、资质门槛；三是将相当多的事前监管和审批措施转变为承诺与事中、事后监管；四是大力加强诚信和信用建设。

1.3.2　我国政府各部门在招标投标职能上的变化

1. 招标投标主管机构和监管分工

《中华人民共和国招标投标法实施条例》第四条规定："国务院发展改革部门指导和协调全国招标投标工作，对国家重大建设项目的工程招标投标活动实施监督检查。国务院工业和信息化、住房城乡建设、交通运输、铁道、水利、商务等部门，按照规定的职责分工对有关招标投标活动实施监督。县级以上地方人民政府发展改革部门指导和协调本行政区域的招标投标工作。县级以上地方人民政府有关部门按照规定的职责分工，对招标投标活动实施监督，依法查处招标投标活动中的违法行为。县级以上地方人民政府对其所属部门有关招标投标活动的监督职责分工另有规定的，从其规定。财政部门依法对实行招标投标的政府采购工程建设项目的政府采购政策执行情况实施监督。监察机关依法对与招标投标活动有关的监察对象实施监察。"

由此可见，我国招标投标的指导和协调部门为国家发展和改革委员会以及地方各级人民政府发展和改革部门。

2. 各部门在招标投标以及采购方面的职能变化

根据十九大精神及 2018 年全国两会以后旨在落实中央的改革精神和国务院机构改革方案的要求，我国将提高政府整体工作效能，推动建设服务政府、责任政府、法治政府和廉洁政府。而其中一些部门在负责国内外招标投标以及采购方面的职能上也发生了转变。

（1）**国家发展和改革委员会**　国家发展和改革委员会新增的一项职责为"指导和协调全国招投标工作"。根据这项职责，国家发展和改革委员会设立法规司来"按规定指导协调招投标工作"。此外，中国机电设备招标中心、中国机电设备成套服务中心、中国中小企业对外合作协调中心（对外称"中国中小企业发展促进中心"）划给工业和信息化部管理。

（2）**商务部**　商务部在招标管理方面，下放了援外项目招标权，具体招投标管理工作由对外贸易司（国家机电产品进出口办公室）来承担具体职能，对外贸易司拟订和执行进出口商品配额招标政策，拟订进口机电产品招标办法并组织实施。

（3）**工业和信息化部**　国家发展和改革委员会的中国中小企业对外合作协调中心、中国机电设备招标中心、中国机电设备成套服务中心由工业和信息化部管理。

由上所述不难看出，对招标投标工作，中央有关部门本着"指导和协调"的原则，将具体权责交给了地方人民政府和事业单位。尤其值得注意的是，十九大以后成立的各级监察委员会，大力加强了监察机关依法对与招标投标活动有关的监察对象实施的监察。这是招标投标领域监管力量最显著的变化。

（4）**部际联席会议**　为贯彻落实《国务院办公厅关于印发整合建立统一的公共资源交易平台工作方案的通知》（国办发〔2015〕63 号），切实加强对公共资源交易平台整合工作的组织领导，经国务院同意，建立了公共资源交易平台整合工作部际联席会议（以下简称联席会议）制度。联席会议的成员单位由国家发展和改革委员会、工业和信息化部、财政部、自然资源部、生态环境部、住房和城乡建设部、交通运输部、水利部、商务部、国家卫生健康委员会（简称国家卫健委）、国务院国有资产监督管理委员会（简称国资委）、国家税务总局、国家林业和草原局、国家机关事务管理局（简称国管局）、国家铁路局、中国民用航空局（简称民航局）等组成。

联席会议由国家发展和改革委员会主要负责人员担任召集人，国家发展和改革委员会、财政部、自然资源部、国资委分管负责人员担任副召集人，其他成员单位有关负责人员为联席会议成员。联席会议成员因工作变动需要调整的，由所在单位提出，联席会议确定。联席会议办公室设在国家发展和改革委员会，承担联席会议日常工作。联席会议设联络员，由各成员单位有关司局负责人员担任。联席会议原则上每年召开一次全体会议，由召集人或副召集人主持，并可根据会议议题邀请其他部门和单位参加会议。联席会议以纪要形式明确议定事项，经与会单位同意后印发。重大事项需要及时向国务院报告。

联席会议的主要职责是：

1）在国务院领导下，研究和协调公共资源交易平台整合工作中的重大问题，加强对《整合建立统一的公共资源交易平台工作方案》及其配套措施贯彻落实情况的评估和监督。

2）指导各省级人民政府开展公共资源交易平台整合工作。

3）审议公共资源交易平台整合年度重点工作任务和年度工作总结。

4）完成国务院交办的其他事项。

1.3.3　21世纪我国招标投标制度的发展趋势

21世纪是世界经济日益一体化的世纪，是我国社会主义市场经济体制不断完善的关键时期，也是充满挑战和机遇的世纪。产业全球化和贸易一体化将成为国际经济的主要特点，我国已成为国际社会中的重要一员。WTO的规则和通行的国际惯例将成为国际经济交往的手段，招标投标事业有着光明的前景。可以预见，21世纪，我国招标投标制度的发展趋势将表现在以下方面。

1. 招标投标将全面国际化

中央已明确表态将继续加大开放的力度，尤其是我国近年来实施的"一带一路"倡议也表明，中国企业将坚定不移地走出去。我国的招标投标市场将进一步对外开放，我们将作为世界经济中的一员参与真正意义上的国际招标投标，在工程、货物和服务的各个领域以招标投标的方式进行角逐。

2. 招标投标法律法规将不断完善

《中华人民共和国招标投标法》及其实施条例、《中华人民共和国政府采购法》及其实施条例等法律法规施行以来，对招标投标事业的发展起到了极大的推动作用。但由于目前各地发展水平并不一致，新经济形态不断出现，可以预见，这些法律法规即使经过多次的修订完善，也并不能与社会、经济的发展变化完全适应。例如，在以互联网及分享经济为代表的数字经济时代，现有法律法规用于低于"成本价"中标时就可能出现某些用常规经验无法解决的问题；还有有关的新监管措施，也需要防止产生新的问题。招标投标的相关法律法规将会不断完善，是将来的发展趋势。

3. 招标代理服务将更加专业和系统化

专职招标机构的发展是我国招标投标事业发展的一项特有标志，是对国际招标投标事业的积极贡献。面对世界经济的新趋势和招标投标发展的新方向，招标机构必须在人才、机构和标准等方面向国际标准看齐，将单一的招标代理扩展到招标采购的"一条龙"服务。目前，各地出现的"中介超市"已成为招标代理的一个新亮点。

4. 招标系统将更加行业自律化

招标代理的进一步发展必将要求行业自律化。招标投标中心系统既要保持自身的特点，又要融入国内国际招标投标的大系统。行业自律、行业规范、行业标准、行业竞争与合作是行业工作的一个大课题。

5. 招标投标将更加电子化

电子招标投标活动是指以数据电文形式，依托电子招标投标系统完成的全部或者部分招标投标交易、公共服务和行政监督活动。21世纪是经济全球化、信息化的世纪，招标投标也将更加电子化。

电子招标投标系统根据功能的不同，分为交易平台、公共服务平台和行政监督平台。交易平台是以数据电文形式完成招标投标交易活动的信息平台。公共服务平台是满足交易平台之间信息交换、资源共享需要，并为市场主体、行政监督部门和社会公众提供信息服务的信息平台。行政监督平台是行政监督部门和监察机关在线监督电子招标投标活动的信息平台。

2013 年，国家为了规范电子招标投标活动，促进电子招标投标健康发展，根据《中华人民共和国招标投标法》《中华人民共和国招标投标法实施条例》，出台了《电子招标投标办法》，将电子招标投标活动进行了明确的定义与规范，明确规定"数据电文形式与纸质形式的招标投标活动具有同等法律效力"。

2019 年 5 月 19 日，《国务院办公厅转发国家发展改革委关于深化公共资源交易平台整合共享指导意见的通知》（国办函〔2019〕41 号）发布，要求加快推进招投标全流程电子化，健全平台电子系统，加强公共资源交易平台电子系统建设，明确交易、服务、监管等各子系统的功能定位，实现互联互通和信息资源共享，并同步规划、建设、使用信息基础设施，完善相关安全技术措施，确保系统和数据安全。

2020 年 2 月 8 日，《国家发展改革委办公厅关于积极应对疫情创新做好招投标工作保障经济平稳运行的通知》（以下简称 170 号文）正式发布。170 号文指出，要全面推行在线招标、投标、开标，各地要加快推进招标投标全流程电子化。该通知强调："全面推行在线投标、开标。为有效降低现场投标、开标带来的人员聚集风险，同时降低企业交易成本，各地要依托电子招投标交易平台，加快部署在线投标、开标系统，制定明确时间表，年内实现所有依法必须进行招标的项目在线投标、开标。"

1.4　我国建筑工程招标投标的发展与变化

2019 年 12 月 27 日，《国家发展改革委关于印发〈全国公共资源交易目录指引〉的通知》（发改法规〔2019〕2024 号）成文，《全国公共资源交易目录指引》指出："落实党中央、国务院关于深化公共资源交易平台整合共享、坚持应进必进的原则要求，加快拓展公共资源交易平台覆盖范围，由工程建设项目招标投标、土地使用权和矿业权出让、国有产权交易、政府采购等，逐步扩大到适合以市场化方式配置的自然资源、资产股权、环境权等各类公共资源。"

当前，工程交易是公共资源交易中覆盖范围最广、交易金额最大的，也是公共资源交易的主体。本书在论述和分析建筑工程交易时，有时会提到公共资源交易，尤其是在进行平台方面的介绍时，希望读者注意这方面的区别和联系。

我国的建筑工程招标投标交易市场发展迅速，全国各地也都在积极探索建筑工程招标投标的改革举措。当前，在公共工程建设、土地使用权出让、矿产资源开发利用、政府采购甚至公共资源拍卖等领域，招标投标的广度、宽度和深度不断得到拓展，监管方式和效果不断提高。我国工程建设领域招标投标发展成果不断显现，市场环境得到明显优化，对促进我国的社会经济发展发挥了巨大的作用。

1.4.1　我国建筑工程招标投标市场

1. 我国建筑工程招标投标市场概述

从招标投标的角度讲，建筑市场是由政府、建设单位（或业主单位）、施工企业和中介机构、监理单位等组成的。建筑工程招标投标工作是以这几方面为主相互配合共同进行的，所以培育合格的市场主体是搞好建筑工程招标投标的首要条件。

招标投标法是调整招标投标活动中产生的社会关系的法律规范的总称，有狭义和广义之分。狭义的招标投标法是指《中华人民共和国招标投标法》。广义的招标投标法是指招标投标活动的所有法律、法规与规章，即除《中华人民共和国招标投标法》外，还包括《中华人民共和国民法典》《中华人民共和国反不正当竞争法》等法律中有关招标投标事项的规定，以及《工程建设项目施工招标投标办法》《工程建设项目招标范围和规模标准规定》《评标委员会和评标方法暂行规定》等部门规章。这些法律法规对促进我国建筑工程、设备交易市场的发展发挥了重要作用。国家发展和改革委员会原主任张平在 2009 年 10 月 10 日召开的第二届中国招标投标高层论坛上表示，我国将用两年左右的时间，集中开展工程建设领域突出问题专项治理工作，以统一完善的法规政策为基础，以体制改革和制度创新为动力，以开展工程建设领域突出问题专项治理为契机，深入贯彻《中华人民共和国招标投标法》，将从推进体制改革、健全法规制度、构筑公共平台、加强监督执法 4 个方面入手，努力构建统一开放、竞争有序的招标投标市场。

建筑工程招标投标是在市场经济条件下，在国内外的工程承包市场上为买卖特殊商品而进行的由一系列特定环节组成的特殊交易活动。这里的"特殊商品"指的是建筑工程，既包括建筑工程的咨询，也包括建筑工程的实施。招标投标只是实现要约、承诺的一种方式而已。它的特点可归纳如下：充分竞争，程序公开，机会均等，公平、公正地对待所有投标人，并按事先公布的标准，将合同授予最符合授标条件的投标人。

2. 我国建筑工程实行招标投标制度的发展历程

我国的建筑工程招标投标工作，与整个社会的招标投标工作一样，经历了从无到有，从不规范到相对规范，从起步到完善的发展过程。

（1）建筑工程招标投标的起步与议标阶段　20 世纪 80 年代，我国实行改革开放政策，逐步实行政企分开，引进市场机制，工程招标投标开始进入我国建筑行业。到 20 世纪 80 年代中期，全国各地陆续成立招标管理机构。但当时的招标方式基本以议标为主，纳入招标管理的项目约 90% 是采用议标方式发包的，工程交易活动比较分散，没有固定场所。这种招标方式很大程度上违背了招标投标的宗旨，不能充分体现竞争机制。因此，建筑工程招标投标很大程度上还流于形式，招标的公正性得不到有效监督，不能充分体现竞争机制。

（2）建筑工程招标投标的规范发展阶段　这一阶段是我国招标投标发展史上最重要的阶段。20 世纪 90 年代初期到中后期，全国各地普遍加强对招标投标的管理和规范工作，也相继出台了一系列法规和规章，招标方式已经从以议标为主转变为以邀请招标为主，招标投标制度得到了长足的发展，全国的招标投标管理体系基本形成，为完善我国的招标投标制度打下了坚实的基础。1992 年，建设部发布《工程建设施工招标投标管理办法》（建设部令第 23 号）。1998 年，我国正式施行《中华人民共和国建筑法》，部分省、市、自治区还颁布实施了《建筑市场管理条例》和《工程建设招标投标管理条例》等细则。1995 年起，全国各地陆续开始建立建设工程交易中心，把管理和服务有效地结合起来，初步形成以招标投标为龙头，相关职能部门相互协作的具有"一站式"管理和"一条龙"服务特点的建筑市场监督管理新模式。同时，工程招标投标专职管理人员不断壮大，全国已初步形成招标投标监督管理网络，招标投标监督管理水平正在不断提高，为招标投标制度的进一步发展和完善开辟了新的道路。工程交易活动已由无形转为有形，由隐蔽转为公开。招标工作的信息化、公开化和招标程序的规范化，有效遏制了工程建设领域的违法行为，为在全国推行公开招标创造了有利条件。

（3）建筑工程招标投标制度的不断完善阶段 随着建设工程交易中心的有序运行和健康发展，全国各地开始推行建筑工程项目的公开招标。在 2000 年《中华人民共和国招标投标法》实施以后，招标投标活动步入法制化轨道，全社会依法招标意识显著增强，招标采购制度逐渐深入人心，配套法规逐步完备，招标投标活动的主要方面和重点环节基本实现了有法可依、有章可循，标志着我国招标投标制度的发展进入了全新的历史阶段。2017 年以来，《中华人民共和国招标投标法》及其配套的实施条例已经过多次修订和完善。我国的招标投标法律、法规和规章不断完善和细化，招标程序不断规范，必须招标和必须公开招标的范围得到了明确，招标覆盖面进一步扩大和延伸，工程招标已从单一的建筑工程拓展到交通、水利、民航、通信等各行业，招标领域也从单纯的施工扩大到设计、施工、监理、咨询等，实现了全方位的覆盖。

目前，我国招标投标全国大统一的市场基本建立，它标志着我国的招标投标制度进入了全新的发展阶段。

3. 我国建筑工程招标投标交易简况

据不完全统计，2017 年全国公共资源交易额就已经突破了 30 万亿元人民币（后文均指人民币）（不包含香港、澳门、台湾的数据，下同）。当前，地方各级政府全力推进公共资源交易平台整合工作，已完成工程建设项目招标投标、国有土地使用权和矿业权出让、政府采购、国有产权交易 4 大板块的整合，实现由分散交易向集中交易转变，全国公共资源交易市场从 4103 个整合为 1403 个，公共资源交易市场数量减少 65% 以上。

全国公共资源交易平台（http：//www.ggzy.gov.cn/）贯彻落实《国务院办公厅关于印发整合建立统一的公共资源交易平台工作方案的通知》（国办发〔2015〕63 号）的要求，汇集全国公共资源交易、主体、专家、信用、监管信息，依法依规对公共资源交易信息进行公开，并为市场主体和社会公众提供形式丰富的信息服务。表 1-2 是截至 2021 年 6 月 30 日全国各地公共资源交易平台的分布情况。

表 1-2　全国各地公共资源交易平台的分布情况（截至 2021 年 6 月 30 日）　（单位：个）

省/市/区/兵团	数量	省/市/区/兵团	数量	省/市/区/兵团	数量
北京	6	安徽	33	四川	35
天津	0	福建	13	贵州	39
河北	208	江西	22	云南	17
山西	27	山东	148	西藏	0
内蒙古	30	河南	126	陕西	14
辽宁	33	湖北	29	甘肃	39
吉林	19	湖南	30	青海	18
黑龙江	14	广东	42	宁夏	5
上海	4	广西	59	新疆	9
江苏	73	海南	10	新疆生产建设兵团	26
浙江	12	重庆	46		

　　根据广东省公共资源交易数据中心的统计（数据来源：http：//dsg. gdggzy. org. cn：8080/Bigdata/SummaryAnalysis/main. do），2019 年和 2020 年广东省公共资源交易信息化平台数据汇总规模分别为 15564.0723 亿元和 16897.0440 亿元。该数据统计了广东省公共资源交易平台的交易数据，包含工程交易、政府采购、国有产权和土地矿产 4 大类的交易数据。其中，2019 年建设工程交易的宗数和金额分别是 17502 宗和 10662.52 亿元，2020 年减少到 15249 宗和 8589.91 亿元。

　　广州公共资源交易中心 2020 年完成公共资源交易项目数量 654534 宗，同比增长 65.64%；交易金额 12207.82 亿元，同比增长 38.98%；通过交易活动节约投资 161.11 亿元，增值或溢价 192.82 亿元（数据来源：http：//ggzy. gz. gov. cn/sjfb/776703. jhtml）。2020 年在广州公共资源交易中心进场交易的公共资源项目类别，包括工程建设招标投标、政府采购、土地使用权和矿业权出让及转让、药品和医用耗材采购、城市更新。其中，工程建设招标投标涵盖房屋建筑与市政工程、交通工程、水利工程、农林、能源及其他工程。需要说明的是，广东省公共资源交易中心和广州公共资源交易中心的数据有部分重叠，且同时包含广东省的部分数据，因为很多广东省珠三角乃至其他地区的公共资源交易均有部分项目会进入广州公共资源交易中心进行交易和统计。广州公共资源交易中心也是全国首个交易金额破万亿的公共资源交易平台。

1.4.2　我国建筑工程交易市场的规则

　　一个成熟、规范的建筑工程交易市场，必须遵守以下 3 项规则。

　　1. 市场准入规则

　　市场的进入需要遵循一定的法规和具备相应的条件，对不再具备条件或采取挂靠、出借证书、制造假证书等欺诈行为的市场主体应采取清出制度，逐步完善资质和资格管理，特别应加强工程项目经理的动态管理。

　　2. 市场竞争规则

　　这是保证各种市场主体在平等的条件下开展竞争的行为准则。为保证平等竞争的实现，政府必须制定相应的保护公平竞争的规则。《中华人民共和国招标投标法》《中华人民共和国建筑法》《中华人民共和国反不正当竞争法》等以及与之配套的法规和规章都制定了保护市场公平竞争的规则，并通过不断的实施使其更加具体和细化。

　　3. 市场交易规则

　　简单来说，市场交易规则就是交易必须公开（涉及保密和特殊要求的工程除外），交易必须公平，交易必须公正。所有应该公开交易的建筑工程项目，必须通过招标市场进行招标投标，不得私下进行交易和指定承包。

1.4.3　建筑工程招标投标相关法律法规

　　目前，我国建筑工程招标投标工作涉及的法律法规有 10 多项，其中最重要的法律法规有《中华人民共和国招标投标法》《中华人民共和国政府采购法》《中华人民共和国建筑法》《中华人民共和国招标投标法实施条例》等专门的法律法规。此外，还有国家部委的一些规定和各省的一些实施办法、监管办法等，如《建筑工程设计招标投标管理办法》《必须招标的工程项目规定》《工程建设项目自行招标试行办法》《房屋建筑和市政基础设施工程施工招标投标管理办法》《工程建设项目施工招标投标办法》《评标专家和评标专家库管理暂行办法》等部门规章和规范性文件。

2013 年 3 月 11 日，国家发展和改革委员会、工业和信息化部、财政部等九部委以发展改革委令〔2013〕第 23 号的形式，发布了《关于废止和修改部分招标投标规章和规范性文件的决定》，根据《中华人民共和国招标投标法实施条例》，在广泛征求意见的基础上，对《中华人民共和国招标投标法》实施以来国家发展和改革委员会牵头制定的规章和规范性文件进行了全面清理。经过清理，决定废止规范性文件 1 件（《关于抓紧做好标准施工招标资格预审文件和标准施工招标文件试点工作的通知》），对 11 件规章、1 件规范性文件的部分条款予以修改。

党的十八大尤其是十九大以来，随着国家推行简政放权和商事制度改革，"放管服"成为政务制度改革的趋势和潮流，上述法律法规又有部分进行了第二次修订或修改。表 1-3 列出了部分近年来废止或修改的招标投标规章和规范性文件。

表 1-3 部分近年来废止或修改的招标投标规章和规范性文件

序号	招标投标规章和规范性文件	第二次修改时间	第一次修改时间	发文字号
1	《招标公告发布暂行办法》	2018 年	2013 年	原国家计委令第 4 号
2	《工程建设项目自行招标试行办法》	—	2013 年	原国家计委令第 5 号
3	《评标委员会和评标方法暂行规定》	2019 年	2013 年	原国家发展计划委员会等七部委令第 12 号
4	《国家重大建设项目招标投标监督暂行办法》	2021 年 4 月已废止	—	原国家计委令第 18 号
5	《工程建设项目可行性研究报告增加招标内容和核准招标事项暂行规定》	—	2013 年	原国家计委令第 9 号
6	《评标专家和评标专家库管理暂行办法》	—	2013 年	原国家计委令第 29 号
7	《工程建设项目勘察设计招标投标办法》	—	2013 年	国家发展和改革委员会等八部委令第 2 号
8	《工程建设项目施工招标投标办法》	—	2013 年	原国家发展计划委员会等七部委令第 30 号
9	《工程建设项目招标投标活动投诉处理办法》	—	2013 年	国家发展和改革委员会等七部委令第 11 号
10	《工程建设项目货物招标投标办法》	—	2013 年	国家发展和改革委员会等七部委令第 27 号
11	《〈标准施工招标资格预审文件〉和〈标准施工招标文件〉试行规定》	—	2013 年	国家发展和改革委员会等八部委令第 56 号
12	《国家发展计划委员会关于指定发布依法必须招标项目招标公告的媒介的通知》	—	2013 年	原计政策〔2000〕868 号

1.4.4 《中华人民共和国招标投标法实施条例》对建筑工程招标投标规定的新变化

目前，关于建设工程领域，最重要、最具操作性的招标投标法规是《中华人民共和国招标投标法实施条例》。2011 年 12 月 20 日，国务院令第 613 号公布了《中华人民共和国招标投标法实施条例》。该条例于 2012 年 2 月 1 日开始正式实施。制定该条例的原因有以下三个方面：《中华人民共和国招标投标法》自 2000 年 1 月 1 日起施行至当时已有 10 多年了，制定该法时中国尚未加入 WTO，故其中的很多法律条文放在当时的环境下已有些不合理了；《中华人民共和国招标投标法》因为没有实施细则，一直缺乏可操作性；另外，《中华人民共和国政府采购法》中也有关于工程项目和设备的采购，这两部法律的衔接也出现了一些问题。

因此，认真总结《中华人民共和国招标投标法》实施以来的实践经验，制定并出台配套的行政法规，将法律规定进一步具体化，增强其可操作性，并针对新情况、新问题充实完善有关规定，对进一步筑牢工程建设和其他公共采购领域预防和惩治违法犯罪行为的制度屏障，维护招标投标活动的正常秩序，具有非常重要的意义。

那么，为什么不直接修改《中华人民共和国招标投标法》？这是因为修改法律周期长、程序复杂。《中华人民共和国招标投标法实施条例》有以下亮点：

1）《中华人民共和国招标投标法实施条例》在制度设计上进一步显现了科学性。《中华人民共和国招标投标法实施条例》展现了开放的心态，在制度设计上做到了兼收并蓄。《中华人民共和国招标投标法实施条例》还多处借鉴了政府采购的一些先进制度。例如，借鉴《中华人民共和国政府采购法》建立了质疑、投诉机制；在邀请招标和不招标的适用情形上借鉴了《中华人民共和国政府采购法》关于邀请招标和单一来源采购的相关规定；在资格预审制度上借鉴了《政府采购货物和服务招标投标管理办法》的相关规定等。

2）《中华人民共和国招标投标法实施条例》总结吸收招标投标实践中的成熟做法，增强了可操作性。《中华人民共和国招标投标法实施条例》对《中华人民共和国招标投标法》中的一些重要概念和原则性规定进行了明确和细化，如明确了建设工程的定义和范围界定，细化了招标投标工作的监督主体及其职责分工，补充规定了可以不进行招标的 5 种法定情形，建立了招标职业资格制度，对招标投标的具体程序和环节进行了明确和细化，使招标投标过程中各环节的时间节点更加清晰，缩小了招标人、招标代理机构、评标专家等不同主体在操作过程中的自由裁量空间。

3）《中华人民共和国招标投标法实施条例》突显了直面招标投标违法行为的针对性。针对当时建筑工程招标投标领域招标人规避招标、限制和排斥投标人、搞"明招暗定"的虚假招标、少数领导干部利用权力干预招标投标、当事人相互串通围标串标等突出问题，《中华人民共和国招标投标法实施条例》细化并补充完善了许多关于预防和惩治违法行为，维护招标投标公开、公平、公正性的规定。例如：对招标人利用划分标段规避招标作出了禁止性规定；增加了关于招标代理机构执业纪律的规定；细化了对评标委员会成员的法律约束；对于原先法律规定比较笼统、实践中难以认定和处罚的几类典型招标投标违法行为，包括以不合理条件限制或排斥潜在投标人、投标人相互串通投标、招标人与投标人串通投标、以他人名义投标、弄虚作假投标、国家工作人员非法干涉招标投标活动等，都分别列举了各自的认定情形，并且进一步强化了这些违法行为的法律责任。

《中华人民共和国招标投标法实施条例》第二条规定："招标投标法第三条所称工程建设项目，是指工程以及与工程建设有关的货物、服务。前款所称工程，是指建设工程，包括建筑物和构筑物的新建、改建、扩建及其相关的装修、拆除、修缮等；所称与工程建设有关的货物，是指构成工程不可分割的组成部分，且为实现工程基本功能所必需的设备、材料等；所称与工程建设有关的服务，是指为完成工程所需的勘察、设计、监理等服务。"《中华人民共和国招标投标法实施条例》第八十三条规定："政府采购的法律、行政法规对政府采购货物、服务的招标投标另有规定的，从其规定。"可见，只要是建设工程类招标，均要遵从《中华人民共和国招标投标法实施条例》的规定，以前《中华人民共和国政府采购法》中有关工程招标的约定，转到《中华人民共和国招标投标法实施条例》中来约束。

值得注意的是，《中华人民共和国招标投标法实施条例》颁布施行以来，由于我国的社会和经济飞速发展，该条例已进行了三次修订。第一次是根据 2017 年 3 月 1 日发布的《国务院关于修改和废止部分行政法规的决定》（国务院令第 676 号）进行的修订；第二次是根据 2018 年 3 月 19 日发布的《国务院关于修改和废止部分行政法规的决定》（国务院令第 698 号）进行的修订；第三次是根据 2019 年 3 月 2 日《国务院关于修改部分行政法规的决定》（国务院令第 709 号）进行的修订。

以上修改经历表明，《中华人民共和国招标投标法实施条例》的每次修订，都是对上一版本的局部修订和完善，反映我国法律法规必须跟随社会经济发展服务的步伐。

1.5 本章案例分析

拍卖属于招标投标吗？

依照《中华人民共和国拍卖法》第三条的规定，拍卖是指以公开竞价的形式，将特定物品或者财产权利转让给最高应价者的买卖方式。

拍卖和招标都是公开进行的竞价方式，都由代理机构进行，任何公民、法人和其他组织都可以参加，都需要交纳保证金和服务费，都是一次性买卖行为，都按规定程序选择特定对象（均不设置限制排除某些潜在的对象），均不得随意指定中标人。看起来，拍卖和招标投标有很多相似之处。那么，拍卖是否属于招标呢？下面我们来进行分析。

1. 公开竞价的方式不同

拍卖以公开竞价的形式买卖物品或者财产权利。所谓公开竞价，是指买卖活动公开进行，公民、法人和其他组织自愿参加，参加竞购拍卖标的物的人在拍卖现场根据拍卖师的叫价决定是否应价，其他竞买人应价时，可以高于其他人的应价再次出价，更高的应价自然取代较低的应价，当某人的应价经拍卖师三次叫价再无人竞价时，拍卖师以落槌或者以其他公开表示买定的方式确定拍卖成立。在拍卖活动中，所有的竞争总是围绕着价格进行的。虽然招标投标也是以公开竞价的形式买卖物品或服务，但是招标投标中所报的价格必须唯一，开标后不允许再次或多次叫价，而拍卖则可以多次叫价。所以，从这一点上讲，拍卖并不属于招标投标范畴。

2. 确定中标的方式不同

拍卖是将特定物品或者财产权利转让给最高应价者的买卖方式。在拍卖活动中，委托人和拍卖人都希望以可能达到的最高价格卖出一件物品或者一项财产权利，因此，只要竞买人具备法律规定的条件，哪个竞买人出价最高，拍卖的物品或者财产权利就卖给这个应价者。虽然拍卖和招标投标行为都围绕价格进行竞争。但是在拍卖活动中，完全是价高者得，价格成为唯一的竞争武器。在招标投标中尽管价格也非常重要，甚至是决定性的因素，但招标投标中并不完全是价格的竞争，也并非是价格低者就可以中标，还要考虑技术、服务、性能等各种指标。另外，招标投标还有多种评价方法。所以，从这一点上讲，拍卖并不属于招标投标范畴。

3. 拍卖和招标投标的本质和程序不同

拍卖活动由拍卖师主持，所有竞价者公开进行价格竞争，而招标投标需由评标委员会根据国家法律法规和招标文件，客观、独立地进行评审或打分。因此，它们的本质和程序都不同，从这一点上讲，拍卖也不属于招标投标范畴。

4. 拍卖和招标投标的主体不同

拍卖一般由拍卖行或律师事务所进行，而招标投标则由招标代理机构或业主单位进行。它们的主体不同，参与对象也不同。

所以，无论从形式、内容、主体还是程序，拍卖都不属于招标投标行为。不过，值得注意的是，法语地区有一种拍卖式招标。拍卖式招标的最大特点是以报价作为判标的唯一标准，其基本原则是自动判标，即在投标人的报价低于招标人规定的标底价的条件下，报价最低者得标。当然，得标人必须具备前提条件，即在开标前已取得投标资格。这种做法与商品销售中的减价拍卖颇为相似，即招标人以最低价向投标人买取工程，只是工程拍卖比商品拍卖要复杂得多。在这种情况下，拍卖与招标相结合，已很难分出招标与拍卖的区别了。

思考与练习

1. 单项选择题

（1）招标投标最早起源于（　　）。

A. 美国　　　　B. 英国　　　　C. 德国　　　　D. 日本

（2）根据国务院令第709号，我国的《中华人民共和国招标投标法实施条例》于（　　）年进行了第三次修订。

A. 2017　　　　B. 2018　　　　C. 2019　　　　D. 2020

（3）我国指导和协调全国招标投标工作的部门是（　　）。

A. 国家发展和改革委员会　　　　B. 住房和城乡建设部

C. 财政部　　　　D. 国家监察委员会

（4）招标投标交易场所不得与（　　）存在隶属关系。

A. 行政监督部门　　B. 建设部门　　C. 纪检监察部门　　D. 发展和改革部门

（5）我国禁止（　　）以任何方式非法干涉招标投标活动。

A. 招标人的领导和工作人员　　　　B. 监管部门工作人员

C. 国家工作人员　　　　　　　　　D. 纪委工作人员

2. 多项选择题

（1）招标投标的主要特征是（　　）。

A. 公平　　　　　　B. 公开　　　　　　C. 公正　　　　　　D. 一次性

（2）建设工程的招标，包括（　　）。

A. 建筑物和构筑物的新建、改建、扩建及其相关的装修、拆除、修缮等

B. 与工程建设有关的货物，如电梯、照明设备、中央空调等

C. 与工程建设有关的服务，如勘察、设计、监理等服务

D. 办公计算机的招标

（3）下列不属于建设工程招标投标法律的是（　　）。

A. 《中华人民共和国招标投标法》

B. 《建筑工程设计招标投标管理办法》

C. 《必须招标的工程项目规定》

D. 《工程建设项目自行招标试行办法》

（4）下列属于国务院通过的关于招标投标的法规是（　　）。

A. 《中华人民共和国招标投标法》

B. 《中华人民共和国政府采购法》

C. 《中华人民共和国政府采购法实施条例》

D. 《中华人民共和国招标投标法实施条例》

（5）招标投标工作电子化的内容包括（　　）。

A. 在网上建立潜在供应商数据库

B. 在网上发布采购指南和最新的招标信息

C. 电子评标

D. 在网上发布招标投标的监管和处分信息

3. 问答题

（1）招标投标的意义和作用是什么？

（2）我国招标投标制度的发展有哪些阶段？

（3）现行法律法规对招标投标监管部门的职责是怎么划分的？

（4）我国目前现行的有关建筑工程招标投标的法律法规有哪些？

（5）我国建筑招标投标市场要遵守的规则有哪些？

（6）招标投标活动与拍卖活动有哪些异同？

4. 案例分析题

2021年3月，某市建设一段防洪大堤，使用财政资金1000万元。业主为××水利管理委员会。该业主按照以前的惯例，向当地财政局申请资金和进行招标投标审批。当地发展和改革部门认为不应该去财政局审批，而应该来发改局下属的招标投标办公室进行审批。谁的理由充分？应当如何处理？本案例反映了什么样的现实？

思考与练习部分参考答案

1. 单项选择题

（1）B　（2）C　（3）A　（4）A　（5）C

2. 多项选择题

（1）ABC　（2）ABC　（3）BCD　（4）CD　（5）ABCD

第2章

建筑工程的招标方式和招标范围

本章将介绍招标方式的分类和国际上通行的招标方式，重点介绍公开招标和邀请招标的区别与操作要点，分析建筑工程公开招标的范围与法律规定，并对自行招标的操作要点进行阐述。

2.1 概述

2.1.1 招标方式的分类

1. 国际上采用的招标方式

目前，国际上采用的招标方式归纳起来有三大类别、四种方式。

（1）**国际竞争性招标** 国际竞争性招标（International Competitive Bidding，ICB）是指招标人在国内外主要报纸、刊物、网站等公共媒体上发布招标公告，邀请几个乃至几十个投标人参加投标，通过多数投标人竞争，选择其中对招标人最有利的投标人达成交易。它属于兑卖的方式。

国际竞争性投标通常有两种做法：

1）公开投标（Open Bidding）。公开投标又称为无限竞争招标（Unlimited Competitive Bidding）。采用这种做法时，招标人要在国内外主要报刊上刊登招标公告，凡对该招标项目感兴趣的投标人均有机会购买招标文件并进行投标。这种方式可以为所有有能力的投标人提供一个平等竞争的机会，业主有较大的选择余地挑选一个比较理想的投标人。就工程领域来说，建筑工程、工程咨询、建筑设备等大都选择这种招标方式。

2）邀请招标（Selected Bidding）。邀请招标又称为有限竞争招标（Limited Competitive Bidding）。采用这种做法时，招标人不必在公共媒体上公开刊登招标公告，而是根据自己积累的经验和资料或根据工程咨询公司提供的投标人情况，选择若干家合适的投标人，邀请其来参加投标。招标人一般邀请 5～10 家投标人前来进行资格预审，然后由合格者进行投标。

（2）**议标** 议标（Negotiated Bidding）又叫作谈判招标或指定招标，它是非公开进行的，是一种非竞争性的招标。这种招标方式是由招标人直接指定一家或几家投标人进行协商谈判，确定中标条件及中标价。这种招标方式直接进行合同谈判，若谈判成功，则交易达成。该方式节约时间，容易达成协议，但无法获得有竞争力的报价。对建筑工程及建筑设备招标来说，这种方式适合造价较低或工期紧或专业性强的招标项目，以及有特殊要求的军事保密工程等。

（3）两段招标　两段招标（Two-Stage Bidding）是综合无限竞争招标和有限竞争招标的一种招标方式，也可以称为两阶段竞争性招标。其第一阶段按公开招标方式进行招标，先进行商务标评审，可以根据投标人的资产规模、企业资信、企业组织规模、同类工程经历、人员素质、施工机械拥有量等来选定入围的竞争方，经过开标评价之后，再邀请其中报价较低的或最有资格的3~4家承包商进行第二次报价，确定最后中标人。

从世界各国的情况来看，招标主要有公开招标和邀请招标两种方式。政府采购货物与服务以及建筑工程的招标，大部分采用竞争性的公开招标方式。

2. 国内采用的招标方式

《中华人民共和国招标投标法》第十条规定："招标分为公开招标和邀请招标。公开招标，是指招标人以招标公告的方式邀请不特定的法人或者其他组织投标。邀请招标，是指招标人以投标邀请书的方式邀请特定的法人或者其他组织投标。"

公开招标是一种无限竞争性的招标方式，即由招标人（或招标代理机构）在公共媒体上刊登招标公告，吸引众多投标人参加投标，招标人从中择优选择中标人的招标方式。公开招标是招标最主要的形式。一般情况下，如果不特别说明，一提到招标，则默认为公开招标。公开招标的本质在于"公开"，即招标全过程公开，从信息发布到招标澄清、回答质疑、评标办法、招标结果发布等，都必须通过公开的形式进行。也正是因为招标全过程公开，招标人选择范围大，这种方式受到了社会的欢迎。

2.1.2　公开招标与邀请招标的区别

1. 发布信息的方式不同

公开招标采用招标公告的形式发布，邀请招标采用投标邀请书的形式发布。不过，在我国的实践中公开招标与邀请招标信息发布的范围已无本质区别，仅在发布信息的文本或措辞上有不同。

2. 选择的范围不同

公开招标因使用招标公告的形式，针对的是一切潜在的对招标项目感兴趣的法人或其他组织，招标人事先不知道投标人的数量。邀请招标针对的是已经了解的法人或其他组织，而且事先已经知道投标人的数量。有的招标人，甚至拥有自己的拟邀请招标的投标人库。

3. 竞争的范围不同

由于公开招标使所有符合条件的法人或其他组织都有机会参加投标，因此，竞争的范围较广，竞争性体现得也比较充分，招标人拥有较大的选择余地，容易获得最佳的招标效果。邀请招标中投标人的数量有限，竞争的范围也有限，招标人拥有的选择余地相对较小，既有可能提高中标的合同价，也有可能将某些在技术或报价上更有竞争力的供应商或承包商遗漏。

4. 公开的程度不同

公开招标中，所有的活动都必须严格按照预先设定并被大家所接受的程序标准公开进行，大大减少了作弊的可能。相比而言，邀请招标的公开程度逊色一些，产生违法行为的机会也就多一些。

5. 时间和费用不同

由于邀请招标的程序相对简单，使整个招标投标的时间大大缩短，招标费用也相应减少。公开招标的程序比较漫长，从发布招标公告，到投标人响应投标、提交投标文件、开标、评标、中标公示等，一直到签订合同，各个环节均应满足各时间节点的最低要求，同时需要办理较多的手续和文件，因而耗时较长，费用也比较高。

由此可见，两种招标方式各有千秋，从不同的角度比较，会得出不同的结论。在实际操作中，各国或各国际组织的做法也不尽相同。有的未给出倾向性的意见，而是把自由裁量权交给了招标人，由招标人根据项目的特点，在不违反法律规定的前提下自主采用公开招标或邀请招标方式。例如，《欧盟采购指令》规定，如果采购金额达到法定招标限额，采购单位有权在公开招标和邀请招标两种方式中自由选择。实际上，邀请招标在欧盟各国运用广泛。WTO的《政府采购协议》也对这两种招标方式孰优孰劣采取了不置可否的态度。不过，《世行采购指南》却把公开招标作为最能充分实现资金经济和效率要求的招标方式，并要求借款时以此作为最基本的采购方式，只有在公开招标不是最经济和有效的情况下，才可采用其他方式。

2.1.3　法律对招标方式的规定

2005 年 7 月 14 日，国家发展和改革委员会、财政部、建设部、铁道部、交通部、信息产业部、水利部、商务部、中国民用航空总局等 11 个部委联合颁发了《招标投标部际协调机制暂行办法》（以下简称《办法》）。《办法》规定，国家发展和改革委员会为招标投标部际协调机制牵头单位。《中华人民共和国招标投标法实施条例》第四条规定：国务院发展改革部门指导和协调全国招标投标工作，对国家重大建设项目的工程招标投标活动实施监督检查；县级以上地方人民政府发展改革部门指导和协调本行政区域的招标投标工作。

《中华人民共和国招标投标法实施条例》还规定：按照国家有关规定需要履行项目审批、核准手续的依法必须进行招标的项目，其招标范围、招标方式、招标组织形式应当报项目审批、核准部门审批、核准。项目审批、核准部门应当及时将审批、核准确定的招标范围、招标方式、招标组织形式通报有关行政监督部门。也就是说，某个建设工程项目是否采用公开招标以及招标的范围、组织形式等，在发展和改革部门立项时即应确定是审批还是核准。

关于招标方式，还有更详细、更具操作性的规定。2003 年 3 月 8 日，国家发展和改革委员会与住建部、铁道部、交通部、信息产业部、水利部、中国民用航空总局共同颁布了《工程建设项目施工招标投标办法》（七部委令第 30 号）。该办法已由国家发展和改革委员会等九部委令第 23 号（2013 年）修改后取代。

2.2　工程建设项目公开招标操作实务

2.2.1　工程建设项目的概念

《中华人民共和国招标投标法实施条例》对工程建设项目有明确的定义，就是指工程以及与工程建设有关的货物、服务。

招标的工程是指建设工程，包括建筑物和构筑物的新建、改建、扩建及其相关的装修、拆除、修缮等。与工程建设有关的货物是指构成工程不可分割的组成部分，且为实现工程基本功能所必需的设备、材料等。与工程建设有关的服务是指为完成工程所需的勘察、设计、监理等服务。

2.2.2　工程建设项目公开招标的范围

《中华人民共和国招标投标法》第三条规定，在中华人民共和国境内进行下列工程建设项目包括项目的勘察、设计、施工、监理以及与工程建设有关的重要设备、材料等的采购，必须进行招标：

1）大型基础设施、公用事业等关系社会公共利益、公众安全的项目。

2）全部或者部分使用国有资金投资或者国家融资的项目。

3）使用国际组织或者外国政府贷款、援助资金的项目。

上述项目的具体范围和规模标准，由国务院发展计划部门会同国务院有关部门制订，报国务院批准。法律或者国务院对必须进行招标的其他项目的范围有规定的，依照其规定。

可见，只要是大型的、公用的、国际组织或政府投资的、公共财政资金投资的工程建设项目，必须进行招标。

值得注意的是，虽然法律只提到了上述的工程建设项目必须进行招标，但考虑到招标的主要形式就是公开招标，所以在各地方人民政府和部门的实践中，绝大多数招标就是按公开招标的程序进行操作的。与《中华人民共和国招标投标法》配套的是国家发展计划委员会颁布的《工程建设项目招标范围和规模标准规定》，不过目前该规定已经废除，取代它的是国家发展和改革委员会于 2018 年颁布施行的《必须招标的工程项目规定》（国家发展改革委 2018 年第 16 号令）。该规定明确了必须招标的工程建设项目的招标范围和规模标准。

全部或者部分使用国有资金投资或者国家融资的项目包括：①使用预算资金 200 万元人民币以上，并且该资金占投资额 10% 以上的项目；②使用国有企业事业单位资金，并且该资金占控股或者主导地位的项目。

使用国际组织或者外国政府贷款、援助资金的项目包括：①使用世界银行、亚洲开发银行等国际组织贷款、援助资金的项目；②使用外国政府及其机构贷款、援助资金的项目。

不属于上述两类的大型基础设施、公用事业等关系社会公共利益、公众安全的项目，必须招标的具体范围由国务院发展改革部门会同国务院有关部门按照确有必要、严格限定的原则制订，报国务院批准。

上述三类项目，其勘察、设计、施工、监理以及与工程建设有关的重要设备、材料等的采购达到下列标准之一的，必须招标：

1）施工单项合同估算价在 400 万元人民币以上。

2）重要设备、材料等货物的采购，单项合同估算价在 200 万元人民币以上。

3）勘察、设计、监理等服务的采购，单项合同估算价在 100 万元人民币以上。

同一项目中可以合并进行的勘察、设计、施工、监理以及与工程建设有关的重要设备、材料等的采购，合同估算价合计达到上述规定标准的，必须招标。

该规定出台后，社会各界在执行该规定时，有较多的误解和疑惑，为此，国家发展和改革委员会于 2021 年在其官网上进行了集中答疑，现将部分问题和答复摘录于此。

1. 关于《必须招标的工程项目规定》适用范围的答复

请问《必须招标的工程项目规定》第五条所称的"与工程建设有关的重要设备、材料等的采购"是否包括国有施工企业非甲供物资采购？国有施工企业承接的符合第二条至第四条的工程项目，由施工企业实施重要设备、材料采购的，是否必须招标？

国家发展和改革委员会的答复：根据《中华人民共和国招标投标法实施条例》第二十九条规定，招标人可以依法对工程以及与工程建设有关的货物、服务全部或者部分实行总承包招标。以暂估价形式包括在总承包范围内的工程、货物、服务属于依法必须进行招标的项目范围且达到国家规定规模标准的，应当依法进行招标。《国务院办公厅关于促进建筑业持续健康发展的意见》（国办发〔2017〕19号）规定，除以暂估价形式包括在工程总承包范围内且依法必须进行招标的项目外，工程总承包单位可以直接发包总承包合同中涵盖的其他专业业务。据此，国有工程总承包单位可以采用直接发包的方式进行分包，但以暂估价形式包括在总承包范围内的工程、货物、服务分包时，属于依法必须进行招标的项目范围且达到国家规定规模标准的，应当依法招标。

2. 关于"国有企业"及"占控股或者主导地位"的答复

其中的"国有企业"仅指国有全资企业还是也包括国有控股企业？发改办法规〔2020〕770号中"第（二）项中'占控股或者主导地位'，参照《公司法》第二百一十六条关于控股股东和实际控制人的理解执行，即'……出资额或者持有股份的比例虽然不足百分之五十，但依其出资额或者持有的股份所享有的表决权已足以对股东会、股东大会的决议产生重大影响的股东'……"应当如何理解？是否指国有企业依其投入项目的资金所享有的表决权已足以对有关项目建设的决议产生重大影响这一情形？例如，在一个国有控股企业（国有股权51%）和外资企业共同投资的工程建设项目中，国有控股企业出资60%，外资企业出资40%，虽然该项目不属于国有企业投入项目的资金按国有股权的比例折算后的资金占项目总资金的50%以上的情形，但国有控股企业由于其出资占整个项目投资的60%，其所享有的表决权已足以对有关项目建设的决议产生重大影响，所以该项目是否仍然属于必须招标的项目？

国家发展和改革委员会的答复："使用国有企业事业单位资金"中的"国有企业"也包括国有控股企业。发改办法规〔2020〕770号规定，《必须招标的工程项目规定》第（二）项中"占控股或者主导地位"，参照《公司法》第二百一十六条关于控股股东和实际控制人的理解执行，即"其出资额占有限责任公司资本总额百分之五十以上或者其持有的股份占股份有限公司股本总额百分之五十以上的股东；出资额或者持有股份的比例虽然不足百分之五十，但依其出资额或者持有的股份所享有的表决权已足以对股东会、股东大会的决议产生重大影响的股东"。具体到上述问题中的例子，该项目中国有资金所享有的表决权已足以对有关项目建设的决议产生重大影响，属于"国有资金占主导地位"，如其勘察、设计、施工、监理以及与工程建设有关的重要设备、材料等的单项采购分别达到《必须招标的工程项目规定》第五条规定的相应单项合同价估算标准的，该单项采购必须招标。

3. 关于与建筑物和构筑物新建改建扩建无关的1000万元装修工程是否必须招标的答复

某个工程超过了400万元，且使用的是国有资金，是否必须招标呢？例如，与建筑物和构筑物新建、改建、扩建无关的1000万元装修工程是否必须招标？某国有企业的项目，与建筑物和构筑物新建、改建、扩建无关的单独的1000万元装修工程，是不是必须招标项目？

国家发展和改革委员会的答复：根据《中华人民共和国招标投标法实施条例》第二条

规定，招标投标法第三条所称工程建设项目，是指工程以及与工程建设有关的货物、服务。前款所称工程，是指建设工程，包括建筑物和构筑物的新建、改建、扩建及其相关的装修、拆除、修缮等。据此，该工程项目不属于《招标投标法》规定的依法必须招标项目，因为该装修工程与新建、改建、扩建无关。

2.2.3　工程建设项目招标方式的核准

　　一项建设工程要顺利实现招标，必须要通过行业主管部门的核准。建筑工程，从规划、报建到招标，有很多需要审批的程序和手续。建设工程招标方式的核准依据，主要是《中华人民共和国行政许可法》《中华人民共和国招标投标法》以及各省、市、区通过的招标投标法实施办法或招标投标管理条例等。《中华人民共和国招标投标法》规定，招标项目按照国家有关规定需要履行项目审批手续的，应当先履行审批手续，取得批准。招标人应当有进行招标项目的相应资金或者资金来源已经落实，并应当在招标文件中如实载明。

　　按照《工程建设项目申报材料增加招标内容和核准招标事项暂行规定》（根据国家发展和改革委员会等九部委 2013 年第 23 号令修改）的要求，依法必须进行招标且按照国家有关规定需要履行项目审批、核准手续的各类工程建设项目，必须在报送的项目可行性研究报告或者资金申请报告、项目申请报告中增加有关招标的内容。项目审批、核准部门应依据法律、法规规定的权限，对项目建设单位拟定的招标范围、招标组织形式、招标方式等内容提出是否予以审批、核准的意见。项目审批、核准部门对招标事项的审批、核准意见格式见表 2-1。

表 2-1　项目审批、核准部门对招标事项的审批、核准意见格式

	招标范围		招标组织形式		招标方式		不采用招标方式
	全部招标	部分招标	自行招标	委托招标	公开招标	邀请招标	
勘察							
设计							
建筑工程							
安装工程							
监理							
设备							
重要材料							
其他							

审批部门核准意见说明：

审批部门盖章
年　月　日

　　注：审批部门在空格注明"核准"或者"不予核准"。

审批、核准招标事项，按以下分工办理：

1）应报送国家发展改革委审批和国家发展改革委核报国务院审批的建设项目，由国家发展改革委审批。

2）应报送国务院行业主管部门审批的建设项目，由国务院行业主管部门审批。

3）应报送地方人民政府发展改革部门审批和地方人民政府发展改革部门核报地方人民政府审批的建设项目，由地方人民政府发展改革部门审批。

4）按照规定应报送国家发展改革委核准的建设项目，由国家发展改革委核准。

5）按照规定应报送地方人民政府发展改革部门核准的建设项目，由地方人民政府发展改革部门核准。

使用国际金融组织或者外国政府资金的建设项目，资金提供方对建设项目报送招标内容有规定的，从其规定。

项目审批、核准部门应将审批、核准建设项目招标内容的意见抄送有关行政监督部门。

核准招标的条件，各地方政府并不一样，不过各省、市、区大同小异，一般建设项目只要已依法履行审批或核准、备案手续，已依法办理建设工程规划许可手续，已依法取得国土使用权，资金已基本落实，就可以申请招标核准。核准过程中，各地的要求也不一样。一旦核准通过，即发建设工程公开招标核准书。

招标人采用公开招标方式的，应当发布招标公告。依法必须进行招标的项目的招标公告，应当通过国家指定的报刊、信息网络或者其他媒介发布。

招标公告应当载明招标人的名称和地址、招标项目的性质、数量、实施地点和时间以及获取招标文件的办法等事项。

2.2.4　工程建设项目招标方式的变更

公开招标因其竞争充分、程序严谨且规范被业内专家广为推荐。一般来说，建设工程公开招标方式一旦确定就不再更改。但是，某些情况下，公开招标失败，不能满足招标人的愿望，就需要变更招标方式。在目前的操作实践中，各地关于招标方式有比较严格的规定。例如，有的地方就规定，只有在公开招标失败两次以后，才能改变招标方式（由公开招标改为其他方式）；如果招标的是进口货物或设备，则需要严格的调研材料和部门审批。国家各部委、地方各级人民政府鼓励自主创新产品和节能产品，鼓励使用国产设备和货物，在制度上对招标方式的变更进行了一些尝试，效果还是非常明显的。

对于因公开招标采购失败或废标而需要变更招标方式的，应审查招标过程，招标文件，投标人质疑、投诉的证明材料，评审专家出具的招标文件没有歧视性、排他性等不合理条款的证明材料，已开标的提供项目开标、评标记录及其他相关证明材料。其中，专家意见中应当载明专家姓名、工作单位、职称、职务、联系电话和身份证号码。专家原则上不能是本单位、本系统的工作人员。专家意见应当具备明确性和确定性。意见不明确或者含混不清的，属于无效意见，不作为审批依据。项目建设单位在招标活动中对审批、核准的招标范围、招标组织形式、招标方式等作出改变的，应向原审批、核准部门重新办理有关审批、核准手续。

2.2.5　公开招标方式的信息公开要求

《中华人民共和国招标投标法》第十六条规定："招标人采用公开招标方式的，应当发布招标公告。依法必须进行招标的项目的招标公告，应当通过国家指定的报刊、信息网络或者其他媒介发布。招标公告应当载明招标人的名称和地址、招标项目的性质、数量、实施地点和时间以及获取招标文件的办法等事项。"因此，公开招标方式的基本要求是要信息公开，公开的内容包括招标方式、时间、地点、数量、程序、办法、信息公布媒介等。在招标实践中，招标公告一般要在当地的工程交易中心网站、政府网站和国家有关网站（目前，已有全国性的公共资源交易平台在运行，网址为 http：//www.ggzy.gov.cn）同时发布，而招标结果一般只在当地的工程交易中心网站或政府网站上进行公布。

2.3　邀请招标

2.3.1　邀请招标的概念

所谓邀请招标，是指招标人根据潜在投标人的资信和业绩，选择若干潜在投标人并向其发出投标邀请书，由被邀请的潜在投标人参加投标竞争，招标人从中择优选定中标人的招标方式。

2.3.2　邀请招标的特点

邀请招标一般具有的特点为：一是招标人在一定范围内邀请某些特定的潜在投标人参加投标；二是邀请招标无须发布招标公告，招标人只要向特定的潜在投标人发出投标邀请书即可；三是竞争的范围有限，招标人拥有的选择余地相对较小；四是招标时间大大缩短，招标费用也相应降低。邀请招标方式由于在一定程度上能够弥补公开招标的缺陷，同时又能相对较充分地发挥招标的优势，因此也是一种使用较普遍的招标方式。为防止招标人过度限制投标人数量从而限制有效的竞争，使这一招标方式既适用于真正需要的情况，又保证适当程度的竞争性，法律应当对其适用条件作出明确规定。

2.3.3　邀请招标的范围

《中华人民共和国招标投标法》第十一条规定："国务院发展计划部门确定的国家重点项目和省、自治区、直辖市人民政府确定的地方重点项目不适宜公开招标的，经国务院发展计划部门或者省、自治区、直辖市人民政府批准，可以进行邀请招标。"所谓不适宜公开招标的，一般是指有保密要求或有特殊技术要求的项目。《中华人民共和国招标投标法实施条例》第八条规定，有下列情形之一的，可以邀请招标：

1）技术复杂、有特殊要求或者受自然环境限制，只有少量潜在投标人可供选择。

2）采用公开招标方式的费用占项目合同金额的比例过大。

那么具体情况还是要由项目审批、核准部门在审批、核准项目时作出认定，或由招标人申请有关行政监督部门作出认定。

所谓具有特殊性，是指只能从有限范围的潜在投标人处进行招标。这主要是指建设工程的货物、设备或者服务由于技术复杂、专业性强或者国家有特殊要求而具有特殊性，只能从有限范围的潜在投标人处获得的情况。采用公开招标方式的费用占项目合同金额的比例过大，主要是指招标的货物、设备或者服务价值较低，如采用公开招标方式所需时间和费用与拟招标项目的价值不成比例，这种情况下，招标人只能通过限制投标人数来达到经济和效益目标。由此可见，采用邀请招标方式招标的适用条件，其一为潜在投标人数量不多，其二为公开招标的经济效益与成本支出相比不合算。

2.3.4　邀请招标的基本要求

《中华人民共和国招标投标法》第十七条规定："招标人采用邀请招标方式的，应当向三个以上具备承担招标项目的能力、资信良好的特定的法人或者其他组织发出投标邀请书。投标邀请书应当载明本法第十六条第二款规定的事项。"

邀请招标是招标人以投标邀请书邀请法人或者其他组织参加投标的一种招标方式。这种招标方式与公开招标方式的不同之处在于：它允许招标人向有限数量的特定的法人或其他组织（承包商）发出投标邀请书，而不必发布招标公告。因此，邀请招标可以节约招标投标费用，提高效率。按照国内外的通常做法，采用邀请招标方式的前提条件是对市场供给情况比较了解，对承包商的情况比较了解。在此基础上，还要考虑招标项目的具体情况：一是招标项目的技术新而且复杂或专业性很强，只能从有限范围的承包商中选择；二是招标项目本身的价值低，招标人只能通过限制投标人数来达到节约和提高效率的目的。因此，邀请招标是允许采用的，而且在实际中有其较大的适用性。

但是，在邀请招标时，招标人有可能故意邀请一些不符合条件的法人或其他组织作为其内定中标人的陪衬，搞假招标。为了防止这种现象的发生，应当对邀请招标的对象所具备的条件做出限定，即向其发出投标邀请书的法人或其他组织应不少于多少家，而且这些法人或其他组织资信良好，具备承担招标项目的能力。前者是对邀请投标范围最低限度的要求，以保证邀请招标有适当程度的竞争性；后者是对投标人资格和能力的要求，招标人对此还可以进行资格审查，以确定投标人是否达到这方面的要求。为了保证邀请招标有适当程度的竞争性，除潜在投标人数量有限外，招标人应邀请尽量多的法人或其他组织，向其发出投标邀请书，以确保有效的竞争。

投标邀请书与招标公告一样，是向作为潜在投标人、承包法人或其他组织发出的关于招标事宜的初步基本文件。为了提高效率和透明度，投标邀请书必须载明必要的招标信息，使潜在投标人或承包商了解招标的条件是否为他们所接受，并了解如何参与投标。投标人的名称和地址，招标项目的性质、数量、实施地点和时间以及获取招标文件的办法等内容，只是对投标邀请书最起码的规定，并不排除招标人增补他认为适宜的其他资料，如招标人对招标文件收取的费用，支付招标文件费用的货币和方式，招标文件所用的语言，希望或要求供应货物的时间、工程竣工的时间或提供服务的时间表等。各地各部门一般已有标准的投标邀请书格式和前附表、后附表等。

2.4　建设工程自行招标

2.4.1　建设工程自行招标的概念

所谓自行招标，是指建设工程项目不委托招标机构招标，招标人自己进行招标的情况。自行招标不是招标方式的一种，是招标行为不进行代理的意思。为了规范工程建设项目招标人自行招标行为，加强对招标投标活动的监督，《工程建设项目自行招标试行办法》于2013年4月进行了修订。

2.4.2　建设工程自行招标的条件

招标人自行办理招标事宜，应当具有编制招标文件和组织评标的能力，具体包括：

1）具有项目法人资格（或者法人资格）。

2）具有与招标项目规模和复杂程度相适应的工程技术、概预算、财务和工程管理等方面的专业技术力量。

3）有从事同类工程建设项目招标的经验。

4）设有专门的招标机构或者拥有3名以上专职招标业务人员。

5）熟悉和掌握招标投标法及有关法规规章。

因此，若不能满足以上条件，则需要将项目交给招标代理机构，由其代表招标人进行招标。

2.4.3　建设工程自行招标的审核

招标人自行招标的，项目法人或者组建中的项目法人应当在向国家发展和改革委员会上报项目可行性研究报告或者资金申请报告、项目申请报告时，一并报送符合规定的相关书面材料。

书面材料应当至少包括下列内容：

1）项目法人营业执照、法人证书或者项目法人组建文件。

2）与招标项目相适应的专业技术力量情况。

3）专职招标业务人员的基本情况。

4）拟使用的专家库情况。

5）以往编制的同类工程建设项目招标文件和评标报告，以及招标业绩的证明材料。

6）其他材料。

国家发展和改革委员会审查招标人报送的书面材料，核准招标人符合《工程建设项目自行招标试行办法》规定的自行招标条件的，招标人可以自行办理招标事宜。一次核准手续仅适用于一个工程建设项目。招标人不具备自行招标条件，不影响国家发展和改革委员会对项目的审批或者核准。任何单位和个人不得限制其自行办理招标事宜，也不得拒绝办理工程建设有关手续。

招标人自行招标的，应当自确定中标人之日起十五日内，向国家发展和改革委员会提交招标投标情况的书面报告。书面报告至少应包括下列内容：

1）招标方式和发布资格预审公告、招标公告的媒介。

2）招标文件中投标人须知、技术规格、评标标准和方法、合同主要条款等内容。

3）评标委员会的组成和评标报告。

4）中标结果。

招标人不按《工程建设项目自行招标试行办法》规定要求履行自行招标核准手续的或者报送的书面材料有遗漏的，国家发展和改革委员会要求其补正；不及时补正的，视同不具备自行招标条件。招标人履行核准手续中有弄虚作假情况的，视同不具备自行招标条件，并视招标人是否有招标投标法第五章以及招标投标法实施条例第六章规定的违法行为，给予相应的处罚。

在报送可行性研究报告或者资金申请报告、项目申请报告前，招标人确需通过招标方式或者其他方式确定勘察、设计单位开展前期工作的，应当在规定的书面材料中说明。国家发展和改革委员会审查招标人报送的书面材料，认定招标人不符合《工程建设项目自行招标试行办法》规定的自行招标条件的，在批复、核准可行性研究报告或者资金申请报告、项目申请报告时，要求招标人委托招标代理机构办理招标事宜。

对于不属于国家发展和改革委员会审核的建设工程项目，按相应规模和各地方主管部门的规定，可以参考以上情况进行操作。

2.5　建设工程可以不进行招标的情形

2.5.1　法律法规对可以不进行招标情形的规定

《中华人民共和国招标投标法》第六十六条规定："涉及国家安全、国家秘密、抢险救灾或者属于利用扶贫资金实行以工代赈、需要使用农民工等特殊情况，不适宜进行招标的项目，按照国家有关规定可以不进行招标。"《中华人民共和国招标投标法实施条例》根据实际情况，对可以不进行招标的情形进行了补充和细化。除招标投标法第六十六条规定的可以不进行招标的特殊情况外，有下列情形之一的，可以不进行招标：

1）需要采用不可替代的专利或者专有技术。

2）采购人依法能够自行建设、生产或者提供。

3）已通过招标方式选定的特许经营项目投资人依法能够自行建设、生产或者提供。

4）需要向原中标人采购工程、货物或者服务，否则将影响施工或者功能配套要求。

5）国家规定的其他特殊情形。

《中华人民共和国招标投标法实施条例》的可操作性很强，既坚持了原则性，又兼顾了灵活性。

2.5.2　规避招标

1. 规避招标的概念

所谓规避招标，是指招标人以各种手段和方法，来达到逃避招标的目的。《中华人民共和国招标投标法》第四条规定："任何单位和个人不得将依法必须进行招标的项目化整为零或者以其他任何方式规避招标。"招标人违反《中华人民共和国招标投标法》和《中华人民共和国招标投标法实施条例》的规定弄虚作假的，属于规避招标。

2. 容易发生规避招标的项目

容易发生规避招标的项目：一是建筑的附属工程。附属工程一般比较小，建设单位容易忽视。有些单位还认为只要建设的主体工程进行招标就行了，附属工程就不需要招标了，这是认识的误区。二是在工程项目计划外的工程。计划外的工程从一开始就没有按规定履行立项手续，所以招标投标也就无从谈起了。三是施工过程中矛盾比较大的工程。建设单位为了平息矛盾，违规将工程直接发包给当地的村民或组织，为以后的工程质量和交付使用留下了巨大隐患。

3. 常见的规避招标的行为

规避招标的行为，有的比较明显，有的比较隐秘，常见的规避招标的手段如下：

（1）**肢解工程进行规避招标** 建设单位将依法必须公开招标的工程项目化整为零或分阶段实施，使之达不到法定的公开招标规模；或者将造价大的单项工程肢解为各种子项工程，各子项工程的造价低于招标限额，从而规避招标，这是最常见的情况。例如，在笔者的调研中发现，某个不大的公园建设工程招标时，供电一个包，绿化一个包，给排水一个包，道路一个包……整个公园的造价不菲，但分解到很细的一个个包就不需要招标了。况且，这种肢解分包看起来还很有理由，面对监管部门的审查时说是按专业分工，可加强对建设项目的专业性管理。再如，在审计过程中发现，某单位将办公楼装修工程肢解为楼地面装修、吊顶等项目对外单独发包。

（2）**以"大吨小标"的方式进行招标** 这种做法比较隐蔽，主要是想方设法先将工程造价降低到招标限额以下，在确定施工单位后，再进行项目调整，最后按实结算。笔者在审计过程中曾经发现，某单位一开始连设计过程都没有进行，直接以一张"草图"进行议标，确定施工单位后再重新进行设计，最后工程结算造价也大大超过招标限额。再如，某地的一些招商引资项目，在既没有图纸也没有设计的情况下，先确定了施工单位，也没有进行招标，后面再通过"技术手段"完成工程手续。

（3）**通过打项目的时间差来规避招标** 笔者曾经发现某单位先将操场跑道拿出来议标（实际上议标也是不允许的），在确定施工单位后，再明确工作内容不仅仅是操场跑道，还有篮球场，当然造价也就相应提高了。这也是比较隐秘的规避招标。

（4）**改变招标方式规避招标** 例如建设单位采取以邀代招或直接委托承包人，特别是在工程前期选择勘察、设计单位时，想方设法找借口搞邀请招标，或降低招标公告的广泛性，缩小投标参与人的范围。

（5）**以集体决策为幌子规避招标** 例如以形象工程、庆典工程等理由为借口，以行政会议或联席会议的形式确定承包人。

（6）**以招商代替招标** 这一新动向主要是在招商引资中，借口采取 BOT（建设-运营-转让）模式，招标人直接将工程项目交给熟悉的客商，而不按规定开展公开招标。

（7）**在信息发布上做文章** 例如：要么限制信息发布范围；要么不公开发布信息；要么信息发布时间很短。

2.5.3　规避招标与可以不进行招标的区别

　　规避招标扰乱了正常的建设市场的秩序，使工程质量得不到保证，容易诱发腐败。但在某些情况下，确实可能是对法律法规中可以不进行招标的情形有误解而客观上造成了规避招标。那么，实践中如何正确认识可以不进行招标的情形呢？应坚持以下几条原则：涉及国家安全、国家秘密、抢险救灾或者属于利用扶贫资金实行以工代赈、需要使用农民工等特殊情况的项目，不适宜进行招标。

　　在招标实践中，笔者发现有招标人故意滥用《中华人民共和国招标投标法实施条例》关于"需要向原中标人采购工程、货物或者服务，否则将影响施工或者功能配套要求"的规定。例如，某工程，第一期是某公司中标，过几年后第二期启动建设，也直接指定这家公司施工，说是第二期和第一期有连续性，需要向原中标人采购工程或货物。这就是典型的利用法律法规规定的可以不进行招标的条款来打擦边球，故意歪曲法规。正常招标的项目都是在"阳光"下进行的，而所谓的不招标项目，往往是在工程承揽过程中，某个或某些关键人物就成了施工单位攻关的对象，容易导致钱权交易，产生腐败。

　　当然最常见的是个别单位或个别领导招标意识淡薄，多以时间紧、任务重、抢进度等为由来规避招标。有些部门或单位对政府工程"要招标"的认识已普遍趋于一致，但对"怎么招"的认识却比较模糊。

　　在实际操作中，也许招标人并不是故意规避招标，而是对相关法律法规把握不够准确。例如，近年来，总承包工程的招标逐渐成为热点，对总承包工程该如何确定依法必须招标的范围呢？按照现行招标投标法律法规，工程招标项目一般分为服务（勘察、设计、造价咨询、监理、评估等）、施工和设备（或物资材料）三大类，其招标限额分别为 100 万元、400 万元和 200 万元。那么，总承包项目（包括勘察、设计、施工和物资材料）应属于哪一类，其限额怎么确定呢？

　　国家发展和改革委员会的答复如下：《关于进一步做好〈必须招标的工程项目规定〉和〈必须招标的基础设施和公用事业项目范围规定〉实施工作的通知》（发改办法规〔2020〕770 号）规定，对于《必须招标的工程项目规定》（国家发展改革委 2018 年第 16 号令，以下简称"16 号令"）第二条至第四条规定范围内的项目，发包人依法对工程以及与工程建设有关的货物、服务全部或者部分实行总承包发包的，总承包中施工、货物、服务等各部分的估算价中，只要有一项达到 16 号令第五条规定的相应标准，即施工部分估算价达到 400 万元以上，或者货物部分达到 200 万元以上，或者服务部分达到 100 万元以上，则应当招标。

2.6　建设工程标段的划分

2.6.1　相关法律法规对标段划分的规定

　　所谓标段，是指一个建设项目，为招标和建设施工的方便，分为几个更小的子包或项目来进行招标或建设。对标段的划分,《工程建设项目施工招标投标办法》(2003年七部委第30号令,2013年修订)有一个比较宏观的规定:"施工招标项目需要划分标段、确定工期的,招标人应当合理划分标段、确定工期,并在招标文件中载明。对工程技术上紧密相连、不可分割的单位工程不得分割标段。"

此外,一些部委和地方人民政府建设行政主管部门对标段的划分也做了一些具体的规定。

2.6.2　标段划分的原则

对需要划分标段的招标项目,招标人应当合理划分标段。一般情况下,一个项目应当作为一个整体进行招标。但是,对于大型项目,作为一个整体进行招标将大大降低招标的竞争性,甚至可能流标,或延长建设周期,也不利于建设单位对中标人的管理,因为符合招标条件的潜在投标人数量太少。这时就应当将招标项目划分成若干个标段分别进行招标。但也不能将标段划分得太小,太小的标段将失去对实力雄厚的潜在投标人的吸引力。例如,建设项目一般可以分解为单位工程及特殊专业工程分别招标,但不允许将单位工程肢解为分部、分项工程进行招标。标段的划分是招标活动中较为复杂的一项工作,应当综合考虑以下因素:

(1) **招标项目的专业要求**　如果招标项目的几部分内容专业要求接近,则该项目可以考虑作为一个整体进行招标;如果该项目的几部分内容专业要求相距甚远,则应当考虑划分为不同的标段分别招标。例如,一个项目中的土建和设备安装两部分内容就应当分别招标。

(2) **招标项目的管理要求**　有时一个项目的各部分内容相互之间干扰不大,方便招标人进行统一管理,这时就可以考虑对各部分内容分别进行招标。反之,如果各个独立承包商之间的协调管理十分困难,则应当考虑将整个项目发包给一个承包商,由该承包商进行分包后统一进行协调管理。

(3) **对工程投资的影响**　标段划分对工程投资也有一定的影响。这种影响由多方面的因素造成,但直接影响是由管理费的变化引起的。一个项目作为一个整体招标,承包商需要进行分包,分包的价格在一般情况下不如直接发包的价格低。但一个项目作为一个整体招标,有利于承包商进行统一管理,人工、机械设备、临时设施等可以统一使用,又可能降低费用。因此,应当具体情况具体分析。

(4) **工程各项工作的衔接**　在划分标段时还应当考虑项目在建设过程中的时间和空间衔接,应当避免产生平面或者立面的交接、工作责任的不清晰。如果建设项目各项工作的衔接、交叉和配合少,责任清晰,则可考虑分别发包;反之,则应考虑将项目作为一个整体发包给一个承包商,因为由一个承包商进行协调管理容易做好衔接工作。

在招标实践中,笔者经过调研发现:有被动细分标段的,主要体现为各方利益不好平衡,多做几个标段或子包,采取"兼投不兼中"的方式,各方都能中标;有捆绑各标段成为一个大标的;因为标段划分不合理而引起投诉或流标的情况也不少见。

2.7　本章案例分析

工程项目规避招标被行政处罚

1. 案例背景

2018 年 9 月，××市住建局官网发布公告称，某省委巡视组在巡视××市建设工程项目过程中，发现某镇有 21 个 50 万元以上违规自主招标项目。该市住建局接到市政务服务管理办公室的函告后，立即对涉及该局利用行政权力规避招标的 5 个项目开展调查。

该住建局调查后发现，该镇 2013 年通村公路维护工程中标价为 104.44 万元，产业园道路桥梁二期标段 1 号中标价为 178.2 万元，产业园道路桥梁二期标段 2 号中标价为 149.27 万元，园区桥梁 2 号标民安路东延中标价为 89.91 万元，园区桥梁 5 号标民安路西延中标价为 63.49 万元，这 5 个项目都存在违法规避招标行为。规避招标的原因是，以上 5 个项目均无土地指标，无法上报××市发改委进行立项，××市招标办不受理招标等，后该镇擅自决定，由镇招标办按照程序对外进行招标。该镇已违反了《中华人民共和国招标投标法》第四条的规定：任何单位和个人不得将依法必须进行招标的项目化整为零或者以其他任何方式规避招标。

依据《中华人民共和国招标投标法》第四十九条的规定：必须进行招标的项目而不招标的，将必须进行招标的项目化整为零或者以其他任何方式规避招标的，责令限期改正，可以处项目合同金额千分之五以上千分之十以下的罚款；对全部或者部分使用国有资金的项目，可以暂停项目执行或者暂停资金拨付；对单位直接负责的主管人员和其他直接责任人员依法给予处分。该镇违法事实清楚、证据确凿，据此，××市住建局对该镇作出如下处罚：

1）责令改正。

2）处项目合同金额千分之五的罚款，共计人民币 38880.00 元。

2. 案例分析

这件案例是规避招标的典型事件。因无土地指标，无法上报该市发改委进行立项，该市招标办不受理招标等原因，所以无法正常走招标程序。镇一级的招标办无权受理，且项目本身又没有立项，该市有 21 个 50 万元以上的这种项目，只能自主由镇招标办按照程序对外进行招标，这些行为均违反了相关法律、法规及规章。但此案的处罚实际上不严重，但不可否认，这给招标人、中标人和社会造成了一定的损失，也给当地政府的声誉造成了某些负面影响。

这种规避招标毫无疑问违反了法律法规，但事出有因，镇一级为了发展经济和完成项目，因无土地指标无法立项，游走在法律的边缘。此外，因为这类项目根本就没有立项，后续就无法通过竣工验收和项目审计，后续的法律风险也特别大。该市有 21 个 50 万元以上的这种项目，涉及该镇的有 5 个项目，因此有一定的普遍性和典型性。

此案给业内的启示是：在实践操作中，既要发展经济，又要完善程序和手续，时刻要有依法、守法的意识，工作才不会被动。

规避招标还是肢解招标?

1. 案例背景

××市审计部门在进行跟踪审计时，发现某依法必须招标的房屋建筑项目未招标，直接指定了承包商进行建设。审计部门将这一违法行为通报给了当地招标投标综合监管部门，招标投标综合监管部门在进行调查时发现，该项目共20层楼房，已完工16层，且违法行为已超过2年。《中华人民共和国行政处罚法》第二十九条规定，违法行为在二年内未被发现的，不再给予行政处罚。于是，监管部门依据《中华人民共和国招标投标法》第四十九条的规定，向项目业主下达了责令限期改正的通知，但对要求项目业主怎么改正并不明确。

2. 案例分析

1) 目前，责令改正在招标投标活动监管中被广泛运用，本案例也不例外。责令改正，不属于行政处罚，是一种具体的行政行为，可单独使用，也可附带（附在行政强制或行政处罚中）使用，可采用书面形式（制作规范统一的"责令改正通知书"），也可采用口头或其他形式，具有灵活性、实用性和可操作性等特点。因此，仅仅是责令改正，其实是一种非常轻的处罚行为。招标投标活动的程序以及工程建设具有不可逆性，在监管中如果责令改正时机运用不当，不仅会错过使当事人改正轻微违法行为的机会，有时还会造成更大的损失，与依法行政原则和行政合理性原则不相符。本案例中，工程项目一共20层，已完工16层，怎么落实限期改正？在实践中如何准确把握责令限期改正，值得探讨。主体工程已建到16层，完全取消中标或重新组织招标已无可能，也无必要，只会造成更加繁重的工作交接和经济纠纷。

本案例中，主体结构工程的20层楼房已完工16层，则主体结构工程不宜再招标，但采暖、通风、照明、消防、绿化、景观、道路工程等单位工程或专业工程，只要没有开始实施的，都应当明确指出要依法招标。

此外，责令改正还应该有下文，即应认真落实。

2) 该工程属于典型的"未招标先建设""未招标私自授标"的行为，违反了《中华人民共和国招标投标法》的规定。应该招标的工程，不招标或规避招标，其法律责任是"可以处项目合同金额千分之五以上千分之十以下的罚款；对全部或者部分使用国有资金的项目，可以暂停项目执行或者暂停资金拨付；对单位直接负责的主管人员和其他直接责任人员依法给予处分"。

该规定的法律责任属于行政责任。根据承担行政责任的主体不同，行政责任分为行政主体承担的行政责任、国家工作人员承担的行政责任和行政相对方承担的行政责任。如果该项目属于故意规避或有腐败、利益勾兑等行为，则当地纪检、监察部门还应进行进一步的调查和查处，直至追究刑事责任。

3) 本案例中，当地监管部门依据《中华人民共和国行政处罚法》第二十九条的规定进行处理，但这种处理措施值得商榷，要区分行政处罚与行政处分。违法行为在二年内未被发现的，不再给予行政处罚，但行政处分并没有二年的期限限制。

只有终身追责才能终身负责。在各地的实践中，已有部分地方政府在招标投标领域对实行终身追责进行了探索。例如重庆市给领导干部划红线，不准违背招标投标审批程序以个人签批、假借集体研究名义等方式违规决定不招标、邀请招标，或者采取化整为零等方式规避招标等。若违反上述规定，视其情节轻重给予诫勉谈话、通报批评、调离岗位、免职、降职等处理；构成违纪的，按照有关规定给予处分；涉嫌犯罪的，移送司法机关依法处理。追究集体责任时，领导班子主要负责人和直接主管的领导班子成员承担主要领导责任，参与决策的班子其他成员承担重要领导责任。对错误决策提出明确反对意见的，不承担领导责任。领导干部不因岗位变动而免责。

4）该招未招项目 20 层楼房已完工 16 层，怎么落实限期改正？可依据工程建设项目标段划分的基本原则来把握。《工程建设项目施工招标投标办法》第二十七条规定："对工程技术上紧密相连、不可分割的单位工程不得分割标段。"依据该规定，对于工程建设项目来说单位工程是划分标段的最小单元，将单位工程发包给多个施工单位的，视为肢解发包。单位工程是指具有独立的设计文件，具备独立施工条件并能形成独立使用功能，但竣工后不能独立发挥生产能力或工程效益的工程，是构成单项工程的组成部分。例如：公路工程划分标段的话，每个标段的路基工程、路面工程就是单位工程；一栋办公楼属于单项工程，其包含的基础、主体、采暖、通风、照明、消防、电气设备及安装等工程都称为单位工程。规避招标的建设项目一定是由多个单位工程或专业工程所组成的，所以责令改正的行政指令应以单位工程为基础来下达。

如果某一单位工程已经开始建设，且由于工程技术上紧密相连、不可分割，立即下达责令改正可能会造成更大的损失，则不宜下达立即责令改正的行政指令。但只要没有开始建设的单位工程，在发现规避招标的时候，都应当责令限期改正，依法进行招标。

思考与练习

1. 单项选择题

（1）按照《工程建设项目自行招标试行办法》的规定，招标人自行招标的，应当自确定中标人之日起十五日内，向（ ）提交招标投标情况的书面报告。

A. 国务院　　　　B. 省级人民政府　　C. 国家发展改革委　D. 建设行政主管部门

（2）邀请招标需向（ ）以上具备资质的特定法人或其他组织发出投标邀请书。

A. 3 个　　　　B. 4 个　　　　C. 5 个　　　　D. 6 个

（3）招标人自行办理招标事宜，应当有（ ）名以上专职招标业务人员。

A. 2　　　　B. 3　　　　C. 5　　　　D. 10

2. 多项选择题

（1）按照《工程建设项目施工招标投标办法》的规定，工程建设项目标段的划分，必须遵守以下规定（ ）。

A. 招标人应当合理划分标段、确定工期，并在招标文件中载明

B. 对工程技术上紧密相连、不可分割的单位工程不得分割标段

C. 招标人不得以不合理的标段或工期限制或者排斥潜在投标人或者投标人

D. 招标人不得利用划分标段规避招标

(2) 必须进行公开招标的项目有（　　　）。

A. 大型基础设施、公用事业等关系社会公共利益、公众安全的项目

B. 全部或者部分使用国有资金投资或者国家融资的项目

C. 使用国际组织或者外国政府贷款、援助资金的项目

D. 涉及国家重大军事机密的项目

(3) 2018 年颁布施行的《必须招标的工程项目规定》明确了公开招标的数额标准，达到下列标准之一的，必须进行招标（　　　）。

A. 施工单项合同估算价在 400 万元人民币以上

B. 重要设备、材料等货物的采购，单项合同估算价在 200 万元人民币以上

C. 勘察、设计、监理等服务的采购，单项合同估算价在 100 万元人民币以上

D. 施工单项合同估算价在 300 万元人民币以上

(4) 招标人自行招标的，需要向国家发展和改革委员会提交招标投标情况的书面报告。书面报告应包括下列内容（　　　）。

A. 招标方式和发布资格预审公告、招标公告的媒介

B. 招标文件中投标人须知、技术规格、评标标准和方法、合同主要条款等内容

C. 评标委员会的组成和评标报告

D. 中标结果

3. 问答题

(1) 公开招标和邀请招标有哪些区别？

(2) 规避招标的主要表现形式有哪些？

(3) 自行招标招标人需具备什么条件？

(4) 建设工程招标方式的变更要办理哪些手续？

(5) 建设工程招标中，标段划分应注意哪些原则？

4. 案例分析题

某市第一中学科教楼工程为该市重点教育工程，属于政府财政投资项目。2020 年 10 月由该市发展和改革部门批准立项，建筑面积为 7800m²，投资金额为 1780 万元。该项目于 2021 年 3 月 12 日开工。此项目经市政府和主管部门批准不招标，奖励给某建设集团承建，双方就直接签订了施工合同。

问题：该项目有哪些地方不符合《中华人民共和国招标投标法》和《中华人民共和国招标投标法实施条例》的规定？

思考与练习部分参考答案

1. 单项选择题

(1) D　　(2) A　　(3) B

2. 多项选择题

(1) ABCD　　(2) ABC　　(3) ABC　　(4) ABCD

第3章

建筑工程的招标程序

本章将介绍建筑工程招标的特点和基本原则，阐述建筑工程招标的条件和建筑工程招标无效的几种情形，并重点介绍建筑工程的招标程序，说明建筑工程招标要注意的问题。

3.1 概述

3.1.1 建筑工程招标的特点

建筑工程招标的目的是在工程建设各阶段、各环节引入竞争机制，择优选定咨询、勘察、设计、监理、建筑施工、装饰装修、设备安装、材料设备供应或工程总承包等单位，以提供优质高效的服务、控制和降低工程造价、节约建设投资、确保工程质量和施工安全、缩短建设周期。因此，建筑工程招标有以下特点：

1. 遵章行事、有法可依

为了适应社会主义市场经济体制的需要，更好地与世界经济接轨，保护国家、社会和招标投标活动当事人的合法权益，提高经济效益，保证项目质量，我国于1999年8月30日通过和公布了《中华人民共和国招标投标法》。随着工程建设的不断发展，结合各地的实际情况，中央政府、各部委、地方政府相继出台了各项工程招标投标管理办法，建立了招标投标交易的有形市场，并设立了监督管理机构和相应的监督管理办法。2012年2月1日施行的《中华人民共和国招标投标法实施条例》更是总结了各地的招标投标管理经验，具有更强的可操作性。

2. 公开、公平、公正

各级政府为建立规范的有形建筑市场，设立了非营利性的服务、监督、管理建设工程交易活动的建设工程交易中心（有的地方叫作公共资源交易中心），统一发布建设工程招标信息。如此则可打破地域垄断（具备相应资质的潜在投标企业均可备案报名投标），更好地监督招标程序使之严格合法，做到开标公开、中标公示、评委在交易中心专家库随机抽取、评标封闭保密。

3. 平等交易

长期以来，我国建筑市场的施工单位为承揽工程业务而处于被动地位。在施行《中华人民共和国招标投标法》和《中华人民共和国招标投标法实施条例》以后，建设工程通过有形建筑市场进行交易，发包方须在招标公告和招标文件中将相关事项事先告知，让发包、承包双方具备了双向选择的权力，使建设工程交易在平等前提下公开进行，符合《中华人民共和国民法典》中合同主体平等自愿原则。

3.1.2　建筑工程招标的分类

建筑工程招标，依据不同的分类方法有各自不同的种类。

1. 按照建筑工程建设的程序分类

按建筑工程建设的程序分类，建筑工程招标可以分为建设项目可行性研究招标、工程勘察设计招标、施工招标、工程监理招标、材料设备采购招标。

2. 按照产品性质分类

按招标的产品性质分类，建筑工程招标可以分为服务招标、施工招标和采购招标。

（1）服务招标　如建设项目可行性研究招标、环境影响招标、工程勘察设计招标、工程造价咨询招标、工程监理招标、维护管理招标和代建管理招标。

（2）施工招标　施工招标是指土建类施工过程的招标，如土建施工招标、装饰工程招标、设备安装招标、修缮工程招标和市政施工工程招标等。

（3）采购招标　采购招标是指建筑工程中的材料或设备采购单独进行招标，是建设工程招标的重要内容，有的项目中甚至可以超过施工招标的金额。采购招标有材料采购招标、设备采购招标等。

3. 按照建设项目的组成分类

按建设项目的组成分类，建筑工程招标可以分为建设项目招标、单项工程招标、单位工程招标、分部工程或分项工程招标。

4. 按照建筑工程的承包模式分类

按建筑工程的承包模式分类，建筑工程招标可以分为工程总承包招标、专项工程承包招标。当前，我国在大力鼓励和支持工程总承包这种模式。

5. 按照建筑工程的招标范围分类

按建筑工程的招标范围分类，建筑工程招标可以分为国内工程招标、境内国际工程招标、国际工程招标等。只要是在中国大陆境内进行的工程招标，均应遵守《中华人民共和国招标投标法》及《中华人民共和国招标投标法实施条例》等法律法规。

3.1.3　建筑工程项目招标的基本原则

《中华人民共和国招标投标法》第五条规定："招标投标活动应当遵循公开、公平、公正和诚实信用的原则。"可见，建筑工程招标也应遵守这些基本原则。

1. 公开原则

公开原则就是招标活动要具有较高的透明度，在招标过程中要将招标信息、招标程序、评标办法和中标结果等按相关规定公开。

（1）招标信息公开　招标活动的公开原则首要的就是将工程项目招标的信息公开。依法必须公开招标的工程项目，应当在国家或者地方指定的报刊、信息网络或者其他媒介上发布招标公告，并同时在中国工程建设和建筑业信息网站上发布招标公告。现阶段在地方各级人民政府网站或指定的建设工程交易中心网站发布工程项目招标公告。招标公告应当载明招标人的名称和地址，招标工程的性质、规模、地点及获取招标文件的办法等事项。如果要进行资格预审，则要求将资格预审所需提交的材料和资格预审条件在公告中载明。

采用邀请招标方式的，应当向 3 个以上符合资质条件的施工企业发出投标邀请书，并将公开招标公告所要求告知的内容在投标邀请书中予以载明。招标公告（或投标邀请书）内容中要有能让潜在投标人决定是否参加投标竞争所需要的信息。

（2）**招标投标条件公开**　招标人应将建筑工程项目的资金来源、资金准备情况、项目前期工作进展情况、项目实施进度计划、招标组织机构、设计及监理单位、对投标单位的资格要求向社会公开，以便潜在投标人决定是否参加投标和接受社会监督。

（3）**招标程序公开**　招标人应在招标文件中将招标投标程序和招标活动的具体时间、地点、安排描述清楚，以便投标人准时参加各项招标投标活动，并对招标活动加以监督。开标应当公开进行，开标的时间和地点应当与招标文件中预先确定的相一致。开标由招标人主持，邀请所有投标人和监督管理的相关单位代表参加。招标人在招标文件要求提交投标文件的截止时间前收到的所有密封完好的投标文件，开标时都应当众予以拆封、宣读，并作好记录以便存档备查。

（4）**评标办法和标准公开**　评标办法和标准应当在招标文件中载明，评标应严格按照招标文件确定的办法和标准进行，不得采用招标文件未列明的其他任何标准和办法作为评标依据。招标人不得与投标人对投标价格、投标方案等实质性内容进行谈判。

（5）**中标结果公开**　评标委员会根据评标结果推荐不超过 3 个中标候选人并进行排序。国有资金占控股或者主导地位的依法必须进行招标的项目，招标人应当确定排名第一的中标候选人为中标人。招标人应当自收到评标委员会的书面评标报告之日起 3 日内公示中标候选人，公示期不得少于 3 日。一般要将预中标人的情况在该工程项目招标公告发布的同一信息网络和建设工程交易中心予以公示。

确定中标人必须以评标委员会出具的评标报告为依据，严格按照法定的程序，在规定的时间内完成，并向中标人发出中标通知书。

2. 公平原则

公平原则就是招标投标过程中，所有的潜在投标人和正式投标人享有同等的权利，履行同等的义务，采用统一的资格审查条件和标准、评标办法和标准来进行评审。对于招标人来说，就是要严格按照《中华人民共和国招标投标法》和《中华人民共和国招标投标法实施条例》规定的招标条件、程序要求办事，给所有的潜在投标人或正式投标人平等的机会，不得以不合理的条件限制或者排斥潜在投标人，不得对潜在投标人实行歧视待遇。招标人应当根据招标项目的特点和需要编制招标文件，不得提出与项目特点和需要不相符或过高的要求排斥潜在投标人。招标文件中规定的各项技术标准均不得要求或标明某一特定的专利、商标、名称、设计、原产地或生产供应者，不得含有倾向或者排斥潜在投标人的其他内容。招标人应将招标文件答疑和现场踏勘答疑或招标文件的补充说明等以书面形式通知所有的购买招标文件的潜在投标人。

招标人不得向他人透露已获取招标文件的潜在投标人的名称、数量以及可能影响公平竞争的有关招标投标的其他情况。招标人不得限制投标人之间的竞争。所有投标人都有权参加开标会议并对开标过程和结果进行监证。

投标人不得相互串通投标，不得结成组织排挤其他投标人，损害招标人或者其他投标人的合法权益；投标人不得与招标人串通投标，损害国家利益、社会公共利益或者他人的合法权益。

3. 公正原则

招标过程中招标人的行为应当公正，对所有的投标竞争者都应平等对待，不能有特殊倾向。建设行政主管部门要依法对工程招标投标活动实施监督，严格执法、秉公办事，不得对建筑市场违法设障，实行地区封锁和部门保护等行为，不得以任何方式限制或者排斥本地区、本系统以外的企业参加投标。评标时评标标准和办法应当严格执行招标文件的规定，不得在评标时修改、补充。对所有在投标截止时间后送到的投标书及密封不完好的投标书都应当拒收。投标人或者投标人主要负责人的近亲属、项目主管部门或者行政监督部门的人员，以及与投标人有经济利益或者其他社会关系等可能影响对投标文件公正评审的人员，不得作为评标委员会成员。评标委员会成员不得发表任何具有倾向性、诱导性的见解，不得对评标委员会其他成员的评审意见施加任何影响。任何单位和个人不得非法干预、影响评标的过程和结果。

4. 诚实信用原则

遵循诚实信用原则，就是要求招标投标当事人在招标投标活动中应当以诚实、守信的态度行使权利、履行义务，不得通过弄虚作假、欺骗他人争取不正当利益，不得损害对方、第三者或者社会的利益。在招标投标活动中，招标人应将工程项目实际情况和招标投标活动程序安排准确及时通知投标人，不得暗箱操作；应将合同条款在招标文件中明确并按事先明确的合同条款与中标人签订合同，不得搞"阴阳合同"；应实事求是地答复投标人对招标文件或踏勘现场提出的疑问。对投标人而言，投标人不得相互串通投标，不得排挤其他投标人，不得以低于成本的报价竞标；中标后应按投标承诺中的项目管理方法组织机构人员到位，组织机械设备、劳动力及时到位，确保工程质量、安全、进度达到招标文件或投标承诺的要求。中标人不得违反法律规定将中标项目转包、分包。

党的十八大以来，国家加大了诚信建设和失信处罚的力度。在工程建设招标投标中，各种信用公示和失信黑名单制度逐步建立乃至完善，各级各部门在招标投标工作监管中，探索出了各种有效的诚信制度和办法。但是，随着我国经济、社会的飞速发展，建设工程招标投标项目越来越多，伴之而生的"规避招标、虚假招标、围标串标、转包挂靠、伪造业绩、履约失信等违法、违规现象"也随之增多。这不仅扰乱了市场秩序，助长了职务犯罪，污染了社会风气，也侵害了社会主义核心价值观。因此，继续完善和加快招标投标领域诚信体系建设迫在眉睫。同时，还需充分发挥社会监督和诚信守法的自律作用。

3.1.4　建筑工程招标的主体

建筑工程招标的主体即招标人，是指依照《中华人民共和国招标投标法》规定提出招标项目进行招标的法人或者其他组织。

1. 法人

招标投标活动中招标的主体主要是法人。法人是指具有民事权利能力和民事行为能力，依法独立享有民事权利和承担民事义务的组织。法人包括企业法人、事业单位法人、机关法人和社会团体法人。法人应当具备以下条件：

1）依法成立。

2）有必要的财产或者经费。

3）有自己的名称、组织机构和住所。

4）能独立承担民事责任。

2. 其他组织

其他组织是指法人以外的其他组织，包括法人的分支机构、不具备法人资格的联营体、合伙企业、个人独资企业。这些组织应当是合法成立，有一定的组织机构和财产，但不具备法人资格的组织。在某些招标活动中，招标人也允许这类组织进行投标。

3. 对招标人的其他要求

国家发展计划委员会（现国家发展和改革委员会）颁布的《工程建设项目自行招标试行办法》（2013 年进行了修订）为规范工程项目招标人自行招标，对招标人作出了相应的要求，具体包括：

1）具有项目法人资格（或者法人资格）。

2）具有与招标项目规模和复杂程度相适应的工程技术、概预算、财务和工程管理等方面专业技术力量。

3）有从事同类工程建设项目招标的经验。

4）设有专门的招标机构或拥有 3 名以上专职招标业务人员。

5）熟悉和掌握招标投标法及有关法规规章。

招标人自行招标的，应将相关资料报国家发展和改革委员会审查核准，经核准符合自行招标条件的，可以自行办理招标事宜；不具备自行招标条件的，招标人应当委托具有相应资格的工程招标代理机构代理招标。

关于招标人的资格和范围，国家发展和改革委员会针对招标投标实践中容易出现模糊的问题，于 2021 年在其官网进行了答复和澄清。例如针对建设单位已经确定、项目已经批准的政府投资建设工程招标，招标人是仅指项目建设单位，是否还同时包括管理该建设单位的地方政府？

国家发展和改革委员会回复道，根据《中华人民共和国招标投标法》第八条规定，招标人是依照本法规定提出招标项目、进行招标的法人或者其他组织。

3.1.5　建筑工程招标的条件

《中华人民共和国招标投标法》第九条规定："招标项目按照国家有关规定需要履行项目审批手续的，应当先履行审批手续，取得批准。招标人应当有进行招标项目的相应资金或者资金来源已经落实，并应当在招标文件中如实载明。"对于工程项目不同性质和不同阶段的招标，招标条件有所侧重。

1. 公路工程施工招标的条件

对于公路工程，可以进行施工招标的条件是：

1）初步设计和概算文件已经审批。

2）项目法人已经确定，并符合项目法人资格标准要求。

3）建设资金已经落实。

4）已正式列入国家或地方公路基本建设计划。

5）征地拆迁工作已基本完成或落实，能保证分年度连续施工。

2. 房屋建筑工程施工招标的条件

对于房屋建筑工程，可以进行施工招标的条件是：

1）建设项目已经正式列入国家、部门或地方的年度固定资产投资计划。

2）建设用地的征地工作已经完成，并取得用地批准通知书或土地使用证。

3）建筑方案和初步设计通过部门审批，取得建设工程规划许可证。

4）设计概算已经批准。

5）有已经审查通过并满足施工需要的施工图纸及技术资料。

6）建设资金和主要材料、设备的来源已经落实。

7）施工现场"三通一平"已经完成或列入施工招标范围时具备交付施工场地条件。

3. 勘察、设计项目招标的条件

1）按照国家有关规定需要履行项目审批手续的，已履行审批手续，取得批准。

2）勘察设计所需资金已经落实。

3）所必需的勘察设计基础资料已经收集完成。

4）法律、法规规定的其他条件。

4. 建筑工程设备或货物招标的条件

1）招标人已经依法成立。

2）按照国家有关规定应当履行项目审批、核准或者备案手续的，已经审批、核准或者备案。

3）有相应资金或者资金来源已经落实。

4）能够提出货物的使用与技术要求。

3.1.6　建筑工程施工项目招标无效的情形

按照相关规定，下列情况下，建筑工程施工项目招标无效：

1）未在指定的媒介发布招标公告的。

2）邀请招标不依法发出投标邀请书的。

3）自招标文件或资格预审文件出售之日起至停止出售之日止，少于5日的。

4）依法必须招标的项目，自招标文件开始发出之日起至提交投标文件截止之日止，少于20日的。

5）应当公开招标而不公开招标的。

6）不具备招标条件而进行招标的。

7）应当履行核准手续而未履行的。

8）不按项目审批部门核准内容进行招标的。

9）在提交投标文件截止时间后接收投标文件的。

10）投标人数量不符合法定要求而不重新招标的。

被认定为招标无效的建筑工程施工项目，应依法重新招标。

3.2 　建筑工程公开招标的程序

　　招标是招标人和投标人为签订合同而实施要约邀请、要约和承诺等一系列经济活动的过程。政府有关管理机关对该经济活动过程作了具体的要求，对有形建筑市场集中办理有关手续，并依法实施监督。

　　建筑工程公开招标的一般程序如图 3-1 所示。在各地的招标实践中，招标程序可能有一些出入。由于报名参加建筑工程项目投标的投标人往往较多，为了减少评标的工作量，有的地方政府或部门规定，在招标过程中可以通过摇号或摇珠的方式先确定部分投标人，然后再进行评标，或者先通过符合性审查评审，再通过摇号或摇珠的方式确定中标人。这是某些地方政府对招标程序的变通，有一定的合理性和可操作性，但并不合法。

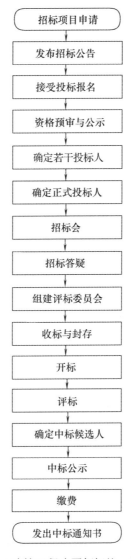

图 3-1　建筑工程公开招标的一般程序

目前，有些省份已明确禁止使用摇号法确定中标人。例如，2019 年 3 月 1 日《广东省实施〈中华人民共和国招标投标法〉办法》正式施行，其中明确规定："禁止采取抽签、摇号等随机方式进行资格预审、评标评审或者确定中标人。"2021 年 3 月 4 日，浙江省人民政府办公厅印发《关于进一步加强工程建设项目招标投标领域依法治理的意见》，并于 2021 年 4 月 10 日起正式实施，其中明确禁止采用抽签、摇号等方式确定中标人。

3.2.1　发布招标公告

公开招标时，必须发布招标公告（邀请招标时发布投标邀请书）。不过很多招标人或招标代理机构往往并没有注意学术上的严谨性，本来是公开招标，发布招标公告时写成了投标邀请书。实际上，在邀请招标时，并不一定要在公开的媒体上发布招标公告，直接向潜在投标人发布投标邀请书即可。

1. 招标公告发布的要求

按招标投标相关法律法规的规定，依法必须进行公开招标的工程项目，必须在主管部门指定的报刊、网站或者其他媒介上发布招标公告，并同时在建设信息网、建设工程交易中心、公共资源交易中心网站上发布招标公告。随着社会的发展和信息技术的广泛使用，目前，有相当数量的招标公告已在 App 或微信公众号上完成。有的省份已推出了全省电子招标的时间表。

招标公告的内容主要包括：

1）招标人的名称、地址、联系人姓名、电话。委托代理机构进行招标的，应注明代理机构的名称、地址、联系人姓名及电话。

2）招标工程的基本情况，如工程项目名称、建设规模、工程地点、结构类型、计划工期、质量标准要求、标段的划分和本次招标范围。

3）招标工程项目条件，包括工程项目计划立项审批情况、概预算审批情况、规划、国土审批情况、资金来源和筹备情况。

4）对投标人的资质（资格）要求及应提供的其他有关文件。招标人采用资格预审办法对潜在投标人进行资格审查的，应当发布资格预审公告。

5）获取招标文件或者资格预审文件的地点和时间。

招标公告的格式可参考国家或地方招标投标管理部门的招标公告范本。依法必须进行招标的项目的招标文件，应当使用国务院发展改革部门会同有关行政监督部门制定的标准文本。

2. 招标公告发布的注意事项

发布招标公告时要注意以下事项：

（1）**对招标公告的监管要求**　依法必须进行公开招标的项目，招标公告应在指定的报刊、信息网络等媒介上发布，行政职能部门对招标公告发布活动进行监督。

招标人或其委托的招标代理机构发布招标公告，应当向指定媒介提供公告文本、招标方式核准文件和招标人委托招标代理机构的委托书等证明材料，并将公告文本同时报项目招标方式核准部门备案。

拟发布的招标公告文件应当由招标人或其委托的招标代理机构的主要负责人或其委托人签名并加盖公章。公告文本及有关证明材料必须在招标文件或招标资格预审文件开始发出之日的 15 日前送达指定媒体和项目招标方式核准部门。

（2）**对指定媒介的要求**　指定媒介必须在收到招标公告文本之日起 7 日内发布招标公告。指定媒介不得对依法必须招标的工程项目的招标公告收取费用，但发布国际招标公告的除外。

在两家以上媒介发布的同一招标项目的招标公告的内容应当一致，若出现不一致的情况，有关媒介可以要求招标人或其委托的招标代理机构及时予以改正、补充或调整。

指定媒介发布的招标公告的内容与招标人或其委托的招标代理机构提供的招标公告文本不一致时，应当及时纠正并重新发布。

（3）**对招标人或招标代理机构的要求**　招标人必须在指定媒介发布招标公告，并且至少在一家指定媒介发布招标公告，不得在两家以上媒介就同一招标项目发布内容不一致的招标公告。招标公告中不得以不合理的条件限制或排斥潜在投标人。招标人有下列限制或者排斥潜在投标人行为之一的，由有关行政监督部门依照《中华人民共和国招标投标法》第五十一条的规定处罚：

1）依法应当公开招标的项目不按照规定在指定媒介发布资格预审公告或者招标公告。

2）在不同媒介发布的同一招标项目的资格预审公告或者招标公告的内容不一致，影响潜在投标人申请资格预审或者投标。

依法必须进行招标的项目的招标人不按照规定发布资格预审公告或者招标公告，构成规避招标的，依照《中华人民共和国招标投标法》第四十九条的规定处罚。

招标人应当按照资格预审公告、招标公告或投标邀请书规定的时间、地点发售资格预审文件或招标文件。资格预审文件或者招标文件的发售期不得少于 5 日。

3.2.2　资格预审

资格预审是指招标人根据招标项目本身的特点和需求，要求潜在投标人提供其资格条件、业绩、信誉、技术、设备、人力、财务状况等方面的情况，审查其是否满足招标项目所需，进而决定投标申请人是否有资格参加投标的一系列工作工程。

1. 资格预审的意义

招标人通过资格预审，能够了解潜在投标人的资质等级情况，掌握其业务承包的范围和规模，了解其技术力量以及近几年的工程业绩情况、财务状况、履约能力、信誉情况，可以排除不具备相应资质和技术力量，没有相应的业务经营范围，财务状况和企业信誉很差，不具备履约能力的投标人参与竞争，以降低招标成本、提高招标效率。

2. 资格预审的管理和程序

一般来说，建筑工程项目招标的资格预审按下列程序进行：

1）招标人或招标代理机构准备资格预审文件。资格预审文件的主要内容为资格预审公告、资格预审申请人须知、资格预审申请表、工程概况和合同段简介。

2）公开发布资格预审公告。资格预审公告可随招标公告在指定媒介同时发布（或合并发布）。资格预审公告应包括的内容为：招标人的名称、地址、联系人姓名与联系方式，招标条件，招标项目概况与招标范围，申请人资格要求，资格预审方法，资格预审文件的获取方式，资格预审申请文件的提交方式，发布公告的媒介。

3）发售资格预审文件。资格预审文件应包括资格预审须知和资格预审表两部分。资格预审文件应将资格预审公告中招标项目的情况进行更加详细的说明，对投标申请人所提交的资料作出具体要求，对资格审查方法和审查结果公布的媒介和时间作出详尽准确的说明。

《中华人民共和国招标投标法实施条例》第十五条规定："招标人采用资格预审办法对潜在投标人进行资格审查的，应当发布资格预审公告、编制资格预审文件。"资格预审文件格式可参考国家或地方招标投标管理部门的资格预审文件范本编制。依法必须进行招标的项目的资格预审文件，应当使用国务院发展改革部门会同有关行政监督部门制定的标准文本。

4）投标申请人编写资格预审申请文件，提交资格预审申请文件。

5）国有资金占控股或者主导地位的依法必须进行招标的项目，招标人应当组建资格审查委员会审查资格预审申请文件。《中华人民共和国招标投标法实施条例》第十八条规定："资格预审应当按照资格预审文件载明的标准和方法进行。"审查的主要内容有：

①是否具有独立订立建设合同的资格。

②是否具有履行合同的能力，包括专业技术能力、资金、设备和其他物质设施状况，管理能力、经验、信誉和相应的从业人员。

③有没有处于停业、投标资格被取消、财产被接管或冻结、破产状态。

④在最近三年内有没有骗取中标和严重违约及重大工程质量问题。

⑤法律、行政法规规定的其他资格条件。

6）编写资格预审评审报告，报当地招标主管部门审定备案，并在发布公告的媒介上进行公示。

7）资格预审结束后，招标人应当及时向资格预审申请人发出资格预审结果通知书。未通过资格预审的申请人不具有投标资格。通过资格预审的申请人少于 3 个的，应当重新招标。

值得注意的是，招标人采用资格后审办法对投标人进行资格审查的，应当在开标后由评标委员会按照招标文件规定的标准和方法对投标人的资格进行审查。

3.2.3　发售招标文件

招标人应根据招标范围工程项目的特点和需要编制招标文件。其编制方法和具体内容参考本书第 5 章相关内容。

招标人应当按照招标公告或投标邀请书载明的时间、地点、联系方式发售招标文件。招标文件的发售时间要根据工程项目实际情况和投标人的分布范围确定，要确保招标人有合理、足够的时间获得招标文件。

发售招标文件时，招标人或招标代理机构应作好购买招标文件的记录，内容包括投标人名称、地址、联系方式、邮编、邮寄地址、联系人姓名、招标文件编号，以便于确认已购买招标文件或被邀请的投标人，取消未购买招标文件的被邀请人的投标资格，并利于在招标情况变化、修改、补充，或时间、地点安排调整时及时、准确地通知投标人。

对招标文件或者资格预审文件的收费应当合理，不得以营利为目的，只能"补偿印刷、邮寄的成本"。目前，很多地方政府已取消投标报名费或获取招标文件的收费项目，所有招标文件都可以从网上免费获取。对于所附的工程设计文件的押金，招标人应当向投标人退还。

招标文件或者资格预审文件售出后，不予退还。招标人在发布招标公告或售出招标文件或资格预审文件后，均不得擅自终止招标。

随着国家"放管服"改革的大力推进和营商环境的逐步改善，尤其是电子招标的逐步实现，国家和地方各级人民政府已系统地梳理了招标投标流程。某些地方政府正在逐步试点取消没有法律法规依据的投标报名、招标文件审查、原件核对等环节。对于法定代表人身份证、营业执照等能够通过电子证照核验的材料，不得强制要求提交纸质材料。对于能够采用告知承诺制和事中事后监管解决的事项，一律取消前置审批或审核。依托数字政府建设，逐步将交易申请、场地安排、中标结果确认等涉及市场主体的工作集成到移动端预约或受理。

3.2.4　踏勘工程项目现场

招标人组织投标人踏勘工程项目现场的目的在于使投标人了解与掌握工程现场情况和周围环境、地方材料供应情况，让投标人了解工程施工组织计划和确定控制工程造价所需要的信息，让投标人能合理地进行施工组织设计，使其工程造价分析尽量准确，能尽量充分预测投标风险，为日后合同双方履约提供铺垫。

招标人在踏勘现场应向投标人作出介绍和解答，内容大致包括：

1）将现场情况与招标文件说明进行对照解释。

2）现场的地理位置、地形、地貌。

3）现场的地质、土质、地下水位、水文等情况。

4）现场的气候条件，包括气温（最高气温、最低气温和持续时间）、温度、风力、雨雾情况等。

5）现场环境，如交通、供水、供电、通信、排污和环境保护等情况。

6）工程在施工现场的位置与布置。

7）提前投入使用单位工程的要求。

8）临时用地、临时设施搭建等的要求。

9）地方材料供应情况。

10）余土排放地点。

11）地方城市管理的一些要求。

12）投标人为施工组织设计和成本分析需要且招标人认为能提供的相关信息。

目前，有的地方政府为了防止招标过程中出现招标人与投标人的不正当接触，一般不提倡甚至不允许招标人组织踏勘现场。当然，有些重大、复杂的项目，投标人为了减少投标风险和熟悉工程概况，需要踏勘现场。但这种投标人自行踏勘现场与招标人组织的不是一回事。不管是否组织踏勘现场，招标文件中均要明确进行说明。

3.2.5　标前会议

在标前会议上主要由招标人以正式会议的形式解答投标人在踏勘现场前后以及对招标文件和设计图纸等方面以书面形式提出的各种问题，以及会议上提出的有关问题。招标人也可以在会议上就招标文件的错漏作出补充修改说明。会议结束后，招标人应将会议解答或修改补充的内容形成书面通知发给所有招标文件收受人，补充修改答疑通知应在投标截止日期前15天内发出，以便让投标人有足够的时间作出反应。有些工程项目，进行了多次答疑或补充文件的，应该以最后一次的为准。补充修改答疑通知为招标文件的组成部分，具有同等法律效力。

3.2.6　编制招标标底

招标标底是招标人对招标工程项目所需工程费用的测算和事先控制，也是审核投标报价、评标和决标的重要依据。标底制定得恰当与否，对投标竞争起着重要的作用。标底价偏高或偏低都会影响招标评标结果，对招标项目的实施造成影响。标底价过高，不利于项目投资控制，会给国家或集体经济带来损失，并会造成投标人投标报价的随意性、盲目性，使投标人不会考虑通过优化施工方案或施工组织设计来控制和降低工程费用，不利于选择优秀的施工队伍，对行业的技术管理的提高和发展不利。标底价过低，对投标人没有吸引力，可能会造成亏损，投标人将放弃投标，不利于选择到经济实力强、社会信誉高、技术和管理能力强的优秀施工队伍，甚至导致招标失败。而且，招标标底过低，招到的中标人往往也是那些项目管理水平差、盲目随意报价、在投标时不择手段、在施工过程中管理混乱、进度任意拖延、施工技术工人随意找拉、工程质量低劣、安全措施不予落实、拖欠或克扣工人工资、与业主矛盾重重的施工单位。所以，招标标底必须由有丰富工程造价和项目管理经验的造价工程师负责编制，尽量做到：工程项目内容全面，工程量计算准确，项目特征描述详细清楚，综合单价分析合理准确，人工、机械、材料消耗处于行业或地方平均先进水平，主要材料、设备的单价兼顾造价管理部门的信息指导价与市场行情，措施项目分析全面、计价准确。标底价既要力求节约投资，又要能让中标人经过努力能获得合理利润。

招标标底和工程量清单应当依据招标文件、施工设计图纸、施工现场条件和《建设工程工程量清单计价规范》（GB 50500—2013）规定的项目编码、项目名称、项目特征、计量单位和工程量计算方法等进行编制。招标标底和工程量清单由具有编制招标文件能力的招标人或其委托的具有相应资质的工程造价咨询机构、招标代理机构编制。招标人设有标底的，在开标前必须保密。一个招标工程只能编制一个标底。

为了规范建筑市场管理，减少招标投标过程中的人为因素，防止发生腐败现象，遏制围标串标、哄抬标价，维护工程招标投标活动的公平、公开性，许多地区都已取消标底，而采用经评审的最低投标价评标办法。招标人原来的标底转换为招标控制价。招标控制价是在工程招标发包过程中，由招标人根据国家或省级、行业建设主管部门发布的有关计价规定，按设计施工图纸计算的工程造价，是招标人对招标工程发包的最高限价。招标控制价应当作为招标文件的组成部分与其一起发出和公布。招标人应在招标文件中载明招标控制价的设立方法并公布其内容，在招标过程中因招标答疑、修改招标文件和施工设计图纸等引起工程造价发生变化时，应当相应调整招标控制价。

招标标底或招标控制价应根据招标主体和资金来源性质，报送有关主管部门审定。标底或招标控制价要控制在批复的概算书对应的工程项目批准金额范围之内，如超过批准的概算金额，则必须经原概算批准机关核准。

3.2.7　接受投标人的投标文件和投标保函

投标人在收到招标文件后将组织理解招标文件，按招标文件要求和自身实际情况编制投标文件。投标人编制好投标文件后按招标文件规定的时间、地点、联系方式把投标文件提交给招标人。招标人应在投标截止时间前按招标文件规定的时间、地点、联系方式接受投标人的投标文件和投标保证金或保函。招标人收到投标文件后，应当向投标人出具标明签收人和签收时间的凭证，并妥善保存投标文件。在开标前，任何单位和个人均不得开启投标文件。在招标文件要求提交投标文件的截止时间后送达的投标文件，为无效的投标文件，招标人应当拒收。在招标文件要求提交投标文件的截止时间前，投标人可以补充、修改或者撤回已提交的投标文件。补充、修改的内容为投标文件的组成部分，并应在招标文件要求提交投标文件的截止时间前送达、签收和保管。在截止时间后招标人应当拒收投标人对投标文件的修改和补充。

近年来，国家有关部门高度重视并大力鼓励电子招标，地方各级人民政府对电子招标强力推广。尤其是 2021 年以来，线上经济更加蓬勃发展。考虑到电子招标越来越普遍，也是未来的发展趋势，有关电子招标和投标后续章节将专门介绍和论述。

3.2.8　开标、评标、定标

开标、评标和定标既是招标的重要环节，也是投标的重要步骤。

开标是指招标人将所有按招标文件要求密封并在投标文件递交截止时间前提交的投标文件公开启封揭晓的过程。我国招标投标法规定，开标应当在招标文件中预先确定的地点，在招标文件确定的提交投标文件截止时间的同一时间公开进行。开标由招标人主持，邀请所有投标人参加。开标时，要当众宣读投标人名称、投标报价、工期、工程质量、项目负责人姓名，有无撤标情况、招标文件密封情况及招标人认为其他需向所有投标人公开的合适内容，并作好开标记录。所有投标人代表、招标人代表、招标代理机构代表、建设工程交易中心见证人员、建设行政主管部门代表及其他行政监察部门的代表都应对开标记录签字确认。

随着我国大力推进电子开标，加之 2020 年以来新冠肺炎的预防及隔离实施，各地大力推进了电子开标，其程序与现场开标类似。开标后，由于现场有突发情况或其他不能及时评标的情形，有时需要停止评标并进行封标。

评标委员会按照招标文件确定的评标标准和方法，对有效投标文件进行评审和比较，并对评标结果签字确认。随着工程项目电子化交易的推广，全流程电子评标、远程异地评标已逐步成为发展趋势。

开标、评标、定标实务详见本书后续章节。

3.2.9　中标公示

采用公开招标的工程项目，在中标通知书发出前，要将预中标人的情况在该工程项目招标公告发布的同一信息网络和建设工程交易中心予以公示，以接受社会监督。《中华人民共和国招标投标法实施条例》第五十四条规定："依法必须进行招标的项目，招标人应当自收到评标报告之日起 3 日内公示中标候选人，公示期不得少于 3 日。"

3.2.10　发出中标通知书

确定中标人时必须以评标委员会出具的评标报告为依据。预中标人应为评标委员会推荐排名第一的中标候选人。预中标人公示期间未受到投诉、质疑时，招标人应在公示完成后 3 日内向中标人发出中标通知书，并将中标结果通知所有未中标的投标人。

3.2.11　签订中标合同

招标人和中标人应当自中标通知书发出之日起 30 日内，按照招标文件和中标人的投标文件订立书面合同，招标人和中标人不得再行订立背离合同实质性内容的其他协议。合同签订后，招标工作即宣告结束，签约双方都必须严格执行合同。

3.2.12　建筑工程招标程序的主要环节

公开招标的本质是"公开、公平、公正"。因此，公开招标主要指的就是招标程序的公开性、招标程序的竞争性、招标程序的公平性。只有从程序上依法、依规，才能保证招标活动真正体现"三公"原则，避免产生招标腐败现象。反过来说，作为招标人、招标代理机构、监管机构、投标人，只有使招标程序公正，才能避免被投诉、被起诉。关于招标过程的程序公正，在实践中要注意以下几个主要环节：

1）建筑工程项目招标是否按规定程序进行规定方式的招标，是否进行了依法审批，是否取得了招标许可文件。

2）如果实施自行招标，招标人（业主）是否经过了有关部门的核准，招标代理机构是否具有相应专业、范围的资质。

3）招标活动是否依法进行，是否执行了法律、法规的回避原则，是否执行了保密原则。

4）招标公告是否在指定媒介发布，时间是否足够。

5）招标文件是否有倾向性或排他性（包括有意和无意）。

6）开标是否在规定的时间、地点进行，投标人是否达到 3 家。

7）评标委员会是否依法组建，是否按照招标文件中规定的评标标准和方法进行评标。

8）是否有串通招标、串通投标、排斥投标人的现象或行为。

9）定标是否依法按排序定标，中标公告的内容和发布形式、公示时间是否符合法律规定。

3.3　建筑工程招标的监督与管理

建筑工程招标是招标人依照《中华人民共和国招标投标法》对工程项目实施所需的产品或服务的一个购买交易的过程。国家和地方根据《中华人民共和国招标投标法》的规定制定了一系列的法律、法规和文件，各级政府行政管理部门根据规定设立了相应的监督管理机构，建立了有形建筑市场和交易管理中心。招标人应当遵照公开、公平、公正和诚实信用的原则，依法组织招标并加强与招标投标管理机构和建设工程交易中心的沟通，取得管理部门的指导，接受其监督和管理，合法购买优质、价廉的产品或服务，选择诚实守信的合作伙伴。

3.3.1　建筑工程招标的行政监督机关及职责分工

为了维护建筑市场的统一性、竞争有序性和开放性，国家根据实际情况的变化，有对招标投标进行统一监管的趋势。《中华人民共和国招标投标法实施条例》第四条规定："国务院发展改革部门指导和协调全国招标投标工作,. 对国家重大建设项目的工程招标投标活动实施监督检查。国务院工业和信息化、住房城乡建设、交通运输、铁道、水利、商务等部门,按照规定的职责分工对有关招标投标活动实施监督。"对建筑工程招标来讲,一般项目由发展改革部门立项并协调和指导建设工程招标,有一定的合理性。不过,具体到全国各地的情况,地方人民政府有自己的规定,有的由住建部门来主导招标投标,有的由发展改革部门来主导招标投标。新颁布的《中华人民共和国招标投标法实施条例》显然注意到了目前的现实,该条例第四条规定:"县级以上地方人民政府对其所属部门有关招标投标活动的监督职责分工另有规定的,从其规定。"

1. 住房和城乡建设部

1）贯彻国家有关建设工程招标投标的法律、法规和方针政策,制定招标投标的规定和办法。

2）指导和检查各地区和各部门建筑工程招标投标工作。

3）总结和交流各地区和各部门建筑工程招标投标工作和服务的经验。

4）监督重大工程的招标投标工作,以维护国家的利益。

5）审批跨省、地区的招标投标代理机构。

2. 省、自治区和直辖市人民政府建设行政主管部门

1）贯彻国家有关建筑工程招标投标的法律、法规和方针政策,制定本行政区的招标投标管理办法,并负责建筑工程招标投标工作。

2）监督检查有关建筑工程招标投标活动,总结交流经验。

3）审批咨询、监理等单位代理建筑工程招标投标工作的资格。

4）调解建筑工程招标投标工作中的纠纷。

5）否决违反招标投标规定的中标结果。

3. 地方各级招标投标技术办事机构（招标投标管理办公室）

省、自治区和直辖市下属各级招标投标技术办事机构（招标投标管理办公室）的职责是:

1）审查招标单位的资质、招标申请书和招标文件。

2）审查标底。

3）监督开标、评标和定标。

4）调解招标投标活动中的纠纷。

5）处罚违反招标投标规定的行为,否决违反招标投标规定的中标结果。

6）监督承发包合同的签订和履行过程。

3.3.2　公共资源交易中心的职能

为强化对工程建设的集中统一管理,规范市场主体行为,建设公开、公平、公正的市场竞争环境,促进工程建设水平的提高和建筑业的健康发展,各地大力推进了公共资源交易中心的建设。为全面贯彻党的十八大和十八届二中、三中、四中全会精神,按照党中央、国务院的决策部署,充分发挥市场在资源配置中的决定性作用,更好发挥政府作用,以整合共享资源、统一制度规则、创新体制机制为重点,以信息化建设为支撑,加快构筑统一的公共资源交易平台体系,着力推进公共资源交易法制化、规范化、透明化,提高公共资源配置的效率和效益。

建设工程交易必须进入统一的交易平台。目前,全国各地基本上已将建设工程交易中心逐步整合成为公共资源交易中心，甚至将分散设立的工程建设项目招标投标、土地使用权和矿业权出让、国有产权交易、政府采购等交易平台，在统一的平台体系上实现信息和资源共享，依法推进公共资源交易高效规范运行。

公共资源交易中心的职能是：

1）根据政府建设行政主管部门委托实施对市场主体的服务、监督和管理。

2）发布工程建设信息，根据工程承发包交易需要发布招标工程项目信息，企业资料信息，工程技术、经济、管理人才信息，建筑材料、设备信息等。

3）为承发包双方提供组织招标、投标、评标、定标和工程承包合同签署等承发包交易活动场所和相关服务，将管理和服务结合。

4）集中办理工程建设有关手续。

3.3.3 其他行政部门对招标工作的监督管理

其他行政部门包括计划发展部门、财政部门、监察部门等，都可以对招标工作进行管理。

招标人要按照政府行政部门对工程项目招标的行政管理职能，将招标的全过程所需报审的材料上报相关职能部门审查备案，并与之加强沟通，依法接受其检查监督。

3.4 本章案例分析

因故终止招标，招标人受到经济赔偿和处罚

1. 案例背景

2020 年 12 月，某市郊区的中心镇政府为引进企业带动地方经济发展，与某国有化工企业签订了合资新建化工生产厂的协议。该协议规定，由镇政府提供集体建设用地，该国有化工企业出资金、技术并负责建设管理，项目计划总投资 15000 万元（人民币，下同）。项目筹建小组成立后，开始向上级有关政府行政职能部门申请办理各项审批手续。

为了提早投入生产，发挥经济效益，在各项审批手续未经批准前，化工生产厂筹建部即对新厂房的建设施工进行了公开招标。化工生产厂委托招标代理公司编制了招标文件，并在某商业报刊和镇有线电视台发布了招标公告，有 18 家施工企业报名参加资格预审。招标人在招标代理公司的专家库中抽取了 5 名专家组建了资格预审委员会，对申请投标的 18 家施工企业进行了资格审查，并向符合资格预审条件的 10 家施工企业发出了投标邀请函。

投标人按指定的时间踏勘了现场，参加了招标答疑会并认真编制了投标文件，按招标文件规定交纳了 50 万元投标保证金。在开标当日，共有 10 家投标人按时到达开标地点，却被化工生产厂的工作人员告知，由于新建厂房的厂址临近市区且在流经市区河流的上游，在环境影响评价报批过程中，由于达不到环境保护的要求，市政府环境保护部门不批准在该地区建设化工生产厂，项目未能通过环保审批，因此必须取消该项目，故本次招标也接到建设行政主管部门必须取消的通知。

2. 案例分析

参加投标的施工企业因为投标阶段踏勘现场、参加答疑会、编制技术标书和经济标书耗用了大量的人力、物力和财力，所以要求招标人作出经济补偿，提出的补偿金额由3.5万元至5.5万元不等，并投诉到建设行政主管部门，要求协调督促解决。最后，建设行政主管部门依据《中华人民共和国招标投标法》第九条"招标项目按照国家有关规定需要履行项目审批手续的，应当先履行审批手续，取得批准"，根据《工程建设项目施工招标投标办法》第七十三条规定，招标人"不按规定在指定媒介发布资格预审公告或者招标公告"，或者"在不同媒介发布的同一招标项目的资格预审公告或者招标公告的内容不一致，影响潜在投标人申请资格预审或者投标"，则应认定为招标无效，并对招标人给予2万元罚款，招标代理公司给予1万元罚款。考虑到过错方主要在招标人和招标代理公司，并协调要求招标人给予每家投标人2万元经济补偿。

这种由于未取得审批手续导致项目不能建设，而付出较大的经济损失和受到行政处罚的沉痛教训，招标人应受到启示。为保证招标项目的合法性，招标人应对招标项目的审批程序和审批手续给予充分重视，应该在办理招标公告审查备案和发布招标公告时明确招标项目需履行哪些审批手续，哪些手续已经获得批准，是谁批准的以及什么时候批准的，从审批结果、审批主体是否合格，是否按规定期限进行审批等各个角度对招标项目的合法性作出说明。

《中华人民共和国招标投标法实施条例》第三十一条规定："招标人终止招标的，应当及时发布公告，或者以书面形式通知被邀请的或者已经获取资格预审文件、招标文件的潜在投标人。已经发售资格预审文件、招标文件或者已经收取投标保证金的，招标人应当及时退还所收取的资格预审文件、招标文件的费用，以及所收取的投标保证金及银行同期存款利息。"因此，新的规定对招标人取消招标不需要进行罚款了，处罚减轻了。不过，应维护招标工作的严肃性，招标人不能因为对中途取消招标的处罚减轻了就随意取消招标，除非不可抗力或继续招标有重大损失或项目存在重大缺陷，一般在发布招标公告后最好不要随便取消招标。

招标程序不规范，中标结果被否决

1. 案例背景

某县教育局拟将该县某示范性小学打造升级为市级示范性学校。2020年初，该项目立项并被纳入本年度财政预算。该学校改扩建工程总投资为800万元，其中土建及装修工程费用为550万元，配套教学设备费用为200万元，其他费用为50万元。2020年6月3日完成全部设计和审批工作并开始施工招标。县教育局委托了招标代理机构负责招标工作。招标代理机构按照招标程序编制了招标公告和招标文件，在指定媒介发布了招标公告，组织了现场踏勘和标前会议，以及开标、评标工作，这些都是在建设工程交易中心的监督和见证下进行的。资格审查采用的是开标后由评标专家进行资格后审的方法。

2020年6月30日开标时，有6家单位提交了有效投标文件。开标当日，由评标专家组建的评标委员会在进行资格后审时发现，有4家投标单位存在企业安全生产许可证过期未年检，拟委派的项目经理未进行安全考核，未取得B证（项目负责人安全生产考核合格证），近3年来没有相同或相近工程业绩，资产负债率过高等一项或多项问题不符合招标文件中规定的资格审查合格条件标准，因此这4家投标企业资格审查不通过。由于有效投标人数少于3个，建设局招标管理办公室和建设工程交易中心要求招标人宣布招标失败。

但教育局考虑到2020年10月9日省市教育督导评估专家要来学校进行示范性学校验收，而土建装修工程施工工期要3个月，且考虑到7月初假期施工对教学影响较小，急于开工，于是教育局领导班子于2020年6月30日晚上连夜内部组织会议，决定联系本次招标中资格审查符合要求的两家单位采用竞争性谈判的方式确定施工单位。2020年7月1日，教育局主管行政后勤的副局长组织财务科、基建科、政工科、学校校长与两个投标单位商谈价格和合同条件。基建科科长提议，考虑到A公司近期在教育系统有两个项目正在施工，且本次招标的学校中有一栋教学楼原来是A公司施工的，对情况比较熟悉且与教育系统关系处理得比较好，建议该项目交由A公司承包施工。教育局谈判小组成员都觉得很有道理，全部同意基建科科长的建议，由政工科科长立即出具施工通知函，确定由A公司中标该学校的土建和装修工程，并于2020年7月2日签订了该学校改扩建工程土建和装修工程承包合同。2020年7月3日，A公司组织人员、设备进场施工。通过资格审查的B公司认为教育局对其进行了排斥，于是向县建设局和县政府、县人大进行投诉，请求取消A公司的中标并要求教育局（招标人）对其投标过程中产生的费用给予补偿。

县人大、县政府、县建设局立即组织人员进行调查。调查组成员一致认为，教育局为了尽快让项目上马，完成县政府年初确定的今年内完成市级示范性学校建设目标，以及为了能在暑假期间施工，减少安全隐患，并减少因施工对学校正常教学的影响，其出发点是可以理解的，但违反了《中华人民共和国招标投标法》和《工程建设项目施工招标投标办法》的规定，要求县教育局立即取消向A公司发出的施工通知书（即中标通知书），解除与A公司签订的该学校改扩建工程土建和装修改造部分的施工合同，妥善解决A公司的退场问题，并尽快重新组织招标。

2. 案例分析

县教育局在招标过程中存在的不妥之处和建设行政主管部门处理的决定依据分析如下：

1）按照《中华人民共和国招标投标法》的规定，该学校改扩建工程是全部使用国有资金投资，关系社会公共利益、公众安全的项目，必须进行公开招标。《必须招标的工程项目规定》的第五条规定，施工单项合同估算价在400万元人民币以上的关系社会公共利益、公众安全的项目必须进行招标。

依法必须进行招标的项目，国有资金占控股或者主导地位的，应当公开招标。招标投标活动不受地区、部门的限制，不得对潜在投标人实行歧视待遇。

2）《工程建设项目施工招标投标办法》第十九条规定："经资格后审不合格的投标人的投标应予否决。"

《中华人民共和国招标投标法》第二十八条规定："投标人少于三个的，招标人应当依照本法重新招标。"

《工程建设项目施工招标投标办法》第三十八条规定："依法必须进行施工招标的项目提交投标文件的投标人少于三个的，招标人在分析招标失败的原因并采取相应措施后，应当依法重新招标。重新招标后投标人仍少于三个的，属于必须审批、核准的工程建设项目，报经原审批、核准部门、核准批准后可以不再进行招标；其他工程建设项目，招标人可自行决定不再进行招标。"

县教育局在有效投标人少于三个的情况，没有依法重新招标，并且该项目属于必须审批的工程建设项目，即使在重新招标失败后，也要报经原项目审批部门批准后方可以不再进行招标。

3)《工程建设项目施工招标投标办法》第八十六条规定："依法必须进行施工招标的项目违反法律规定，中标无效的，应当依照法律规定的中标条件从其余投标人中重新确定中标人或者依法重新进行招标。中标无效的，发出的中标通知书和签订的合同自始没有法律约束力，但不影响合同中独立存在的有关解决争议方法的条款的效力。"

《中华人民共和国招标投标法实施条例》第十九条规定："资格预审结束后，招标人应当及时向资格预审申请人发出资格预审结果通知书。未通过资格预审的申请人不具有投标资格。通过资格预审的申请人少于3个的，应当重新招标。"

县教育局在有效投标人数少于3个时，为争取早日开工，没有重新招标，因此建设行政主管部门认定为招标无效，应立即取消向A公司发出的施工通知书（即中标通知书），解除与A公司签订的该学校改扩建工程土建和装修改造部分的施工合同，妥善解决A公司的退场问题，并重新组织招标。因此，早日开工的做法是合理的，但程序是违法的。要防止出现违法的情况，最好的办法是严格按照法律办事，把工作做在前面，争取项目早日立项、招标和建设。

思考与练习

1. 单项选择题

(1) 建设工程招标的投标保证金不得超过招标项目估算价的（　　）。

A. 1%　　　　　　　B. 2%　　　　　　　C. 3%　　　　　　　D. 5%

(2) 依法必须进行招标的项目，招标人应当自收到评标报告之日起（　　）日内公示中标候选人。

A. 3　　　　　　　B. 5　　　　　　　C. 10　　　　　　　D. 15

(3) 中标候选人公示期不得少于（　　）日。

A. 3　　　　　　　B. 5　　　　　　　C. 7　　　　　　　D. 10

(4) 资格预审文件或者招标文件的发售期不得少于（　　）日。

A. 3　　　　　　　B. 5　　　　　　　C. 10　　　　　　　D. 15

(5) 自招标文件开始发出之日起至投标人提交投标文件截止之日止，最短不得少于（　　）日。

A. 3　　　　　　　B. 5　　　　　　　C. 7　　　　　　　D. 20

2. 多项选择题

（1）依法必须提交的保证金应以（　　）的形式从其基本账户转出。

A. 现金　　　　　B. 支票　　　　　C. 信用证　　　　　D. 担保

（2）招标人可以依法对工程以及与工程建设有关的（　　）进行招标。

A. 货物　　　　　B. 服务　　　　　C. 全部实行总承包　D. 部分实行总承包

（3）根据《中华人民共和国招标投标法实施条例》的规定，对（　　）的项目，招标人可以分两阶段进行招标。

A. 技术复杂　　　　　　　　B. 无法精确拟定技术规格

C. 价格高　　　　　　　　　D. 外商投资

（4）建筑工程招标的公开原则包括（　　）。

A. 评标方法公开　B. 中标结果公开　C. 招标程序公开　D. 招标信息公开

（5）下列情况下的建设工程招标，无效的是（　　）。

A. 应当公开招标而不公开招标的　　B. 不具备招标条件而进行招标的

C. 应当履行核准手续而未履行的　　D. 不按项目审批部门核准内容进行招标的

3. 问答题

（1）建筑工程的招标程序包括哪些环节？

（2）工程项目需要具备哪些条件才可以招标？

（3）招标公告的发布有哪些要求？

（4）工程项目招标环节要注意哪些问题？

（5）试论述招标监管机构的主要职责。

4. 案例分析题

某省拟建设一条高速公路，公路全长250km。本工程采取公开招标的方式，共划分为20个标段，招标工作从2020年7月2日开始，到8月30日结束，历时60天。

问题：

（1）请为上述招标工作内容拟定合法而科学的招标程序。

（2）招标人对投标人进行资格预审的要求有哪些？

思考与练习部分参考答案

1. 单项选择题

（1）B　（2）A　（3）A　（4）B　（5）D

2. 多项选择题

（1）ABCD　（2）AB　（3）AB　（4）ABCD　（5）ABCD

第4章

建筑工程的评标方法

本章将对建筑工程的评标方法进行总结和论述，并对当前实行的各种评标方法进行对比分析，重点介绍各种评标方法的优缺点和操作要点，总结招标过程中制定科学评标方法的技巧与实务。

4.1 概述

4.1.1 评标方法与评标办法

编制招标文件时，评标方法的选择与评标办法的制订极其重要，会极大地影响中标候选人的排序，并最终影响中标价格和工程质量。《中华人民共和国招标投标法》第四十一条规定："中标人的投标应当符合下列条件之一：

1）能够最大限度地满足招标文件中规定的各项综合评价标准。

2）能够满足招标文件的实质性要求，并且经评审的投标价格最低；但是投标价格低于成本的除外。"

因此，狭义的评标方法只有两种：第一种方法可以称为综合评价法（也有称综合评估法或综合评分法的。例如，交通运输部发布的《公路工程建设项目招标投标管理办法》（交通运输部令2015年第24号）第四十四条就明确规定，综合评估法包括合理低价法、技术评分最低标价法和综合评分法。本书不严格区分）；第二种方法可以称为最低投标价（或评标价）法。

值得注意的是，评标方法与评标办法是两个不同的概念。评标办法的范畴大于评标方法。评标办法通常包括评标原则、评标委员会的组成、评标方法的选择和相应的评标细则、评标程序、评标结果公示、中标人的确定等内容。

评标办法非常重要，是决定某投标人是否中标的关键因素。一些招标人，为了达到明招暗定或虚假招标的目的，除了在资质、资格等方面设定投标准入门槛外，最常见的是在评标办法上搞量身定做。

4.1.2　相关法律法规对评标方法的规定

《中华人民共和国招标投标法》规定："国务院对特定招标项目的评标有特别规定的，从其规定。"在实践中，各地、各单位总结出了其他的评标方法。由于习惯性的说法，有时一般并不严格区分评标办法与评标方法的区别。本章中所说的评标方法仅指评标办法中评标方法的选择，但其含义是非常广泛的。

评标方法是招标文件的重要组成部分，必须在招标文件中进行规定。《中华人民共和国招标投标法实施条例》第四十九条规定："评标委员会成员应当依照招标投标法和本条例的规定，按照招标文件规定的评标标准和方法，客观、公正地对投标文件提出评审意见。招标文件没有规定的评标标准和方法不得作为评标的依据。"每个建筑工程招标项目都有其特定的评标方法。除了《中华人民共和国招标投标法》中规定的评标方法外，还有各部委、各地方政府和各行业主管部门制定的评标方法。在《中华人民共和国招标投标法实施条例》颁布以前，各部委根据实际情况，自行颁布了各领域的评标方法。各部委发布的各种评标方法见表 4-1。

表 4-1　各部委发布的各种评标方法

发布机关	法规标题	发文字号	发布日期	规定的评标方法
商务部	机电产品国际招标投标实施办法（试行）	部令 2014 年第 1 号	2014-2-21	一般使用最低评标价法，特殊情况使用综合评价法
财政部	政府采购货物和服务招标投标管理办法	财政部令 2017 年第 87 号	2017-7-11	最低评标价法、综合评分法
国家发展和改革委员会或联合其他部委发布	工程建设项目货物招标投标办法	七部委令 2013 年第 27 号	2013-3-11	经评审的最低投标价法、综合评估法
	工程建设项目勘察设计招标投标办法	八部委令 2013 年第 2 号	2013-3-11	综合评估法
	评标委员会和评标方法暂行规定	七部委令 2013 年第 23 号	2013-3-11	经评审的最低投标价法、综合评估法或者其他评标方法
住房和城乡建设部	建筑工程方案设计招标投标管理办法	建市〔2008〕63 号	2008-3-21	记名投票法、排序法和百分制综合评估法等，招标人可根据项目实际情况确定评标方法
	房屋建筑和市政基础设施工程施工招标投标管理办法	住房和城乡建设令 2019 年第 47 号	2019-3-13	综合评估法、经评审的最低投标价法或者其他评标方法
交通运输部	经营性公路建设项目投资人招标投标管理规定	交通运输部令 2015 年第 13 号	2015-6-24	综合评估法或者最短收费期限法
	公路工程建设项目招标投标管理办法	交通运输部令 2015 年第 24 号	2015-12-8	勘察设计和施工监理招标，采用综合评估法；施工招标，评标采用综合评估法或者经评审的最低投标价法。综合评估法包括合理低价法、技术评分最低标价法和综合评分法
	铁路建设工程招标投标实施办法	交通运输部令 2018 年第 13 号	2018-8-31	依照《评标委员会和评标方法暂行规定》执行

值得注意的是，以前施行的各种评标方法（摇号法除外），都是《中华人民共和国招标投标法》中规定的"能够最大限度地满足招标文件中规定的各项综合评价标准"（一般称为综合评价法）和"能够满足招标文件的实质性要求，并且经评审的投标价格最低"（一般称为最低投标价法）两种评标方法的变种或派生出来的方法。在《中华人民共和国招标投标法实施条例》颁布以后，实践中，各部委施行的评标方法有统一的趋势，即建设类设备与货物招标、勘察设计招标采用综合评价法居多，施工类招标采用最低投标价法居多。

4.2　价性比法

4.2.1　定义

价性比法是一种特殊的综合评分方法，在一些建设工程的设备与货物招标中，也有应用此方法进行评标的。

价性比法是指按照要求对投标文件进行评审后，计算出每个有效投标人除价格因素以外的其他各项评分因素（包括技术、财务状况、信誉、业绩、服务、对招标文件的响应程度等）的汇总得分，以投标人的投标报价或报价分数除以该汇总得分，以商数（评标总得分）最低的投标人为中标候选供应商或者中标供应商的评标方法（如采用性价比法则为评标总得分最高者中标）。价性比评标方法是双信封评标的其中一种方法，原因是这种评标方法需要开两次标，价格标（报价、清单）与商务标、技术标分别密封，分两次开标，先开技术标和商务标，再开价格标（密封于信封中）。

4.2.2　价性比法的计算方法

评标过程一般是：评标委员会先进行符合性审查，只有通过符合性审查才能进行技术、商务评审。技术分和商务分之和作为性能分。在实践中，有的招标文件规定，技术评审要达到 75 分才能进入价性比评标；还有的招标文件规定，在打技术分之前必须先进行定档，每个专家的打分必须落在统计后的定档区间才能有效。当性能分超过某个分值时，进入下一轮评审。一般在评出的投标人中取前三名，再开报价标。价性比的计算公式为

$$V=\frac{P}{C} \tag{4-1}$$

式中，V 是价性比总分，价性比总分作为评标总得分，以其值小者为佳；P 是价格分，为投标人的投标报价或报价分数；C 是性能分。

性能分包括技术和商务的评审分数，为综合总得分，其计算公式为

$$C=F_1A_1+F_2A_2+\cdots+F_nA_n \tag{4-2}$$

式中，A_1，A_2，$\cdots$，A_n 分别为除价格因素以外的其他各项评分因素的汇总得分，一般商务各项评分因素占 20%，技术各项评分因素占 80%；F_1，F_2，$\cdots$，F_n 分别为除价格因素以外的其他各项评分因素所占的权重，有

$$F_1+F_2+\cdots F_n=1 \tag{4-3}$$

这种评标方法广泛用于大型公共建筑的机电设备招标，如城市地铁、城市污水处理招标项目的设备单独招标项目。

　　某些技术特别复杂的项目，或者技术要求高的项目，可以提高技术得分的比重，如把技术得分评审出来后，可以乘上一个大于 1 的系数，这个系数相当于放大器，然后将得出的技术分与商务分相加作为性能总得分，再与价格相除。当然，对于技术含量要求不高的项目，或者价格占优势的项目，也可以根据实际需要降低技术分的比重。

　　如果不对各投标人的报价进行技术处理，这个时候进入价性比评标的各投标人，经价性比计算后分数最低者的投标报价就是中标价，此时评审价即为中标价。为防止各投标人串通哄抬价格，对各投标人的投标报价也可以进行技术处理。例如，可以把所有通过符合性审查和技术评审的各合格投标人（特别是进入价性比评标的投标人大于 4 家的情况）的投标价按 [70%×进入价性比评标的投标最高报价，进入价性比评标的投标最高报价] 区间取为评审价格区间，将进入此价格区间的投标报价的平均值作为投标报价参考值，然后在 3%、5%、8%（可以根据需要设定下浮率）的下浮率中摇珠随机产生一个下浮率，再用 1 减去此下浮率，用差值再乘以投标报价参考值，得到评审价，各投标人的投标报价与此评审价出现负偏或正偏均扣分，如每偏离 1% 扣 1 分，直至得分为 0。此时，各投标人的报价已换算为价格分，然后用此价格分与性能分相除，得到价性比总分，其值最小的投标人即为中标者。此时，中标价与评审价并不一致，中标人的最终中标价格依然是中标人的报价，而不是评审价，评审价只是用来计算价格分的。

　　采用价性比法评标的缺点是评标程序比较复杂、时间较长，但可以消除技术部分和投标报价的相互影响，更显公平，特别是能使性价比最优的投标人和方案入选。有些招标人对设备的技术参数比较重视，在建设工程的机电类工程招标中，更愿意使用此种方法优选投标人。这种方法只要操作得当，可以降低中标价，但是并不能完全消除围标、串标行为。采用这种方法时要注意的是，评标期间技术分各因素的权重以及价格标信封的保管工作。

4.2.3　价性比法举例

　　某市地铁四号线北延线两个站及其区间强、弱电安装工程限价 4500 万元，由某甲级招标代理机构负责招标评审。该工程在某建设工程交易中心刊登招标公告后，共有 A、B、C、D、E、F、G 7 家公司购买招标文件并提交投标保证金（见表 4-2），后有 A、C、D、E、F 5 家公司出席开标会议，经资格预审后这 5 家公司全部通过。建设工程交易中心随机抽取 14 名专家（7 名技术专家和 7 名经济专家）分别组成技术、商务评审小组。经技术评审小组进行符合性审查，A、C、D、E、F 5 家公司全部通过。经技术、商务独立专家评审小组独立打分评审，以技术分、商务分之和的总得分作为性能分，性能分超过 70 分者进入价性比评标，最终有 A（88 分）、C（85 分）、E（83 分）3 家公司进入最后一轮价性比评审。按 [70%×进入价性比评标的投标最高报价，进入价性比评标的投标最高报价] 区间取为评审价格区间。进入价性比评标的 3 家公司中 A 公司的报价最高，为 3605 万元，此报价作为区间上限，区间上限（3605 万元）的 70% 为 2523.5 万元，A、C、E 3 家公司的报价都在此区间范围内，且其平均值为 3602.67 万元，随机抽取的价格下浮率为 5%，平均值 3602.67 万元乘以 95%（1-5%）为 3422.53 万元，此价格作为评审价。各公司的价格与评审价正或负偏离 1%，则扣 1 分。由于 A、C、E 3 家公司均为负偏离，故换算后价格分分别为 94.7 分、94.8 分和 94.7 分，各公司的价格分除以各自的性能分，A、C、E 3 家投标人的价性比总分分别为 1.08、1.12 和 1.14。按价性比最低排序原则，A 公司为第一中标候选人，中标价格为 3605 万元。

表 4-2　某市地铁四号线北延线两个站及其区间强、弱电安装工程评审

投标人	是否提交投标文件	是否通过资格预审	是否通过符合性审查	技术、商务分(性能分)	是否进入价性比评标	投标报价/万元	按 [70%×进入价性比评标的投标最高报价，进入价性比评标的投标最高报价]		价格分	价性比总分	价性比顺序
A	是	是	是	88	是	3605	从 3%、5%、7% 中摇珠随机抽取的下浮率为 5%	进入价性比评标的最高价为 3605 万元，评审价为 3422.53 万元	94.7	1.08	第一
B	否	—	—	—	—	—			—	—	—
C	是	是	是	85	是	3599			94.8	—	—
D	是	是	是	67	否	3607			—	1.12	第二
E	是	是	是	83	是	3604			94.7	1.14	第三
F	是	是	是	68	否	3598			—	—	—
G	否	—	—	—	—	—			—	—	—

　　通过资格预审的 A、C、D、E、F 5 家公司的报价非常接近，都比招标的限价低 20% 左右，另外各公司中最高报价与最低报价相差不到 1%，这在投标过程中非常罕见，因此有围标、串标的嫌疑。此外，B、G 两家公司最终没有提交投标文件，有理由怀疑是因其中标无望而临时主动放弃提交投标文件。因此，虽然此次招标也算圆满成功，但并不能算非常理想的招标过程。

4.3　经评审的最低投标价法

4.3.1　定义

　　经评审的最低投标价法与《中华人民共和国招标投标法》第四十一条规定的中标人条件之二（能够满足招标文件的实质性要求，并且经评审的投标价格最低；但是投标价格低于成本的除外）相对应。经评审的最低投标价法是指对符合招标文件规定的技术标准和满足招标文件实质性要求的投标报价，按招标文件规定的评标价格调整方法，将投标报价以及相关商务部分的偏差作必要的价格调整和评审，即将价格以外的有关因素折算成货币或给予相应的加权计算，以确定最低评标价或最佳的投标人。经评审的投标价格最低的投标人应当推荐为中标候选人，但是投标价格低于成本的除外。

　　这种评标方法的实质是把涉及投标人各种技术、商务和服务内容的所有指标要求，都按照统一的标准折算成价格，进行比较，取评标价最低者为中标人的办法。经评审的最低投标价法俗称合理低价法。采用这种评标办法，就是仅对商务报价进行评审和比较，对投标人的技术标只作符合性评审。但是，要保持经评审的合理低价有效，就必须满足两个前提条件：一是该投标文件实质性响应招标文件；二是经评审的最低价不能低于企业个别成本。

　　招标人招标的目的是在完成该合同任务的条件下，获得一个最经济的投标。经评审的投标价格最低才是最经济的投标，而投标价格最低不一定是最经济的投标，所以采用评标价最

低授标是科学的，但前提是能够满足招标文件的实质性要求，即投标人能顺利完成本合同任务。

值得注意的是，用经评审的投标价格最低来选择中标人，可使招标人获得最为经济的投标，而投标价格最低不一定是最为经济的投标。经评审的投标价格是评标时使用的，合同实施时仍然要按中标人的投标价格结算。

4.3.2　经评审的最低投标价法的优缺点

1. 优点

经评审的最低投标价法符合市场经济体制下业主追求利润最大化的经营目标。因为是经评审的最低投标价中标，所以合理适度地增加投标人在报价上的竞争性，对业主来说可以节约资金，提高投资效益。通过竞争，能突出体现招标节约资金的特点，根据统计，一般的节资率在 10%左右。

经评审的最低投标价法在不违反法律、法规原则的前提下，能最大限度地满足招标人的要求和意愿。在市场经济条件下，业主只有用最小的投资建成项目，才能获得最佳的投资效益，才能在激烈的竞争中始终立于不败之地。

经评审的最低投标价法能保证招标投标的公开、公平、公正原则。同时，该评标方法比较科学、细致，可以告知每个投标人各自不中标的原因。经评审的最低投标价法将投标报价以及相关商务部分的偏差作必要的价格调整和评审，即价格以外的有关因素折算成货币或给予相应的加权计算，以确定最低评标价或最佳的投标人，并淡化标底的作用，明确标底只是在评标时作为参考，不作为商务评标的主要依据，一般允许招标人可以不设标底，这样可以有效防止泄标、串标等违法行为。

2. 缺点

经评审的最低投标价法对事先（招标前）的准备工作要求比较高，特别是对关键的技术和商务指标（即需要标注"＊"的）需要慎重考虑。标注"＊"的指标属于一票否决的项目，只要有一项达不到招标人的要求，就会因"没有实质上响应招标要求"而被判定为不合格投标，不能再进入下一轮评审。

采用经评审的最低投标价法评标时，对评委的要求比较高，需要评委认真评审和计算才能得出满意的结果，这种评审比较费时间。

这种评标方法虽然在多数情况下避免了"最高价者中标"的问题，但是对于某些需要采用公共财政资金并且具有竞争性的国际招标项目，难以准确地划定技术指标与价格的折算关系，表现不出性价比的真正含义。

4.3.3　经评审的最低投标价法的要点

评标委员会先对各投标人进行符合性审查和技术合格性审查，然后进行商务和经济评审，详细评审投标文件，确定是否存在漏项及是否需要增减项目。评标时要把涉及投标人各种技术、商务和服务内容的指标要求，都按照统一的标准折算成价格。进行比较时如果有漏项，一般按所有符合资格的投标人的同类项目最高报价补充。相反，如果有多计项目，则按所有符合资格的投标人的同类项目最低报价进行删减，然后再将有效投标报价由低至高进行排序，依次推荐前 3 名投标人作为中标候选人，取评标价最低者为中标人。

这种评审方法的要点是：

1）招标人在出售招标文件时，应同时提供工程量清单的数据应用电子文档和工程量清单的数据应用电子文档中的格式、工程数量及运算定义等，确保各投标人不修改格式，否则评标工作量巨大，且容易出差错。

2）对于资质、资格、业绩等条件，采取的是合格者通过、不合格者淘汰的办法，即对于正偏离的项目，不予加分。

3）在运用经评审的最低投标价法招标投标的过程中，会存在一些误区，如有些招标人认为：对于这种评标办法，只要技术标通过，看投标价格就可以定标了；只要技术标响应招标文件，报的价格最低且不低于成本就能中标等。其实并非如此，因为特殊情况下允许对某种情况的投标人的投标报价进行修正。需要考虑修正的因素包括：一定条件下的优惠，如世界银行贷款项目对借款国国内投标人有 7.5% 的评标优惠；工期提前的效益对报价的修正；同时投多个标段的评标修正等。

4）检查和更正在计算和总和中的算术错误，包括对投标中的工程量清单进行算术性检查和更正。评标委员会可以通过书面方式要求投标人对投标文件中含义不明确、对同类问题表述不一致或者有明显文字和计算错误的内容作必要的澄清、说明或者补正。澄清、说明或者补正应以书面方式进行，并不得超出投标文件的范围或者改变投标文件的实质性内容。投标文件中的大写金额和小写金额不一致的，以大写金额为准；总价金额与单价金额不一致的，以单价金额为准，但单价金额小数点有明显错误的除外；对不同文字文本投标文件的解释发生异议的，以中文文本为准。

5）以上所有的修正因素都应在招标文件中明确规定，一定要避免在招标文件中对如何折算成货币或给予相应的加权计算没有明确规定而在评标时才制定具体的评标计算因素及其量化计算方法，因为这样容易出现带有明显有利于某一投标的倾向性。在根据经评审的最低投标价法完成详细评审后，评标委员会应当拟定一份标价比较表，将其连同书面评标报告提交给招标人。标价比较表应当载明投标人的投标报价、对商务偏差的价格调整和说明以及经评审的最终投标价。中标人的投标应当符合招标文件规定的技术要求和标准，但评标委员会无须对投标文件的技术部分进行价格折算。

4.3.4 经评审的最低投标价法的适用范围

经评审的最低投标价法适用于使用财政资金和其他公有资金进行的采购招标，如适用于施工招标和设备材料采购类招标，但是不适用于服务类招标。因为经评审的最低投标价法更能体现"满足需要即可"的宗旨，所以这种招标方法也称为合理低价法。该方法也适用于具有通用技术、性能标准或对其技术、性能无特殊要求的招标项目，如农村的简易道路、一般建筑、安装工程等招标项目。一些乡、镇、县的评标，由于专家数量有限，特别适合采用此评标方法。

《中华人民共和国招标投标法》规定，中标人的投标应符合的条件中就有"经评审的投标价格最低。"一些地方政府则规定了经评审的最低投标价法的适用范围。如《杭州市建设工程施工"无标底"招标投标的暂行规定》《四川省水利工程建设项目招标投标管理实施细则》等相关招标投标法律、法规和规章及众多招标文件中的评标方法里都出现了"经评审的最低投标价法"。

那么，大中型工程是否适合使用经评审的最低投标价法呢？答案是肯定的。我国利用世界金融组织或外国政府的贷款、援助资金的项目使用该方法的也比较多，如小浪底水利枢纽工程的招标就采用了这种方法。其他如云南鲁布革水电站、福建水口水电站、四川二滩水电站和湖南江垭水电站等工程的招标都采用了这种方法，并成功地选择了最经济合理的合同对象，也为我国经评审的最低投标价法的实施积累了丰富的经验。

4.3.5　经评审的最低投标价法应用举例

小浪底水利枢纽工程的国际招标投标中，法国的杜美兹公司、德国的旭普林公司和法国的斯皮公司参加了小浪底水利枢纽工程三标段（发电系统）的投标，该标段的评标方法采用的是经评审的最低投标价法。经过评标专家的评审，根据以上经评审的最低投标价法的评审计算依据，以所有投标人的投标报价以及投标文件的商务部分作了必要的价格调整后，法国的杜美兹公司以经评审的最低投标价中标，承担了小浪底水利枢纽工程三标段的施工任务。

4.4　最低评标价法

4.4.1　定义

所谓最低评标价法，是指以价格为主要因素确定中标候选人的评标方法，即在全部满足招标文件实质性要求的前提下，依据统一的价格要素评定最低报价，以提出最低报价的投标人作为中标候选人或中标人的评标方法。最低评标价法不是法律法规所规定的评标方法，与上述的经评审的最低投标价法也有细微的区别，但有的招标文件并不严格进行区分。

采用最低评标价法时，投标人通过符合性和资格性审查后，评标时以价格最低取胜，并不需要将商务条件、技术指标等折算为评审价格。因投标价格不需要修正或折算，则评标价格就是投标价格。而经评审的最低投标价法，虽然也是投标报价最低的取胜，但评标时要把涉及投标人各种技术、商务和服务内容的指标要求，都按照统一的标准折算成评标价格。由此看来，这两种评标方法还是有细微区别的。

最低评标价法中，投标人的报价不能低于合理的价格。采用最低评标价法进行评标时，中标人必须满足两个必要条件：第一，能满足招标文件的实质性要求；第二，经评审投标价格为最低，但投标价格低于成本的除外，否则就是不符合要求的投标。

4.4.2　最低评标价法的要点

这种评标方法非常简单，通过资格审查的各投标人，按投标价格由低到高的顺序排列，排名第一位的投标人即为中标人，中标价格即为最低的投标价格。

由于最低评标价法没有严格的法律规定，从各法律、法规及条例等来看，对最低评标价法的规定过于笼统。因此，采用这种评标方法时要注意以下几点：

1）在建筑工程类投标中，投标人容易出现低价或超低价者抢标的现象，甚至低价抢标、高价索赔的心理。一些投标人先低价中标，然后提出种种理由，要求变更设计、追加投资，等于中标后变相提高价格，或偷工减料、降低质量。在实践中，由于新经济形态特别是共享经济的崛起，出现超低价格乃至 0 元中标的事例并不鲜见，无论是评标委员会还是监管机构也无确凿证据证明这是"低于成本价中标"。为降低建设项目风险，减少评标委员会的自由裁量权，目前的有些招标文件规定，凡是某投标人的投标报价低于通过资格审查和符合性审查的所有投标人平均报价的 60% 而又无法说明理由的，一律否决投标。这在实践中也不失为一种合理的权宜之计。

2）在建筑工程类招标中，采用最低评标价法评标时，在资格审查和符合性审查时要严格一些，特别是在公司资质、防止分包转包、施工人员、设备的进场要求、工程进度要求、验收要求、违约责任、工程变更和处理措施等方面要进行明确。因为采用最低评标价法评标时，价格是中标的唯一因素。

3）采用这种评标方法时，要配套严格执行履约保证金和质量保证金制度。按招标文件中的规定，根据中标价格低于招标人成本价的不同比例分别向中标单位收取不同比例的履约保证金和质量保证金，中标单位应按规定提交，否则不予签订施工合同。

4）最低评标价法操作者不能过于教条而只追求低价，低价中标应以投标人响应招标文件实质性要求为前提。在实践中，招标人有时难以明确界定最低报价是否低于成本。项目的成本只有在竣工结算后才能很清楚地计算出来，评标中的成本评估由于要涉及投标人的施工技术、管理能力、材料采购渠道、财务状况等多方面因素，所以要想评估准确相对比较困难。无论是国家还是地方的各种法律法规、文件等，对招标投标中"低于成本"的报价只有模糊的定义，并没有明确的评判标准，评标专家在实际操作中也很难衡量和把握，许多地区在实际操作中也多是处于探索过程中，甚至有部分投标人就利用这一点趁机浑水摸鱼，给评标工作带来了很多麻烦。

5）最低评标价法自被立法明确以来，在国内迅速推行，特别在沿海地区，建设项目不论规模是大是小，技术是复杂还是简单，有的地区规定一律采用最低价评标法，由此造成招标人利用买方市场的优势恶意压价，而施工单位为谋生存进行恶意竞争，屡屡报出"跳楼价"。这种现象甚至引起了《人民日报》的关注，《人民日报》曾以"'最低价中标'不改，谈什么工匠精神、中国制造"为题进行了讨论，引起了社会的广泛关注。

4.4.3　最低评标价法的优缺点

1. 优点

最低评标价法最大的优点是节约资金，对业主有利。据统计，深圳市自采用最低评标价法定标以来，在 2003 年 1—6 月的 274 项招标工程中，其投标价格相对标底平均下浮 13.7%。厦门市在采用最低评标价法后，所有工程的造价在承诺保证工期、质量目标的前提下均有较大幅度的降低，并且根据对已开标项目的统计，中标价比工程预算控制价平均降低 23.86%。激烈的市场竞争以及最低价中标的本质要求，使业主基本上能实现最低价中标的愿望。

最低评标价法由于投标人最低价中标，所以完全排除了招标投标过程中的人为影响。最低评标价法不编标底甚至公开标底，明确标底只是在评标时作为参考，有效地防止了围标、买标、卖标、泄标、串标等违纪违法行为的发生，最大限度地减少了招标投标过程中的腐败行为。最低评标价法彻底打击了行业保护，真正体现了优胜劣汰、适者生存的基本原则。最低评标价法抓住了招标的核心，符合市场经济的竞争法则，能够充分发挥市场机制的作用。价格是投标人最有杀伤力的武器。招标遵循"公开、公平、公正"的原则，其中最使人一目了然的就是投标人的投标价格。随着我国市场经济体制的完善与健全，符合资格审查条件的企业间的竞争主要是企业自主报价的价格竞争，这是招标投标竞争的核心。

由于投标人从低价中标，在施工质量上更是不敢有一点马虎，不能造成返工，一旦返工将造成双倍成本，直接影响中标人的经济效益，因此，有时候这种评标方法反而有利于促进投标人提高管理水平和工艺水平，降低生产成本，保证工程质量。

最低评标价法是一种有效的国际通用模式，尤其是在市场经济比较发达的国家和地区，如英国、美国、日本等国的建设工程不论是政府投资还是私人投资，都是通过招标投标由市场形成工程产品价格，造价最低的拥有承包权，政府通过严格的法律体系规范市场行为。我国的公路施工企业必将发展为一专多能的综合型建筑企业。随着我国加入 WTO，在全球经济一体化和国际竞争日益激烈的形势下，建筑市场将进一步对外开放，只有推行国际通行的招标投标方法，才能为建筑市场主体创造一个与国际惯例接轨的市场环境，使之尽快适应国际市场的需要，有利于提高我国工程建设各方主体参与国际竞争的能力，有利于提高我国工程建设的管理水平。

另外，最低评标价法还能减少评标的工作量。从最低价评起，评出符合中标条件的投标价时，高于该价格的投标便无须再进行详评，因此节约了评标时间，减少了评标工作量，同时，最大限度减少了评标工作中的人为因素。由于定标标准单一、清晰，因此这种评标方法简便易懂，方便监督，能最大限度地减少评标工作中的主观因素，降低了暗箱操作的概率。

2. 缺点

尽管最低评标价法有着操作简易等优点，但由于满足基本要求后价格因素占绝对优势，因此也存在一定的局限性，如招标人的需求很难通过招标文件全面体现，投标人的技术竞争力也很难通过投标文件充分体现，因此最低评标价法缺乏普遍适用性。

采用最低评标价法时，价格是唯一的尺度，因此不少投标人为了中标，将不惜代价搞低价抢标。如某省交通厅在实行公路招标时，采用的是最低评标价法，在实行的初期曾出现了大量的恶性压价现象。其中有一条高速公路全线 16 个标段的投标价普遍低于业主估算价的35%，平均中标价为业主评估价的 60.9%。如此大幅低于成本的中标价格下，要保质按时完成施工任务，必然给合同的履行带来困难。业主面临投标人利用信息不对称来侵犯业主利益而导致工程承包合同执行失灵的问题，即交付给业主的是伪劣工程或"豆腐渣"工程。由于公开招标面向全社会，难免出现鱼目混珠的局面，即规模小或是使用劣质建筑产品的投标价较低，而规模大或是全部采用优质材料和产品投标的报价必然较高，招标人在缺乏信息的条件下无法全面了解各投标人的信用和实力情况，难以甄别报价的真实性，因而在这样的条件下就容易使实力差、信用低的单位中标。

最低评标价法也增加了投标人的承包风险，在大规模的建设工程面前，由于投标人在提交正常履约保函的基础上，往往需提交大量的履约保证金额度（现金），使原本用于企业再发展的微利全用于支付银行利息上，故造成企业在资金周转上的极大困难。有时投标人为了生存，会发生恶意抢标的行为，且发生概率大大增加，在几乎无利润可得的情况下硬性中标，而某一两个低价项目则可能拖垮整个公司。

采用最低评标价法，表面看似乎能节省投资，但是不少投标人不管什么项目，先低价中标再说，然后以工程需要变更为由要求业主追加投资，造成招标后续工作非常被动，甚至价格出奇地高。合理的设计变更是保证工程质量的一个环节，然而有些中标人却把变更设计当成违规谋利的突破口。

4.4.4　最低评标价法的适用范围

最低评标价法是当前国际社会招标时采用的主流评标方法，有不少国际组织和国家均在采用合理最低评标价法。例如，英国、意大利、瑞士、韩国的有关法律规定，招标方应选定"评标价最低"的投标中标。不过，国外的国有企业较少，与我国以公有制为主体、政府投资建设的模式有较大差别，把国外的最低价中标直接移植到国内未必都能产生积极的作用。在建筑工程领域，除简易工程外，其他工程均不适合采用最低评标价法。最低评标价法适用于多数的技术一般、施工难度不大的工程。

最低价中标是国际主流，但有人认为在国内采用有较多的弊端，应该用合理低价中标来取代最低价中标。招标人应设置标底作为参照，并确定评标基准。合理低价就是投标人有正常利润，招标人不会遇到恶意索赔。在现行建设工程招标中，强制规定招标项目必须采用企业定额是不可能的，招标人（包括评标委员会）要在有限时间内对投标人的报价作出是否低于个别成本的评估和审定，也是不客观的。现在有标底招标和无标底招标经实践证明各有利弊。无标底招标也是国际上通行的做法，工程造价通常由两部分组成，即合同价+索赔额。但采用无标底招标时，招标人因为无标底而心中无底，投标人因为无标底或竞相压价，或串标抬价。招标人设置标底作为参照，并确定评标基准，也不失为一种兼顾原则性和灵活性的折中方法，从而使招标人能找到比较合适的中标人，中标人又能避免恶性竞争，如此更具有可操作性。

4.5　二次平均法

4.5.1　定义

所谓二次平均法，就是先对所有投标人的所有有效报价进行一次平均，再对不高于第一次平均价的报价进行第二次平均，并以其第二次平均价作为最佳报价的一种评标方法。在这种评标方法中，第一次平均价就是所有有效投标人的投标价的简单平均，但是第二次平均价的算法在各地实践中有很大的差异。严格地讲，二次平均法也不是法律规定的一种评标方法，属于评标方法中价格分计算方法的一种子方法。二次平均法的法律依据是《中华人民共和国招标投标法》第四十一条中的"能够最大限度地满足招标文件中规定的各项综合评价标准"。

4.5.2　二次平均法的要点

二次平均法评标也分为资格预审（由招标代理机构代替）、符合性审查（或初步评审）和详细评审等。在初步评审阶段，对通过资格审查的所有投标报价采用二次平均法获得第一次平均价（即对所有有效投标报价进行简单的算术平均），再将第一次平均价与所有有效投标中的最低价进行平均，得到第二次平均价，然后取投标报价与评标基准价（即第二次平均价，也称为评标价）之差的绝对值，按由小到大的顺序依次进入详细评审。如果各投标人的投标价与第二次平均价的正、负偏离程度相同，则负偏离（即低于第二次平均价）的投标价优于正偏离的投标价。在实践中，也有用第一次平均价与第一次平均价以下（含第一次平均价）的其他所有报价进行第二次算术平均，或者将进入第一次平均的所有报价去掉最高和最低报价后再次进行平均的做法，然后以第二次平均价作为评标基准价，取投标报价与评标基准价之差的绝对值，按由小到大的顺序依次进入详细评审。在详细评审阶段，对于比较复杂的工程，可以按技术、商务和价格（经二次平均后计算价格分）的综合分进行排序，也可以按只计算二次平均后的价格分进行排序；对于比较简单的工程，在实践中也有忽略商务和技术评审而只作符合性审查的做法。最后，推荐绝对值最接近评标基准价的1~3名有效投标人作为中标候选人。绝对值相同的，取报价低的投标人作为中标候选人，而当报价也完全相同时，可按照商务或技术分的高低排序来确定中标候选人。

采用二次平均法时应注意以下要点：

（1）**第一次平均价的确定** 如果投标人比较多，可以先对所有投标人作符合性审查。如果通过符合性审查的合格投标人比较多（多于6家），一般可以考虑去掉最高、最低报价再进行第一次平均。若合格投标人少于4家，则不去掉最高和最低报价。

（2）**第二次平均价的确定** 第二次平均价的确定比第一次平均价的确定要复杂。对于投标人非常多的情况（超过11家），也可以以基于第一次平均价的某个有效范围作为筛选条件，如规定投标人报价以低于第一次平均价的120%和超过第一次平均价的80%作为有效范围，超出报价有效范围的投标文件作废标（法律条文中的标准说法是否决投标，此为通俗说法）处理。

（3）**浮动系数** 采用二次平均法评标时，基本上都是投标价次低的投标人中标（理论上是最接近平均价的容易中标），许多投标人在经过了多次的投标实践后，也都总结出了类似的规律。由于现在的投标人能预先知道评标方法，如果知道是采用二次平均法，那么潜在投标人就很有可能按照规律进行围标和有针对性的报价投标。而采用所谓的浮动系数法可以在一定程度上解决这个问题，通常的做法就是在开标现场宣读投标人的投标报价后再随机抽签确定浮动系数，浮动系数再与第二次平均价相乘得到评标基准价，即

$$评标基准价 = 第二次平均价 \times （1+浮动系数）$$

由于抽签本身就是随机的，无规律可循，因此投标人无法预测会抽到什么浮动系数，从而可在一定程度上防止投标人事先围标。

很显然，这种评标方法的核心或技巧是第二次平均价的确定方法及浮动系数的确定。一般来说，第一次平均价比较简单，一般以所有有效投标报价的算术平均值作为第一次平均价，而第二次平均价，有采用第一次平均价与最低价的平均价的，也有采用第一次平均价与最高价的平均价的，还有其他各种复杂的第二次平均价。

（4）**中标价的确定** 如果所有投标人的报价均高于第二次平均价（即评标价），则中标价一般就是评标价。如果第一中标候选人的投标报价低于评标价，则一般以第一中标候选人的投标报价作为中标价，这可以节省资金。

4.5.3　二次平均法的优缺点

1. 优点

二次平均法的评标价的产生比较复杂，不易猜测，特别是投标人比较多时，评标价与各投标人的报价有关，因此在评标时引入二次平均法，能有效预防投标单位恶意低价中标或超低价竞标。如果是招标文件中不设标底或限价，则还能防止恶意围标。由于它的这些优点，在其他一些评审方法中，也往往使用二次平均法来确定评标价。

2. 缺点

二次平均法程序繁杂，如果投标人数量多，又不采用电子自动评标，二次评标法相对比较复杂。另外，通过符合性审查后，技术因素只作合格性评审，其他基本上由价格决定，专家基本上无自由裁量操作空间，不能充分发挥专家的咨询作用。

4.5.4　二次平均法的适应范围

二次平均法的适用范围广泛，除了一些小额的政府货物采购和服务评审不适合外，均可以使用二次平均法评标。无论是非常复杂的工程招标，还是一般的简易工程、小型零星工程招标都可以使用二次平均法。一些地方则明确规定某些情况下必须使用二次平均法进行评标。如山东省威海市规定，各类房屋建筑及其附属设施和与其配套的线路、管道、设备安装工程及室内外装饰装修工程，各类市政基础设施工程（城市道路、公共交通、供水、排水、燃气、热力、园林、环卫、污水处理、垃圾处理、防洪、地下公共设施及附属设施的土建、管道、设备安装工程）必须进行招标，而且只能使用二次平均法评标。

4.5.5　二次平均法应用举例

某大学东校区××学院的办公室、实验室装修工程，投标限价为 168 万元。招标代理机构在网上发布招标公告以后，共有 9 家投标人购买招标文件，其中 7 家投标人出席开标会。评标办法采用二次平均法。现分析其评标过程和结果。

随机抽取 5 名评审专家，评审专家先对出席开标会并提交投标文件的 7 家投标人进行符合性评审，符合性评审主要考察各投标人的资质。招标文件规定，合格投标人注册资本必须在 100 万元以上，消防施工、机电和装修各二级资质，项目经理资质二级，有 B 类安全证书。经专家审查，有一家投标人的投标文件正、副本均没有 B 类安全证书（其实在报名时已验过原件），4 名专家认为其不符合资质要求，因此根据招标文件中少数服从多数的原则，共有 6 家投标人符合资质要求而进入下一轮评审。

根据招标文件规定，通过符合性审查的合格投标人多于 6 家（含 6 家，见表 4-3），去掉最高报价 1617023 元（D 投标人）和最低报价 1385027 元（E 投标人），剩余 4 家投标人的报价算术平均，得到第一次平均价 1478298 元，然后将第一次平均价与 6 个有效投标报价中最低的报价 1385027 元再进行算术平均，得到第二次平均价 1431662 元，第二次平均价再乘以随机抽取的浮动系数 +3%（即上浮 3%）与 1 的和（即 1.03），得到评标基准价 1474611 元，最后根据各投标人的报价与评标基准价的偏离程度，得到 A、B、C、D、E、G 的偏离程度分别为 +0.765%、+2.002%、−1.115%、+9.658%、−6.075% 和 −0.652%。排名前三位的投标人依次为 G、A、C，推荐为第一、第二、第三中标候选人。

表4-3　某大学东校区××学院的办公室、实验室装修工程评标

投标人	符合性审查	投标报价/元	第一次平均价/元	第二次平均价/元	随机抽取的浮动系数	评标基准价/元	偏离程度（%）	中标顺序
A	合格	1485896	1478298	1431662	+3%	1474611	+0.765	2
B	合格	1504131					+2.002	4
C	合格	1458168					−1.115	3
D	合格	1617023					+9.658	6
E	合格	1385027					−6.075	5
F	不合格	—					—	—
G	合格	1465000					−0.652	1

　　进一步分析发现，如果不设置随机抽取的浮动系数+3%得到评标基准价，而直接采取第一次平均价与最低投标价的算术平均值作为第二次平均价得到评标基准价1431662元，则第一中标候选人为报价第二低的C公司，符合前面所说的二次平均法的中标规律。因此，这个例子证明了设置随机抽取浮动系数的意义，即能够成功阻止围标和猜测评标基准价。同时，这个案例也说明，只要采用二次平均法，无论是否采用浮动系数，最低价中标几乎不可能。

4.6　综合评分法

4.6.1　定义

　　所谓综合评分法，是指在最大限度地满足招标文件实质性要求的前提下，按照招标文件中规定的各项因素进行综合评审后，以评标总得分最高的投标人作为中标人的评标方法。这种方法对技术、商务、价格等各方面指标分别进行打分，所以也俗称打分法。有的书上和招标文件也将综合评分法称作综合评估法或综合评标法，本书并不严格区分这些说法。实际上，其他一些评标方法，例如合理低价法、技术评分最低标价法等，也可以看作综合评分法的变化形式。

4.6.2　综合评分法的优缺点

1. 优点

　　采用综合评分法比较容易制定具体项目的评标办法和评标标准，评标时，评委容易对照标准打分，工作量也不大。

2. 缺点

　　采用综合评分法时技术、商务、价格的权重比较难于制定，特别是难于详细制定可以精确到每一个分数值的评分标准，另外也难于找出使技术和价格等标准分值之间平衡的方法，结果就是很难招标到"价廉物美"或"物有所值"的投标人。所以，其难点是若评分细则设置不科学，则招标结果不容易满足招标人的愿望。如果评分标准细化不足，则评委在打分时的"自由裁量权"容易过大，客观度不够，特别是在不正当竞争行为比较多的情况下，

容易被个别的投标人或者评委人为地破坏。如果各项评分标准非常客观且公开，则要么评分非常接近，要么有些投标人自己认为实力不够而放弃投标，则招标任务难以完成。另外，这种招标容易发生"最高价者中标"的现象，引起外界对政府采购和招标投标的质疑。

4.6.3 综合评分法的要点

评标委员会对所有通过初步评审和详细评审的投标文件的评标价、财务能力、技术能力、管理水平以及业绩与信誉进行综合评分，按综合评分由高到低排序，推荐综合评分得分最高的三个投标人为中标候选人。即先进行符合性审查，再进行技术评审打分，然后进行商务评审打分，最后进行价格评审打分，最后再将技术、商务和价格各子项分数相加，总分为100分，以综合得分最高者为中标人。

综合评分的主要因素是价格、技术、财务状况、信誉、业绩、服务、对招标文件的响应程度，以及相应的比重或者权值等。这些因素应当在招标文件中事先规定。评标时，评标委员会各成员应当独立对每个有效投标人的标书进行评价、打分，然后汇总每个投标人每项评分因素的得分。

综合评分法的计算公式为

$$评标总得分 = F_1A_1 + F_2A_2 + \cdots + F_nA_n \tag{4-4}$$

式中，F_1，F_2，$\cdots$，F_n分别为各项评分因素的得分；A_1，A_2，$\cdots$，A_n分别为各项评分因素所占的权重（$A_1 + A_2 + \cdots A_3 = 1$）。

《政府采购货物和服务招标投标管理办法》明确规定：货物项目的价格分值占总分值的比重不得低于30%；服务项目的价格分值占总分值的比重不得低于10%。执行国家统一定价标准和采用固定价格采购的项目，其价格不列为评审因素。

采用综合评分法的，一般在实践中技术的权重为40%~60%，商务的权重为10%~30%，价格的权重为30%~50%。这取决于招标者或业主以哪方面的考虑为主。

在建筑工程类招标中，采用综合评分法确定价格分时，可以通过以下方式确定评标基准价：由所有通过符合性审查的投标人报价的平均值确定，即所有有效投标人投标价的平均值（或去掉一个最低值和一个最高值后的算术平均值），再将该平均值乘以（1-下浮率）（从某几个下浮率中在现场随机抽取确定一个），作为评标基准价。

使用综合评分法时的注意事项是：

1）在招标过程中，如果资格预审设置太多的限制条件，或由于资格资质条件设置得不合理，会导致歧视性条款，造成潜在投标人的不公质疑和投诉。如果在符合性审查中标注太多"*"，则可能会导致投标人不足三家而流标。因此，把需要标注"*"的项目改成打分项目，可能比较合理。

2）综合评分法一般要设立标底或设定投标价上限。同时，分数值的标准不宜太笼统，如不可以只制定价格分，而没有细则；要说明各投标人的具体分数值如何计算；还应细分每一项的指标，如技术分包括哪些考核指标，如何计算给分或者扣分的标准办法。

3）必须在招标文件中事先列出需要考评的具体项目和指标以及分数值，并且要按照有关法律法规来制定评标标准，不得擅自修改，例如价格分占30%~60%的比例，不能超出这个范围。

4）目前，在一些招标中采用综合评分法时，综合得分采用几个评委中去掉最高分和最低分再平均的做法是违反相关规定的，虽然这些做法已形成了习惯性操作。

4.6.4　综合评分法的适用范围

对于建筑工程类的评标，综合评分法则适用于特别复杂、技术难度大和专业性较强的工程基建、安装、监理等项目。对于建筑工程中的建筑设备招标，如果设备复杂，金额巨大，技术要求高，则不适合采用综合评分法。

4.6.5　综合评分法应用举例

1. 项目介绍

××市××康复大楼工程设计与勘察项目，招标范围包括总平面规划方案、康复大楼、综合服务设施、绿化区、停车场及门卫室单体方案设计和初步设计，按招标人意见进行深化设计和扩初设计，按招标人要求进行岩土工程勘察，按招标人对深化设计的修改意见及要求进行施工图设计（施工图设计包括环境景观、建筑、结构、电气、给排水、暖通空调、消防、室内装饰、智能化弱电、人防、消防、二次装修等）。各部分专业工程设计要求达到直接施工的要求（如幕墙、钢结构等）。本工程的建安工程费用总额约为4298.97万元，勘察设计费为工程总造价的1%，限价为43万元。

2. 评审方法

本项目的评标方法采用综合评分法，对作出实质性响应的所有投标文件按本次评标的评分权重进行技术和价格打分（权重分别为90%和10%，商务分权重为0），对商务的考察将作为符合性审查。将技术评分和价格评分相加得出综合得分，按最终综合得分由高向低排序，由评标委员会推荐综合得分最高的投标人为第一中标候选人，综合得分第二名的投标人作为第二中标候选人，综合得分第三名的投标人作为第三中标候选人。招标人依法确定中标人。

（1）**评分细则**　所有投标文件都按技术和价格两个评分因素进行评比。技术打分明细见表4-4。

价格评分方法的确定：价格评分仅限于有效投标人。本项目价格分采用低价优先法计算，即满足招标文件要求且投标价格最低的投标报价为评标基准价，其价格分为满分。其他投标人的价格分统一按照下列公式计算：

$$投标报价得分 = 评标基准价/投标报价×100×10\%$$

（2）**评审方法评价**　该方案作为建筑工程勘察设计类招标，采用综合评分法是合理的。在主要评审因素中，技术分权重为90%，价格分权重为10%，商务分权重为0。因为是勘察设计方案招标，评审主观性比较强，技术分占90%是合理的。但是，技术评审中各档次仅是优、良、中、及格、差等，缺乏进一步的定量评审标准。因此，要求评审专家有比较丰富的专业知识和经验。在技术评审细则中，规划设计总图布局（30分）部分包括规划、经济和工艺设计（各10分），主要评分因素详细；建筑功能（50分）部分包括建筑（35分）和室内（15分）；造型效果所占分值为20分。技术部分各主要评分因素考虑较周详。

表 4-4 ××市××康复大楼工程设计与勘察项目技术打分明细

项目	分项	主要评分因素	优方案	良方案	中方案	及格方案	差方案
规划设计总图布局 (30分)	规划 (10分)	因地制宜，充分考虑地域环境条件，减少对周围环境的损害	[10, 8)	[8, 6)	[6, 4)	[4, 1)	[1, 0)
		建筑环境与空间造型和谐统一，充分协调好与周边建筑景观的关系					
		主要轴线布置合理					
	经济 (10分)	造价合理、指标准确，工程造价估算不突破规定的控制要求	[10, 8)	[8, 6)	[6, 4)	[4, 1)	[1, 0)
	工艺设计 (10分)	建筑物按功能合理布置，既各具特色又有机联系，主次分明、功能明确、工艺流畅	[10, 8)	[8, 6)	[6, 4)	[4, 1)	[1, 0)
建筑功能 (50分)	建筑 (35分)	把构造、功能和视觉效果完美结合，建筑形式清晰、细腻、精致、简洁	[35, 30)	[30, 20)	[20, 14)	[14, 8)	[8, 0)
		重视自然采光、通风，朝向和开窗合理					
	室内 (15分)	室内空间布局合理，隔绝噪声，避免视线干扰，室内空间流通，房屋散热	[15, 12)	[12, 8)	[8, 4)	[4, 2)	[2, 0)
		从使用者的角度考虑单元设计，功能完善，具有预见性和适应性					
造型效果 (20分)	造型效果 (20分)	立意新颖、独特，能够有较强的前瞻性，实用性强	[20, 15)	[15, 10)	[10, 5)	[5, 2)	[2, 0)
总计	100 分						

注：表中"["代表闭区间，")"代表开区间，如 [5, 4) 代表该分数段范围为大于4且小于或等于5。

同时，考虑到各投标人即使未中标，也需要付出比较大的努力，该招标项目还提供了方案补偿费：入围前三名（中标人除外）的投标人各可获得设计方案补偿与使用费 1 万元。同时也规定：本次设计方案招标的中标及入围方案的署名权归投标人所有，版权归招标人所有，招标人有权在招标结束后公开展示中标及入围方案，并通过传播媒介、专业杂志或其他形式介绍、展示及评价这些方案；招标人有权在工程建设中根据需要对选定的实施方案进行任意的调整和修改；招标人有权在实施方案中参考使用获得补偿费用的所有投标方案成果的部分内容，被使用部分的方案使用费已包含在方案补偿费中，招标人不再另行支付方案使用费。这种规定既可以综合各投标人的智慧，使中标人集中其他各未中标方案的精华部分，也可以吸引比较多的投标人来投标。

4.7 摇号评标法

严格地说，摇号评标法不是法律规定和认可的一种评标方法，在招标投标相关法律法规中看不到这种评标方法，在各部委的各种规定中也看不到这种评标方法。因此，这种评标方法自诞生之日起就受到很多非议。前面章节也论述过，这种方法已受到各地的限制或抵制。

2019 年 3 月 1 日起，《广东省实施〈中华人民共和国招标投标法〉办法》正式施行，明确规定："禁止采取抽签、摇号等随机方式进行资格预审、评标评审或者确定中标人。"2021 年 3 月 8 日，浙江省人民政府发布《关于进一步加强工程建设项目招标投标领域依法治理的意见》，并于 4 月 10 日起正式实施，其中明确规定："不得采用抽签、摇号、费率招标等方式直接选择潜在投标人、中标候选人或中标人。"这种方法已涉嫌违反招标的公平原则，但在某些地方或基层偏远地区尚有应用，本版教材也作简单介绍。

4.7.1　定义

摇号评标法（或摇珠法）又可以细分为两种方法。第一种方法就是先审查后摇号，就是对报名的投标人进行资格审查后，通过摇号来确定若干入围投标人后再进行评审。第二种方法是先摇号筛选一部分投标人后，再进行资格审查。可见，无论采用哪种摇号方法，都不是科学和择优的方法。摇号筛选的目的仅是为了减少评审工作量而已。

4.7.2　摇号评标法的优缺点

1. 优点

摇号评标法运用统计学的随机原理，如果操作得当，在招标中可以做到最大限度的公开、公平、公正，能够有效解决各种评标过程中的人为操控行为，在一定程度上遏制了围标、串标等现象的产生，也因此减少了腐败行为。此外，这种评标方法简单易行，花费时间很少。特别是对于一些金额比较小的工程，因找不到合适的评标专家，招标人选择投标人的范围也比较小，如一些偏远地区，就是当地的几家施工队在承揽工程，这种情况下摇号评标法也不失为一种简单粗糙的工作方法。

2. 缺点

所谓摇号评标法，是指中标人的产生完全是由随机的摇号过程产生的。我国的法律、法规和条例中并没有规定这种评标方法。从理论上看，摇号评标法似乎符合公开、公平、公正的原则。但是，实际上，这种评标方法一出现就有很大的争议，甚至没有法律依据。《中华人民共和国招标投标法》第四十一条规定，中标人的投标应当符合下列条件之一：

1）能够最大限度地满足招标文件中规定的各项综合评价标准。

2）能够满足招标文件的实质性要求，并且经评审的投标价格最低；但是投标价格低于成本的除外。

显然，即使摇号评标法将各环节都很公开、公平、公正，但其随机性实在太大，中标人的中标价格、服务、技术等各方面的条件都是未知的且充满随意性，根本无法做到"最大限度地满足招标文件中规定的各项综合评价标准"。

这种评标方法受到广泛质疑是肯定的，并且通过类似于彩票中奖或古老的抓阄方法来确定工程招标，其科学决策是无法体现的，也未必能达到业主的招标要求。但是，目前有的地方却把摇号评标方法作为一种遏制不正之风的评标方法。

4.7.3　摇号评标法操作实务

首先确定摇号人。摇号人为入围投标人，即入围的投标法人代表或其授权委托人。摇号球珠数量一般为 30 个，球号范围为 1~30 号，也可视投标人数量实际情况有所增减。摇号球珠须经监督人员的检验后放入透明的摇号机中。摇号分两次进行，第一次摇取顺序号，第二次摇取中标号。摇号顺序按入围投标人当天签到的顺序，依次由入围投标人随机摇取顺序号（摇出的球珠不再放入摇号机内），并将顺序号按从小到大的顺序排列，然后按顺序号依次由入围投标人随机摇取中标号（摇出的球珠不再放入摇号机内），将中标号按从大到小的顺序排列，球号最大的为第一中标候选人。另外，评标结果要当场公布。

摇号评标法还有另外一些变化形式，如先摇号，即先从购买招标文件的所有投标人中摇号挑选若干投标人，然后再按其他评标方法进行评标并确定中标候选人。还有一种形式刚好相反，先按正常程序和规则进行评审，在通过资格审查、符合性审查、技术评审、商务评审后不排顺序，而是在进入最后环节的 3~6 家完全达标的投标人中，再随机用摇号方式产生中标候选人。这两种摇号评审方法并不是纯粹的摇号评标法，属于复合式的评标方法，虽然法律没有规定，但在实践中已慢慢被投标人所接受。最常见的是某些建筑施工类招标中，投标人数量非常多，有时达到几十家甚至数百家，这时就常用摇号方式来缩小评标范围。

4.8　建筑工程招标投标的各种评标方法总结

在建筑工程的评标中，各种评标方法都有各自的优缺点以及各自的适用范围，只要不违反国家法律法规的约束，招标机构可以根据工程的特点进行选用。建筑工程常用的各种评标方法的分类及其主要特点总结见表 4-5。

一般就建筑工程招标来说，除简易工程外，其他工程一般均不建议采用最低评标价法。要谨慎采用不限定底价的经评审的最低投标价法，尤其是涉及结构安全的工程不建议采用。一般的建筑工程评标鼓励采用限定底价的经评审的最低投标价法、二次平均法。较高工程价格的建筑设备评标推荐采用价性比法、二次平均法，不推荐使用最低评标价法。综合评分法适合规模较大、技术比较复杂或特别复杂的工程，此类工程也可以采用合理低价法、最低评标价法。不同类型工程的施工招标评标方法见表 4-6。

至于建筑监理的评标，可以根据招标工程的特点、要求，选择综合评分法等。

表 4-5　建筑工程常用的各种评标方法的分类及其主要特点总结

内容分类	适用范围	评审方法		综合得分计算	投标人排序	中标候选人
		技术标	商务标			
经评审的最低投标价法	具有通用技术的所有工程	评标委员会集体评议后，评标委员会成员分别自主作出书面评审结论，作合格性评审	对技术标合格的投标人的报价从低到高依次评审并作出其是否低于投标人企业成本的评审结论	不需要	将有效投标人报价由低到高进行排序	推荐前三名为中标候选人并予排序
最低评标价法	土石方、园林绿化等简易工程	评标委员会集体评议后，评标委员会成员分别自主作出书面评审结论，作合格性评审	对投标人的报价从低至高依次检查并作出其详细内容是否涵盖全部招标范围和内容的评审结论	不需要	将有效投标报价（涵盖全部招标范围和内容）由低到高进行排序	推荐前三名为中标候选人并予排序

（续）

内容分类	适用范围	评审方法		综合得分计算	投标人排序	中标候选人
		技术标	商务标			
综合评分法	政府采购货物、服务，复杂、技术难度大和专业性较强的工程项目	评标委员会集体评议后，评标委员会成员分别自主作出书面评审结论，作评审计分	根据招标文件中商务的评审内容和标准独立打分	技术、商务和价格各单项得分的权数取综合	按综合得分由高到低进行排序	推荐前三名为中标候选人并予排序
二次平均法	一般建筑工程、装修工程	评标委员会集体评议后，评标委员会成员分别自主作出书面评审结论，作合格性评审	无须商务评分，只需对通过合格性评审的投标人报价进行两次平均	不需要	按最接近第二次平均价进行排序	推荐前三名为中标候选人并予排序
价性比法	大型建筑、地铁等设备的采购	评标委员会集体评议后，评标委员会成员分别自主作出书面评审结论，作评审计分	根据招标文件中商务的评审内容和标准独立打分	技术分、商务分之和再与价格相比	按价性比从小到大的顺序排序	推荐前三名为中标候选人并予排序
摇号评标法（纯粹摇号法）	施工工程，投标人数量达到数百家	评标委员会集体评议后，评标委员会成员分别自主作出书面评审结论，作合格性评审	无须商务评分，通过合格性审查后摇号确定	不需要	评标委员会推荐所有通过了全部评审的投标人进入公开随机抽取的中标候选人程序	公开随机抽取1~3个中标候选人并予排序
复合法（先摇号再用其他方法评标）	施工工程，投标人数量达到数百家	先从递交投标文件的投标人中摇号确定一定数量的投标人，再根据其他方法确定中标人	先从递交投标文件的投标人中摇号确定一定数量的投标人，再根据其他方法确定中标人	摇号后再根据其他方法进行评审		

表4-6　不同类型工程的施工招标评标方法

序号	评标方法	适用范围	适用工程
1	最低评标价法	简易工程	园林绿化、一般土石方工程
2	经评审的最低投标价法（有标底）	简易工程	园林绿化、一般土石方工程
		一般工程	不涉及结构安全的工程
	经评审的最低投标价法（无标底）	简易工程	园林绿化、一般土石方工程
		一般工程	不涉及结构安全的工程
		复杂工程	涉及结构安全的工程

（续）

序号	评标方法	适用范围	适用工程
3	二次平均法	简易工程	园林绿化、一般土石方工程
		简易工程	园林绿化、一般土石方工程
		一般工程	不涉及结构安全的工程
4	摇号评标法	简易工程	园林绿化、一般土石方工程
		一般工程	不涉及结构安全的工程
		复杂工程	涉及结构安全的工程
5	综合评分法	特别复杂工程	技术特别复杂、施工有特殊技术要求的工程

注：以上各种评标方法仅供参考。

4.9　制定科学评标方法的实务与技巧

低价中标有时候并不受业主或用户欢迎。建筑工程领域的投资是经过财政预算确定并经过论证、审批下拨的。如果投标人通过低价中标造成中标价与预算价相差太大的话，可能会产生以下两方面的不良影响：一方面，招标人或业主的项目预算能力可能会受到质疑，且按我国的财政政策，剩余的钱也要收回国库，下一年度的预算可能也会受到影响；另一方面，中标人如果没有合理的利润，则有可能偷工减料，售后服务质量差或质量没有保证甚至造成"豆腐渣"工程。招标能使各投标人充分竞争，从而使招标人节省资金，但是过分的低价竞争其实也违背了招标投标的实质和市场规律。所以，在工程实践中低价中标有时候并不受业主或招标人乃至中标人的欢迎。那么，如何在评标环节运用适当的评标准则防范低价中标呢？

4.9.1　选用合适的评标方法

即使是同样的投标人和投标方案，不同的评标方法也会产生不同的中标人。因此，要从增强评标方法的科学性、合理性和可操作性为方向，健全并完善公平、公正的竞争择优机制，如慎重使用最低评标价法、摇号评标法等，推荐使用价性比法或二次平均法。对于大型工程，建议使用综合评分法；对于大型、复杂建筑设备的采购，如果需要采用综合评分法，则建议适当降低价格分的比重，或使用价性比法。

4.9.2　注意防止资质挂靠

建筑工程领域内的资质挂靠是比较普遍的现象。例如，一些没有资质的公司只追求短期利润，为了中标不择手段，伪造或提供假资质，而一些有资质、有实力的公司为了所谓的管理费，也乐于借出资质。为了防止投标人挂靠资质（陪标人多数是一些资质较低的企业，只有通过挂靠高资质的企业才能参与招标活动），应对投标企业进行考察，重点检查项目经理及主要技术负责人的"三金"（养老金、医保金、住房公积金）证明，如提供不出"三金"证明，则在资格审查时不应使其入围。

近年来，随着国家有关部门对资质挂靠的重拳打击，资质挂靠的情况有了根本的改善。

4.9.3   在评标细则中加大技术、业绩、实力的考核权重

在价性比法或综合评分法中，施工方案采用符合性评审。施工方案符合招标文件要求并具备以下五大项内容才能通过符合性评审：劳动力组合、技术人员配置；施工机具配置；质量安全保证措施；施工进度计划；现场平面布置。缺大项者，不予通过。

对投标人取得的工程质量业绩给予加分，要有具体、明确、可客观操作的评分标准。例如，过往业绩有多少项加多少分，1000万以上加多少分，或者省以上奖励或优秀的加多少分；项目经理资质是一级的加多少分，是二级的加多少分；企业各种资质证书、ISO证书齐全的，有行业颁发的各种证书的加多少分；对于建筑设备类招标，达到什么参数或指标的加多少分等。值得注意的是，业绩、荣誉、奖项等评分依据必须与所招标的项目相关，不得歧视性、倾向性地设置特定的评分条件乃至量身定做。《中华人民共和国招标投标法实施条例》规定，若招标人"设定的资格、技术、商务条件与招标项目的具体特点和实际需要不相适应或者与合同履行无关"，则"属于以不合理条件限制、排斥潜在投标人或者投标人"。因此，要特别注意"依法必须进行招标的项目以特定行政区域或者特定行业的业绩、奖项作为加分条件或者中标条件"与正常招标要求的业绩条件加分之间的区别。

4.10   本章案例分析

没有评标只有中标通知书的招标

1. 案例背景

××省××市开发区文化城电子厂房工程，建筑面积为9800m²，框架式结构，预算造价为762万元，按照法律规定必须进行招标。××市有关部门在进行市场秩序检查时，该项目的建设单位声称已经进行了招标，并拿出了该项目的中标通知书。当检查人员要求建设单位出示招标公告、招标文件、投标文件等资料时，建设单位却不能提供上述资料，声称合同是按照中标通知书签订的，招标过程并无其他资料。

2. 案例分析

从案例情况看，该项目的建设单位对招标知识知之甚少，最大的可能是为了应付检查填制了一份中标通知书，而根本没有按照法律和招标程序行事，只是假称已经"招标"而已。近年来，国家有关部门对招标投标的监管日趋严厉，对招标项目的资料和档案保存有更严格明确的规定，纸质资料要求保存15年，电子招标档案在网上也有痕迹，且要求长期保存（电子文件的保存期限根据项目类型确定：建设项目的招标投标文件保管期限为永久；至于其他项目，重要物资的招标投标文件等资料应保存30年，一般物资的保存10年，政府采购的保存15年）。

《中华人民共和国招标投标法》明确规定："必须进行招标的项目而不招标的，将必须进行招标的项目化整为零或者以其他方式规避招标的，责令限期改正，可以处项目合同金额千分之五以上千分之十以下的罚款；对全部或者部分使用国有资金的项目，可以暂停项目执行或者暂停资金拨付；对单位直接负责的主管人员和其他直接责任人员依法给予处分。"

以上只是行政性的处罚，如果涉及贪污、受贿及严重违纪违法的，还会受到纪委的调查及其他处分。

临时更改评标方法被起诉

1. 案例背景

2016 年 6 月，××公司经批准决定动工建设安全技术培训中心大楼。6 月 8 日，该公司委托××工程招标代理机构办理公开招标工作。××工程招标代理机构按相关规定发出招标公告后，共有 A 公司、B 公司、C 公司、D 公司 4 家二级以上资质的建安企业购买工程招标文件。截止到开标之日，上述 4 家公司均按招标公告和招标文件的要求把投标文件送达招标单位，同时交纳了投标保证金。

6 月 27 日，××工程招标代理机构主持并邀请投标人和有关部门共同参加了开标会议。会上，A 公司提出，××工程招标代理机构在会上公布的评标方法与招标文件规定的部分在内容上有变动，要求更改评标方法和有关条款。经评标委员会讨论并征求了各投标人意见后，招标代理机构更改了评标方法相关的部分条款，但 A 公司仍对评标方法中的优惠条件（即优惠率计分方法等）持有异议，认为评标方法不公平，当场提出不能接受评标委员会的意见和方法，声明不参与开标、评标、定标，遂中途退出会场。后经评标委员会评审后，B 公司为第一中标单位，公证机关对该次招标投标的过程和结果作出公证。开标会后，A 公司领回投标保证金。

2016 年 8 月 12 日，A 公司向法院提出起诉，以××公司违反招标文件的规定、违约招标、极大地损害了其合法权益为由，请求法院确认被告××公司的评标、定标行为无效，重新予以评标、定标。

××公司答辩称：按照该省的建设工程项目施工招标投标管理办法及本招标工程招标文件中的规定，投标人不参加开标会议或者缺席开标会议，投标文件作废、无效，A 公司在开标会议中自动弃权，不继续参加开标会议，应视其投标文件作废、无效。据此，××公司要求法院驳回 A 公司的起诉。而即中标人 B 公司则述称：本工程的招标投标工作较规范，程序合法，透明度高，中标结果合法有效，是公平竞争的结果。

2. 案例分析

《中华人民共和国招标投标法》第十九条规定："招标人应当根据招标项目的特点和需要编制招标文件。招标文件应当包括招标项目的技术要求、对投标人资格审查的标准、投标报价要求和评标标准等所有实质性要求和条件以及拟签订合同的主要条款。"第二十三条规定："招标人对已发出的招标文件进行必要的澄清或者修改的，应当在招标文件要求提交投标文件截止时间至少十五日前，以书面形式通知所有招标文件收受人。该澄清或者修改的内容为招标文件的组成部分。"第四十条规定："评标委员会应当按照招标文件确定的评标标准和方法，对投标文件进行评审和比较。"

《工程建设项目施工招标投标办法》第二十八条规定："招标文件应当明确规定所有评标因素，以及如何将这些因素量化或者据以进行评估。在评标过程中，不得改变招标文件中规定的评标标准、方法和中标条件。"《评标委员会和评标方法暂行规定》第十七条规定："评标委员会应当根据招标文件规定的评标标准和方法，对投标文件进行系统的评审和比较。招标文件中没有规定的标准和方法不得作为评标的依据。"

　　从上述法律法规的规定来看，国家对评标方法的严肃性、程序的严格性作了严谨而详细的规定，这些规定并不会引起什么歧义。但是在本案例中，评标方法随意改变，评标标准的确定随意性太大，已违反了相关的法律法规。从本案例看，该项目在招标文件中规定了评标标准和方法，但在开标会议上公布的评标方法与招标文件相关的部分在内容上有变动，这是不妥之一。经 A 公司提出后，评标委员会讨论并征求了各投标人的意见，此做法实属多此一举，此为不妥之二。因为评标标准和方法是招标人根据工程项目的实际情况和有关规定单方提出的条件和要求，无须征得投标人的同意，哪怕只是更改了评标方法的部分条款。

　　评标标准和方法一旦在招标文件中制定并公布，就不得随意改变，否则很难体现招标评标过程中的"三公"原则。虽然本案例中的具体评标细则如何变动我们不得而知，但从 A 公司仍对评标方法中的优惠条件（即优惠率计分方法等）持有异议可知，改变的决不是一般的文字，而是实质性的内容。A 公司中途退出会场是抗议。××公司和××工程招标代理机构违反规定在前，A 公司退出开标会场在后，二者存在一定的逻辑关系，故法院支持了 A 公司的诉求。

　　评标标准是招标文件的必然组成部分，在投标截止后，评标标准不应有任何改变，否则即为违规。开标后改变评标标准和方法的做法应该属于严重违反公开、公平、公正和诚实信用原则的行为。

　　本案例中，若发现评标办法有严重错误或不公平之处，正确的做法是终止此次评标，经主管部门同意后修改招标文件、澄清，延迟开标。

思考与练习

1. 单项选择题

（1）评标委员会对投标报价的评审，应在算术性修正和扣除非竞争性因素后，以计算出的（　　）为基础进行评审。

A. 投标价　　　　　B. 参考价　　　　　C. 评标价　　　　　D. 限价

（2）公路勘察设计招标中，法律法规规定的评标方法是（　　）。

A. 综合评分法　　　B. 最低评标价法　　C. 摇号评标法　　　D. 二次平均法

（3）在《国务院办公厅关于推进重大建设项目批准和实施领域政府信息公开的意见》中，充分利用（　　）、全国公共资源交易平台、"信用中国"网站等，推进重大建设项目批准和实施领域信息共享和公开。

A. 全国投资项目在线平台　　　　　　　B. 全国投资项目审批监管平台

C. 全国资源在线审批监管平台　　　　　D. 全国投资项目在线审批监管平台

（4）关于评标的说法，正确的是（　　）。

A. 评标委员会认为所有投标都不符合招标文件要求的，可以否决所有投标

B. 招标项目设有标底的，可以以投标报价是否接近标底作为中标条件

C. 评标委员会成员拒绝在评标报告上签字的，视为不同意评标结果

D. 投标文件中含义不明确的内容，评标委员会可以口头要求投标人作出必要澄清

（5）某次招标评审中，应采用的评标方法是（　　）。

A. 符合招标投标法规定的都可以　　　B. 各部委规定的评标方法和细则

C. 坚持采用地方政府规定的评标方法　D. 招标文件规定的评标标准和方法

2. 多项选择题

（1）《房屋建筑和市政基础设施工程施工招标投标管理办法》中规定，一般工程施工招标可以采用的评标方法是（　　）。

A. 合理低价法　　　　　　　　　　B. 经评审的最低投标价法

C. 综合评估法　　　　　　　　　　D. 法律法规允许的其他评标方法

（2）《工程建设项目货物招标投标办法》中关于评标方法及投标价的规定，下列说法正确的是（　　）。

A. 技术简单或技术规格、性能、制作工艺要求统一的货物，一般采用经评审的最低投标价法进行评标

B. 技术复杂或技术规格、性能、制作工艺要求难以统一的货物，一般采用综合评估法进行评标

C. 摇号评标法

D. 最低投标价不得低于成本

（3）根据《经营性公路建设项目投资人招标投标管理规定》的规定，经营性公路建设项目投资人招标的评标办法应当采用（　　）。

A. 综合评估法　　B. 最短收费期限法　C. 摇号评标法　　D. 价性比法

（4）根据《铁路工程建设项目招标投标管理办法》规定的铁路建设工程招标投标实施办法，招标投标情况书面报告应当包括（　　）。

A. 招标范围、招标方式和发布招标公告的媒介

B. 招标文件中投标人须知、技术条款、评标标准和方法、合同主要条款等内容

C. 评标委员会的组成、成员遵守评标纪律和履职情况，对评标专家的评价意见

D. 评标报告和中标结果

（5）按照《铁路建设工程招标投标实施办法》的规定，我国铁路建设工程招标一般采用（　　）等评标方法。

A. 最低评标价法　　B. 综合评分法　　C. 合理最低投标价法　D. 摇号评标法

（6）中标人的投标应当符合下列条件之一（　　）。

A. 能够最大限度地满足招标文件中规定的各项综合评价标准

B. 能够满足招标文件的实质性要求，并且经评审的投标价格最低；但是投标价格低于成本的除外

C. 简单工程采用摇号评标法

D. 不够三个投标人的可以改变评标方法

（7）根据《公路工程建设项目评标工作细则》的规定，有关评标方法的说法，正确的是（　　）。

A. 招标文件没有规定的评标标准和方法不得作为评标的依据

B. 由于评标标准和方法前后内容不一致或者部分条款存在易引起歧义、模糊的文字，导致难以界定投标文件偏差的性质，评标委员会应当按照有利于投标人的原则进行处理

C. 由于评标标准和方法前后内容不一致或者部分条款存在易引起歧义、模糊的文字，导致难以界定投标文件偏差的性质，评标委员会应当按照有利于招标人的原则进行处理

D. 对于招标文件规定的评标标准和方法，评标委员会认为其违反法律、行政法规的强制性规定，违反公开、公平、公正和诚实信用原则，影响潜在投标人投标的，评标委员会有权停止评标工作

（8）根据《公路工程建设项目招标投标管理办法》的规定，公路工程施工招标评标，应采用的方法是（　　）。

A. 禁止采用抽签、摇号等博彩性方式直接确定中标候选人

B. 采用综合评估法

C. 经评审的最低投标价法

D. 综合评估法包括合理低价法、技术评分最低标价法和综合评分法

3. 问答题

（1）经评审的最低投标价法有什么优点和缺点？其适用范围是什么？

（2）二次平均法有什么优点和缺点？

（3）综合评分法有什么优点和缺点？

（4）摇号评标法为何会引发争议？其是否具有法律依据？

4. 案例分析题

公路建设行业是最早全面开放建设市场，最先实行招标投标制度的行业之一。但是，随着我国经济和社会的发展，公路工程建设项目招标投标工作面临着新的形势和新的问题，迫切需要完善相关制度，规范管理。党的十八大和十八届三中全会、十八届四中全会提出"简政放权"、强化事中事后监管等改革措施，对交通运输主管部门在招标投标监管中应发挥的作用提出了全新的要求。交通运输部为深化公路建设管理体制改革，对规范招标投标提出了新思路，要求充分考虑"择优导向"。交通运输部在公路建设管理体制改革调研中发现，由于各种外部因素的影响和制约，一些省份的招标投标程序和制度设计出现了偏差，未充分考虑工程特点和技术要求，简单地以"抓阄"方式定标，没有将投标人的业务专长和建设能力作为重点考虑因素，偏离了择优的基本价值导向，不利于公平竞争、良性竞争，没有充分发挥市场在资源配置中的作用。为此，交通运输部优化了资格预审方法和评标方法，增强了"择优"的导向性，明确禁止采用抽签、摇号等博彩性方式直接确定中标候选人；此外，还在公路工程施工招标评标中新增了技术评分最低标价法。请论述这些改革措施对完善公路工程建设市场管理体系的意义和效果。

思考与练习部分参考答案

1. 单项选择题

（1）C　（2）A　（3）D　（4）A　（5）D

2. 多项选择题

（1）BCD　（2）AB　（3）AB　（4）ABCD　（5）ABC　（6）AB　（7）ABD（8）ABCD

第5章

建筑工程的招标文件

招标文件是招标人根据招标项目的特点和需要编制的重要文件，应当包括招标项目的技术要求、服务要求、质量标准、工期要求、对投标人组织实施的要求、投标报价要求和评标标准等所有实质性要求和条件，也要包括拟签订合同的主要条款及招标人依法作出的其他方面的要求，是招标投标活动中的纲领性文件。本章将介绍招标文件的编制要求与要点，并重点介绍招标文件的相关法律规定和操作实务。

5.1 建筑工程招标的组织与策划

工程项目招标的目的是在工程项目建设中通过引入竞争机制，择优选定勘察、设计、监理、工程施工、装饰装修、材料设备供应等承包服务单位，确保工程质量，合理缩短工期，节约建设投资，提高经济效益，保护国家、社会公共利益和招标投标当事人的合法权益。作好工程项目招标前期的策划和组织是招标人在工程建设过程中成功的第一步。

5.1.1 建筑工程招标的组织

工程项目招标的组织实施视项目法人的技术和管理能力，可以采用自行招标和委托代理招标两种方式。

1. 自行招标

自行招标是指招标人利用内部机构依法组织实施招标投标活动全过程的事务。采用自行招标方式组织实施招标时，招标人应当在向发改部门上报审批项目、可行性研究报告时，将项目的招标范围、招标方式、招标组织方式报请审批、核准。

《工程建设项目自行招标试行办法》规定，招标人自行办理招标事宜，应当具有编制招标文件和组织评标的能力，具体包括：

1）具有项目法人资格（或者法人资格）。

2）具有与招标项目规模和复杂程度相适应的工程技术、概预算、财务和工程管理等方面专业技术力量。

3）有从事同类工程建设项目招标的经验。

4）设有专门的招标机构或拥有 3 名以上专职招标业务人员。

5）熟悉和掌握招标投标法及有关法规规章。

核准招标人自行招标的任何单位和个人不得限制其自行办理招标事宜，也不得拒绝办理工程建设有关手续。招标人确需通过招标方式或者其他方式确定勘察、设计单位开展前期工作的，应当在报送可行性研究报告时的书面材料中作出说明，并取得核准。

招标人自己办理施工招标事宜的，应当在发布招标公告或者发出投标邀请书的 5 日前，向工程所在地县级以上地方人民政府建设行政主管部门备案，并报送下列材料：

1）按照国家有关规定办理审批手续的各项批准文件。

2）提交上述报发展改革部门审批自行招标的证明材料，并包括专业技术人员的名单、职称证书或者执业资格证书及其工作经历的证明材料。

3）法律、法规、规章规定的其他材料。

根据《房屋建筑和市政基础设施工程施工招标投标管理办法》的规定，招标人不具备自行办理施工招标事宜条件而自行招标的，县级以上地方人民政府建设行政主管部门应当责令改正，处 1 万元以下的罚款。

2. 委托代理招标

2017 年以来，随着我国以"放、管、服"为核心的简政放权和商事制度改革，国家在简政放权、放管结合、优化服务方面进行了较大的改革。2018 年，国务院公布了《国务院关于修改和废止部分行政法规的决定》，再次修改了《中华人民共和国招标投标法实施条例》，取消了中央投资项目招标代理机构资格认定等行政审批项目。在取消职业资格事项方面，通过修改《中华人民共和国招标投标法实施条例》等 10 部行政法规的 27 个条款，取消了招标师执业资格等 10 项职业资格。自 2017 年 12 月 28 日起，各级住房城乡建设部门不再受理招标代理机构资格认定申请，停止招标代理机构资格审批。

在资质审批的时代，监督部门通常注重事前监管，即有资质才能承揽业务，文件审批后才能发布，但招标代理资质取消后，必然要从事前监管转向事中事后监管，这是一个重大的转变。

招标代理机构应当与招标人签订工程招标代理书面委托合同，并在合同约定的范围内依法开展工程招标代理活动。招标代理机构及其从业人员应当严格按照《中华人民共和国招标投标法》《中华人民共和国招标投标法实施条例》等相关法律法规开展工程招标代理活动，并对工程招标代理业务承担相应责任。

工程招标代理机构代表业主进行招标，享有依法代理的权利，也承担相应的义务。

（1）**招标代理机构拥有的权利**

1）按规定收取招标代理报酬。

2）对招标过程中应由招标人作出的决定，招标代理机构有权提出建议。

3）当招标人提供的资料不足或不明确时，有权要求招标人补足材料或作出明确的答复。

4）拒绝招标人提出的违反法律、行政法规的要求，并向招标人作出解释。

5）有权参加招标人组织的涉及招标工作的所有会议和活动。

6）对为本工程编制的所有文件拥有知识产权，委托人有使用或复制的权利。

（2）招标代理机构的义务

1）招标代理机构应根据委托招标代理业务的工作范围和内容，选择有足够经验的专职技术、经济人员担任招标代理项目负责人。

2）招标代理机构按约定的内容和时间完成下列工作：依法按照公开、公平、公正和诚实信用原则，组织招标工作，维护各方的合法权益；应用专业技术与技能为招标人提供完成招标工作相关的咨询服务；向招标人宣传有关工程招标的法律、行政法规和规章，解释合理的招标程序，以便得到招标人的支持和配合。

3）招标代理机构应对招标工作中受托人所出具的有关数据、技术经济资料等的科学性和准确性负责。

4）招标代理机构不得接受与所委托招标相关的投标咨询业务。

5）招标代理机构为本工程项目招标提供技术服务时产生的知识产权应属招标代理机构专有。任何第三方如果提出侵权指控，招标代理机构须与第三方交涉并承担由此而引起的一切法律责任和费用。

6）未经招标人同意，招标代理机构不得分包或转让委托代理工作的任何权利和义务。

7）招标代理机构不得接受所有投标人的礼品、宴请和任何其他好处，不得泄露招标、评标、定标过程中依法需要保密的内容。招标完成后，未经委托人同意，招标代理机构不得泄露与本工程相关的任何招标资料和情况。

关于招标代理服务费的收取问题，各地有不同的政策和规定，有的是向招标人收取，有的是向中标人收取。2021 年，国家发展和改革委员会在其官网发布"关于招标代理服务费应由哪一方支付的答复"，答复如下："原《招标代理服务收费管理暂行办法》（计价格〔2002〕1980 号）已被 2016 年 1 月 1 日发布的《关于废止部分规章和规范性文件的决定》（国家发展和改革委员会令第 31 号）废止，目前国家层面对招标代理服务费的支付主体未作强制性规定。招标代理服务费应由招标人、招标代理机构与投标人按照约定方式执行。"目前，最常见的是由中标人支付，一般以中标服务费的形式出现。

5.1.2　建筑工程招标的策划

工程项目招标策划主要是指根据《中华人民共和国招标投标法》及相关的法律法规，以及各级行政主管部门关于招标投标管理的规章文件，在招标前期拟定工程项目招标计划，确定招标方式、招标范围，确定计价方式，提出对投标人的相关要求，拟定招标合同条款，确保优选中标人的一系列工作。

1. 制订招标计划

工程项目招标可根据工程性质和需要将勘察、设计、施工、供货等一起进行招标，也可以按工作性质划分成勘察、设计、施工、物资供应、设备制造或监理等分工作进行招标。按分工作性质进行招标时，应根据基本建设程序上一阶段工作的完成情况，在具备招标条件后进行。招标人应根据工程项目审批时核准的招标方式、投资阶段和资金到位计划、建设工期、专业划分、潜在投标人数量和工程项目实际情况需要制订招标计划，包括招标阶段划分、招标内容和范围、计划招标时间、招标方式等。具体招标方式的确定可参考本书第 2 章相关内容。

2. 确定招标范围

关于工程项目招标范围的确定，主要依据国家发展和改革委员会发布的《必须招标的工程项目规定》。本书前面章节已详细介绍过工程项目公开招标的范围，在此不再赘述，下面补充说明了国家发展和改革委员会在其官网上公开回复的社会关切的一个共性问题。

关于建设工程中的施工图审查、造价咨询、第三方监测、监测等服务是否属于依法必须招标项目范围的问题。国家发展和改革委员会办公厅《关于进一步做好〈必须招标的工程项目规定〉和〈必须招标的基础设施和公用事业项目范围规定〉实施工作的通知》（发改办法规〔2020〕770号）第一条第三款规定："对16号令第五条第一款第（三）项中没有明确列举规定的服务事项、843号文第二条中没有明确列举规定的项目，不得强制要求招标。"建设工程中的施工图审查、造价咨询、第三方监测、监测等服务，如果该工程属财政全额投资且上述服务费均估算超过100万元，业主单位是否可以选择不招标？

国家发展和改革委员会的答复：《关于进一步做好〈必须招标的工程项目规定〉和〈必须招标的基础设施和公用事业项目范围规定〉实施工作的通知》（发改办法规〔2020〕770号）规定，没有法律、行政法规或国务院规定依据的，对16号令第五条第一款第（三）项没有明确列举规定的服务事项，不得强制要求招标。施工图审查、造价咨询、第三方检测服务不在列举规定之列，不属于必须招标的项目，但涉及政府采购的，按照政府采购法律法规规定执行。

3. 拟定计价方式

《建筑工程施工发包与承包计价管理办法》规定："发承包双方在确定合同价款时，应当考虑市场环境和生产要素价格变化对合同价款的影响。实行工程量清单计价的建筑工程，鼓励发承包双方采用单价方式确定合同价款。建设规模较小、技术难度较低、工期较短的建筑工程，发承包双方可以采用总价方式确定合同价款。紧急抢险、救灾以及施工技术特别复杂的建筑工程，发承包双方可以采用成本加酬金方式确定合同价款。"不过，该办法所称的建筑工程是指房屋建筑和市政基础设施工程。

招标人拟定合同计价方式时，是选用总价合同、单价合同还是成本加酬金合同，是采用固定价方式还是可调价方式，应根据建设工程的特点，结合工程项目前期的进展情况，对工程投资、工期和质量要求等综合考虑后进行确定。

（1）**工程项目的复杂程度** 规模大且技术复杂的工程项目，承包风险较大，工程造价的分析难度大，不宜采用固定价方式。施工图齐全、工艺清晰、项目特征能准确描述、可准确分析综合单价的项目部分可采用固定总价或固定单价方式。施工图不齐全但工艺清晰、项目特征能准确描述、可准确分析综合单价的项目采用固定单价方式，无法分析综合单价的项目可采用成本加酬金或暂定金的方式计价。

（2）**工程设计工作深度** 工程招标时所依据的设计文件的深度，决定了能否明确工程的发包范围，能否准确计算工程量和描述工程项目特征。招标图纸的深度和工程量清单的详细准确程度，影响投标人的合理报价和评标委员会评标。要根据具体情况选择计价方式。

（3）**工程施工的难易程度** 如果工程设计较大部分采用新技术和新工艺，当招标人和投标人在这方面都没有经验，且在国家颁布的标准、规范、定额中又没有可作为依据的标准，行业也没有经验数据可供参考时，为了避免投标人盲目地提高承包价格或由于对施工难度估计不足而导致严重亏损无法履约，不宜采用固定总价（或固定单价）方式，较为保险的做法是选用成本加酬金计价方式。

（4）**工程进度要求的紧迫程度**　在招标过程中，对一些紧急工程，如灾后恢复工程，要求尽快开工且工期较紧的工程等，可能仅有实施方案，还没有施工图纸，因此投标人无法报出合理的价格。在这种情况下，若工程简单，建设标准能够明确，可以描述组成项目的项目特征，可采用固定单价方式。若都无法明确时，可采用成本加酬金方式，也可以采用以政府指导价为基数投标人提出下浮让利率的方式计价。

那么，在实践中，如何理解《必须招标的工程项目规定》中的"合同估算价"呢？《必须招标的工程项目规定》中提到，"勘察、设计、监理等服务的采购，单项合同估算价在100 万元人民币以上"的，必须招标。此处的"单项合同估算价"如何理解？估算价一般指的是初步设计概算中的金额，估算价前面加了合同二字，即合同估算价要怎么理解？例如，监理费按照收费标准测算是 150 万元，超过了 100 万元，此时这个 150 万元是否就可理解为合同估算价？再如，安全影响评估费无收费标准，往往只能通过市场询价的方式来确定底价，若通过询价得到的价格是 150 万元，那么这个价格是否也可以理解为合同估算价？合同估算价是否指的就是收费标准测算后且未下浮的金额或无收费标准经市场询价后未下浮的金额？

国家发展和改革委员会的答复：《必须招标的工程项目规定》中的"合同估算价"，指的是投标人根据初步设计概算、有关计价规定和市场价格水平等因素合理估算的项目合同金额。在没有计价规定的情况下，投标人可以根据初步设计概算的工程量，按照市场价格水平合理估算项目合同金额。

4. 设置对投标人的相关要求和评标方法

在招标策划时，为优选中标人可采用资格预审和资格后审的办法。招标人为了得到优质的中标人和理想的合同价格，在招标策划时，应充分预见可能出现的不同情况，提出详细的评标方法和评标标准。评标方法和评标标准的设置要符合法律、法规、规章的规定，不得不按工程性质和特点的需要提高标准，排斥潜在投标人，也不得降低要求。

5.2　建筑工程招标的风险及其防范

招标人在招标过程中所发的招标公告和招标文件，是招标人向投标人发出的要约邀请和承诺，也是投标人中标以后签订合同的依据。招标人的目的是择优选取投标人，保证工程工期、进度、质量、价格等方面满足招标人的要求。招标人要规避风险，使自己的合法利益最大化，最重要的是认真设计和审核招标文件。招标文件是整个建设工程招标投标过程中诸多事项的依据，不能不引起重视。

招标人在招标过程中的风险主要有：投标者之间串通投标、哄抬价格；因招标文件要求不明确而造成投标产品达不到使用要求但又无法废标；投标人因技术力量、经济能力不达标而不能正常履约、拖延工期；工程量清单不准，投标人采用"不平衡报价"引起工程造价增加；招标文件及拟定的合同不够严密导致中标人后期在费用和工期等方面索赔。以上风险可归纳为围串标、负偏差、不平衡报价、不正常履约、索赔。

5.2.1 招标文件有目的性、倾向性引起的风险

随着我国市场经济的逐步完善和依法治国的推进，国家越来越重视工程招标投标市场的平等准入、公正监管、开放有序、诚信守法，以形成高效规范、公平竞争的国内统一市场。党的十九届五中全会以后，国务院出台了《优化营商环境条例》，国家发展和改革委员会发布了《关于建立健全招标投标领域优化营商环境长效机制的通知》（发改法规〔2021〕240号），通过对招标文件的规范，持续深化招标投标领域营商环境改革，进一步降低制度性交易成本，提高资源配置质量效率，营造公平竞争、公开透明的市场环境。各地、各部门相继出台了配套文件或实施细则来规范招标文件，尤其是在资质、资格、准入门槛等方面进行了规范。广东省发展和改革委员会等八部门制定了《广东省进一步优化招标投标领域营商环境工作方案》，要求：结合实际需要编制分行业招标文件范本，明确招标文件编写要求；取消没有法律法规依据的投标报名、招标文件审查、原件核对等环节，对于法定代表人身份证、营业执照等能够通过电子证照核验的材料，不得强制要求提交纸质材料；对于能够采用告知承诺制和事中事后监管解决的事项，一律取消前置审批或审核。四川省成都市印发《关于进一步规范成都市房屋建筑和市政基础设施项目招标文件编制的通知（征求意见稿）》，进一步规范招标文件编制，明确规定了招标人在招标文件中不得出现的15种行为，涉及资质、资格、业绩审查等多个方面。

若招标文件量身定做，明招暗定，依据某些潜在投标人的资质和业绩等有目的性、倾向性和排他性地设置条款，将会引起诸多风险。例如，招标文件中为某些资质和业绩良好的企业量身定做，排斥资质和业绩满足工程要求但不满足招标文件要求的投标人，可能会导致因投标人数量不足而流标的风险，也会引起投标人的投诉或引起监管部门的查处等风险，最终会导致多次招标乃至影响工程工期等其他诸多风险。

5.2.2 招标文件描述表达不准带来的风险

招标投标实质上是一种买卖，这种买卖完全遵循公开、公平、公正的原则，必须按照法律法规规定的程序和要求进行。招标人应将对所需产品的名称、规格、数量、技术参数、质量等级要求、工期、保修服务要求和时间等方面的要求和条件完全准确表述在招标文件中，这些要求和条件是投标人作出回应的主要依据。

《评标委员会和评标方法暂行规定》规定："评标委员会应当根据招标文件规定的评标标准和方法，对投标文件进行系统的评审和比较。招标文件中没有规定的标准和方法不得作为评标的依据。"根据这一规定，招标人和评标委员会不能废除没有达到项目使用要求的投标文件，否则会给招标人带来法律责任和经济、时间上的损失。这一风险的防范措施主要是在编制招标文件时应非常了解项目的特点和需要，项目前期筹备单位、使用单位、主管部门、行业协会等在参与招标文件的编制和论证时，要尽量做到详尽、准确、客观、简洁。

5.2.3 招标文件中工程量清单不准确带来的风险

《建筑工程施工发包与承包计价管理办法》实施后，工程项目招标采用工程量清单计价方式，经评审合理低价中标模式在国内工程项目招标中被普遍采用。工程量清单必须作为招标文件的组成部分，其准确性和完整性由招标人负责，投标价由投标人自己确定。招标人承

担着因工程量计算不准确、工程量清单项目特征描述不清楚、工程项目组成不齐全、工程项目组成内容存在漏项、计量单位不正确等带来的风险。

投标人为获得中标和追求超额利润，在不提高总报价、不影响中标的前提下，在一定范围内有意识地调整工程量清单中某些项目的报价，采用低价中标、中间索赔、高价结算的做法，给招标人在造价控制和进度控制方面带来很大的风险。

1. 投标人的不平衡报价方式给招标人带来的风险

1）按工程项目开展的先后，将先开工的项目报价提高，后期实施的项目报价降低，让自己前期能收到比实际更多的进度款和结算款。这样就增加了招标人前期资金压力和项目资金成本，也加大了因中标人后期违约而招标人对投标人在经济手段上无法有效控制的风险。

2）对于工程量比图纸上所示的少，在建设中对工程量必须调增的项目，投标人将会提高其投标报价，以获得更高的利润空间；反之，投标人将会降低投标报价，则在结算时扣减的金额会较小。

3）对于工程项目的特征描述与图纸不一致，以后按图实施时需要调整的项目，投标人将会降低投标报价，或在综合单价分析时将错误或做法不一致的材料的用量和价格尽量降低，在实施过程中中标人再要求调高综合单价，进行高价索赔。

4）对于没有工程量，计日工程只报综合单价的项目，因为工程量为零，所以投标报价对总价不产生影响，不影响中标。投标人将会提高其投标报价，当实际发生时，可有高额利润空间。

5）对于工程量很大的项目，投标人在进行综合单价分析时将会对人工费、机械费、管理费和利润降低报价，将材料费，尤其是主要材料的报价降低。按照工程造价管理部门的文件和最高人民法院的司法解释，材料价格异常波动时可以调整合同价格，在现阶段市场经济和世界经济对材料价格影响较大，在工程实施和结算时容易获得调整。这些都将给招标人带来增加工程造价的风险。

2. 招标人不平衡报价风险的防范

不平衡报价是招标人在工程施工招标阶段的主要风险之一，这种风险难以完全避免，但招标人可以在招标前期策划和编制招标文件时防范不平衡报价，降低不平衡报价带来的风险。

（1）提高招标图纸的设计深度和质量　招标图纸是招标人编制工程量清单、投标人投标报价的重要依据。目前，大部分工程在招标投标时的设计图纸都不能满足施工需要，在施工过程中还会出现大量的补充设计和设计变更，导致招标时的工程量清单跟实际施工时的工程量相差甚远。虽然使用工程量清单计价方式一般采用固定综合单价，工程量按实计量的计价模式，但这也给投标人实施不平衡报价带来了机会。因此，招标人要认真审查招标图纸的设计深度和质量，避免出现边设计、边招标的情况，尽可能使用施工图招标，从源头上减少工程变更的出现。

（2）提高造价咨询单位的工程量清单编制质量　招标人要重视工程量清单的编制质量，消除那种把工程量清单作为参考，最终要按实结算的依赖思想，要把工程量清单作为投标报价和竣工结算的重要依据、工程项目造价控制的核心、限制不平衡报价的关键。

由于不平衡报价需要抓住工程量清单中的漏项、计算失误等错误，因此，要安排有经验的造价工程师负责该工作，以免给不平衡报价留有余地。工程量清单的编制要尽可能周全、详尽、具有可预见性，同时编制工程量清单要严格执行 GB 50500—2013《建设工程工程量清单计价规范》，要求数量准确，避免错项和漏项，以防止投标人利用清单中工程量的可能变化进行不平衡报价。每一个项目的特征必须清楚、全面、描述准确，需要投标人完成的工程内容准确、详细，以便投标人全面考虑完成清单项目所要发生的全部费用，避免由于描述不清引起理解上的差异，造成投标人报价中不必要的失误，影响招标投标工作的质量。

（3）在招标文件中增加关于不平衡报价的限制性要求

1）限制不平衡报价中标。在招标文件中，可以写明对各种不平衡报价的惩罚措施，如某分部分项的综合单价不平衡报价幅度大于某临界值（具体工程具体设定，一般不超过10%，国际工程一般为15%可以接受）时，认定该投标文件作废。

2）控制主要材料价格。招标人要掌握工程涉及的主要材料的价格，在招标文件中，对于特殊的大宗材料，可提供适中的暂定价格（投标报价时的政府指导价），并明确对涉及暂定价格项目的调整方法。

采用固定价招标的，在招标文件中可明确以下内容：材料费占单位工程费2%以下（含2%）的各类材料为非主要材料；材料费占单位工程费2%～10%之间（含10%）的各类材料为第一类主要材料；材料费占单位工程费10%以上的各类材料为第二类主要材料。在工程施工期间，非主要材料价格禁止调整；第一类主要材料的价格变化幅度在±10%以内的，价差由承包商负责，超过±10%的（含±10%）的部分由发包人负责；第二类主要材料的价格变化幅度在±5%以内的，价差由承包人负责，超过±5%的（含±5%）的部分由发包人负责。

3）完善主要施工合同条款。在招标文件中，应将合同范本中的专用条款具体化并列入招标文件中，合同专用条款用语要规范，概念正确，定性、定量准确。树立工程管理的一切行为均以合同为根本依据的意识，强化工程合同在管理中的核心地位。工程量清单作为合同的一部分，是工程量计量和支付的依据，必须与合同配套。工程量清单中报价的变更要由合同来调整。

在招标文件中，明确综合单价在结算时一般不作调整。在专项条款中，明确当实际发生的工程量与清单中的工程量相比，分部分项单项工程量变更超过15%的，并且该分部分项工程费超过分部分项工程量清单计价1%的，增加或减少部分的工程量的综合单价由承包人提出，应对该分项的综合单价重新组价，同时明确相应的组价方法，经发包人确认后，作为决算依据，以消除双方可能因此产生的不公平额外支付。

在招标文件中，明确规定招标范围内的措施项目的报价固定，竣工结算时不调整。

（4）工程项目的评标工作是克服不平衡报价的核心

目前，评标时基本都是针对不同的项目特征而采用不同的评标定标方法，主要有经评审的最低投标价法、综合评估法、综合评分法等。无论采用哪种方法，评标者都要深刻理解"低价中标"的原则，注意防止承包商隐性的不平衡报价，即在审查投标单位报价时不但要看总价，还要看每项的单价，因为总造价最低并不等于每项报价最低。对于分项工程单价价值较高、工程量较大、主要材料的单价价值较高、分项变更的可能性较大的项目要重点评审。

1）符合性评审。在详细评标之前，评标委员会将首先审定每份投标文件是否实质上响应了招标文件的要求。实质上响应要求的投标文件，应该与招标文件的所有规定、要求、条件、条款和规范相符，无显著差异或保留；实质上不响应招标文件要求的投标文件，招标单位将予以拒绝，不再详细评审。

2）工程总价评审。工程总价的评审依据的是评标基准价（以有效投标人的报价为基础计算的平均值），其应属社会平均先进水平，不应以社会平均水平（标底）取定。为控制评标基准价处于平均先进水平，以激励投标人挖掘自身优势、提高整体竞争力，可划定一个有一定空间的合理范围（如浮动系数用±5%表示），其值应在投标截止后、开标前，根据工程特点、市场价情况确定，应保证落入该区间的投标报价具有竞争力，并依据评审内容和指标的不同随时调整。这里确定的合理浮动范围应既让工程中标价格低得有"度"，同时又保证各投标报价具有"竞争性"。

3）分部分项工程综合单价评审。在具体操作时，如果对所有综合单价全部评审，则工作量太大，因此可选择工程量大、价值较高以及在施工过程中易出现变更的分部分项工程的综合单价作为评审的重点，评审的数目不得少于分部分项工程量清单项目数的20%，且不少于10项，并应按各分部工程所占造价的大体比重抽取其分项工程一定比例的项目，单项发包的专业工程可另定。其具体评审方法如下：以有效投标单位某分部分项工程综合单价的平均值下浮5%作为评标基准价，超过基准价10%的作为重点评审对象。当某投标人的投标报价超过评标基准价10%时，则判定该投标人的该分部分项综合单价不合理，计为1项。通过对所有投标人所抽项目的综合单价进行评审，统计出每个投标人综合单价不在合理范围的数目 P，当 P 大于所抽项目数的10%，且大于5项时，则判定该投标人的报价不合理，不能成为中标候选人（具体项目具体操作）。

4）主要材料和设备价格评审。一般把招标文件提供的用量大又对投标报价有较大影响的材料和设备作为评审的重点，抽取的数目不少于表中材料和设备总数目的50%，或全部评审（当数目较少时）。其判定方法与评审综合单价的原理、方法和步骤基本相同。

5）措施项目费评审。将招标文件所列的全部措施项目费作为一个整体进行评审，不再单独抽取。其方法为：以有效投标单位措施项目费的平均值下浮5%为评标基准价，当某有效投标单位的措施项目费超过评标基准价10%时，则判定该投标人的措施项目费不合理。如果投标人的措施项目费不在合理范围，则判定该投标人的报价不合理，不能成为中标候选人。

5.2.4　招标文件中合同条款拟定不完善带来的风险

招标文件是招标人和投标人签订合同的基础，招标文件中的合同条款包括通用条款和专用条款，且有统一的合同范本。但是，专用条款是招标人可以自行设定的条款，尤其是建设工程，很多工程涉及征地拆迁，合同设置与现实情况可能相差较远。如果合同条款设置不当，则可能给招标人、投标人带来风险。

1. 施工场地和条件交付时间的风险

根据《建设工程施工合同（示范文本）》（GF-2017-0201）的规定，发包人应按协议条款约定的时间和要求提供施工现场、施工条件，即除专用合同条款另有约定外，发包人应最迟于开工日期7天前向承包人移交施工现场，还应负责提供施工所需的条件。除专用合同条款另有约定外，发包人和承包人应在工程开工后7天内共同编制施工场地治安管理计划，并制定应对突发治安事件的紧急预案。发包人的安全责任是，由于发包人原因在施工场地及其毗邻地带造成的第三者人身伤亡和财产损失，发包人应负责赔偿。承包人的安全责任是，由于承包人原因在施工场地内及其毗邻地带造成的发包人、监理人以及第三者人员伤亡和财产损失，承包人应负责赔偿。承包人应按合同进度计划的要求，及时配置施工设备和修建临时设施。进入施工场地的承包人设备需经监理人核查后才能投入使用。发包人提供的施工设备或临时设施在专用合同条款中约定。因此，需要在《建设工程施工合同（示范文本）》对发包人的权利和义务进行明显的界定。在合同履行过程中，因下列情况导致工期延误和（或）费用增加的，由发包人承担由此延误的工期和（或）增加的费用，且发包人应支付承包人合理的利润：

（1）发包人未能按合同约定提供图纸或所提供的图纸不符合合同约定的。

（2）发包人未能按合同约定提供施工现场、施工条件、基础资料、许可、批准等开工条件的。

（3）发包人提供的测量基准点、基准线和水准点及其书面资料存在错误或疏漏的。

若发包人不按合同约定完成以上工作造成延误，则应承担由此造成的经济支出，赔偿承包人有关损失，工期相应顺延。

招标人在招标策划时，可根据工程项目前期准备工作进展的情况和对招标人工作人员的数量、工作协调能力及其他履行情况的估计，在专用条款内将交付时间适当延长，若根据工程建设需要或经济分析比较不宜延长时，可在招标文件中以竞价或不竞价的方式确定费用，委托承包人办理，降低因不能履行义务而引起索赔的风险。

2. 合同价格的风险

合同价款的方式有固定价格合同、可调价格合同、成本加酬金合同。招标人应根据工程项目的情况按本章第1节中的相应方法选择招标计价方式。固定价格合同可以在专用条款中划定风险范围和风险费用的计算方法。例如，当价格有异常波动时，招标人在招标文件的合同条款中划定可调主要或大宗材料的名称，规定波动风险的范围（如价格波动在5%以内时，风险由承包人承担，超过5%以上的部分由发包人承担涨价的70%，承包人承担涨价的30%）。异常涨价风险价格可按实际施工期间材料的政府指导价与招标时政府指导价的差值计算材料价值，既可减少索赔纠纷，又能防止投标人在分析综合单价时采用不平衡报价增大索赔金额。

3. 工程款（进度款）支付的风险

招标人应根据工程项目专项资金的准备和到位情况，在招标文件中拟定支付时间和支付比例、支付方式，在合同签订后必须遵照执行，否则应承担违约责任，并补偿因此造成的承包人的经济损失。

4. 工程师不当行为的风险

工程师是发包人指定的履行本合同的代表或监理单位的总监理工程师，从施工合同的角度看，他们的不当行为给承包人造成的损失应当由发包人承担。招标人在招标时可以根据工程师的专业知识、工作经验和工作能力、综合素质、职业道德品质情况在招标文件和签订合同时对工程师的职权进行明确和限定，以降低因为其行为不当给招标人带来的损失。

5. 不可抗力事件的风险

不可抗力事件是指当事人在招标投标和签订合同时不能预见，对其发生和后果不能避免也不能克服的事件。不可抗力事件包括战争，动乱，施工中发现文物、古墓等有考古研究价值的物品，物价异常波动，自然灾害等。不可抗力事件的风险承担方应当在招标文件和合同中约定，再由承担方向保险公司投保解决。

5.3　招标文件中对围标、串标和挂靠的防范

串标是指投标人相互之间或者与招标人之间为了个人或小团体的利益和好处，不惜损害国家、社会公共、招标人和其他投标人的利益，互相串通，人为操纵投标报价和中标结果，进行不正当竞争的一种违法行为。串标不仅严重干扰和破坏招标投标活动的正常秩序，而且还人为哄抬投标报价，损害国家、集体和招标人或其他投标人的利益，甚至最终让技术力量较差、管理水平较低的投标人中标，导致工程质量、工期、施工安全无法得到保证。

5.3.1　串标的主要表现

1. 投标人之间相互串通

（1）**建立价格同盟，设置陪标补偿**　在招标投标市场中，某些投标人或者包工头在获得项目招标信息后四处活动，联系在本地区登记备案的同类企业（潜在投标人）建立利益同盟，结成本地区企业"围标集团"，为了排挤其他投标人，干扰正常的竞价活动，而相互勾结，私下串通，设立利益共享机制，就投标价格达成协议，约定内定中标人以高价中标后，给予未中标的其他投标人"失标补偿费"。这种"陪标"行为使投标者之间已经不存在竞争，使少数外围竞争对手的正常报价失去竞争力，导致其在评标时不能中标；也使招标人不能达到预期的节约、择优效果，因为"失标补偿费"就是从其支付的高价中获取的。

（2）**轮流坐庄**　投标人之间互相约定，在本地区不同的项目或同一项目不同标段中轮流以高价位中标，使投标人无论实力如何都能中标，并以高价位捞取高额利润，而招标人无法从投标人中选出最优者，蒙受巨大损失。

（3）**挂靠垄断**　一家企业或个体包工头通过挂靠本地多家企业或者联系外地多家企业来本地设立分支机构，某一项目招标时同时以好多家企业的名义去参加同一招标的投标，形成实质上的投标垄断，无论哪家企业中标，都能获得高额回报。同时通过挂靠，使得一些不具备相关资质的企业或个人得以进入原本无法进入的经营领域。

2. 招标人（或招标代理机构）与投标人之间相互串通

（1）**透露信息**　招标人（招标代理机构）与投标人相互勾结，将能够影响公平竞争的有关信息（如工程实施过程中可能发生的设计变更、工程量清单错误与偏差等）透露给特定的投标人，造成投标人之间的不公平竞争。尤其是在设有标底的工程招标中，招标人（招标代理机构）私下向特定的投标人透露标底，使其以最接近标底的标价中标。

（2）**事后补偿**　招标人与投标人串通，由投标人超出自己的承受能力压低价格，中标后再由招标人通过设计变更等方式给予投标人额外的补偿。或者招标人（招标代理机构）为使特定投标人中标，与其他投标人约定，由投标人在公开投标时抬高标价，待其他投标人中标后给予该投标人一定的补偿。

（3）**差别待遇**　招标人（招标代理机构）通过操纵专家评审委员会，使其在审查评选标书时对不同投标人相同或类似的标书实行差别待遇。甚至在一些实行最低投标价中标的招

标投标中，为使特定投标人中标，个别招标人（招标代理机构）不惜以种种理由确定其他最低价标书为废标，确保特定投标人中标。

（4）设置障碍　招标人（招标代理机构）故意在资格预审或招标文件中设置某种不合理的要求，对意向中的特定投标人予以"度身招标"，以排斥某些潜在投标人或投标人，操纵中标结果。

5.3.2　对串标的防范对策

1. 掌握串标形式和经常参与串标企业的信息

招标人要加强与监察、发改、建设、交通、水利、财政等部门的信息沟通与工作协调，掌握串标形式和经常参与串标企业的信息，采取相应的措施加以防范。

2. 在招标文件中制订对串标行为的具体认定标准

按照有关法律法规精神，参考国内外的相关做法，根据工程建设招标投标工作实际，明确对串标违规行为的具体认定条件，并将其列入招标文件废标条款中。例如，以下情况可按废标处理：

1）不同投标人的投标文件中列出的人工费、材料费、机械使用费、管理费及利润的价格构成部分或全部雷同。

2）不同投标人的施工组织设计方案基本雷同。

3）不同投标人的投标文件出现评标委员会认为不应雷同的文字编排、文字内容、文字及数字错误等。

4）电子招标中，投标文件的机器码、上传文件的 IP 地址雷同。

3. 采用资格后审方式及其他措施

取消资格预审，非技术特别复杂和有特殊要求的工程招标均实行资格后审；要求参与招标投标活动的投标单位工作人员必须是投标单位的正式人员；投标单位参与投标报名、资格审查、项目开标等环节的工作人员必须提供报名申请表、单位介绍信、授权委托书、身份证以及与投标单位签订的正式劳动合同和最近三个月以上的社保证明原件；投标项目经理及主要技术负责人等项目部主要人员在中标后必须实行压证上岗，并提供与投标单位的劳动合同等相关资料的原件；适当提高投标保证金金额，规范投标保证金收取及退还程序；明确规定投标保证金只能由投标单位账户交纳和退还，增加违法行为的成本和难度。

4. 采用统一的电子招标投标平台

电子招标投标有着其他招标投标方式不可替代的优势：一是招标人与投标人相互不见面，减少围标、串标的机会；二是投标人相互不见面，不知道竞争对手是谁，只能托出实盘投标，充分实现公平竞争，达到招标投标的目的；三是大大降低招标投标成本，有效减轻招标投标各方的费用负担，增加经济效益和社会效益。

5. 加强对招标工作人员、招标代理机构的监督管理

建立责任追究制，对违反法律、法规的人和事，要坚决依法予以处理。按照《中华人民共和国招标投标法》和《评标委员会和评标方法暂行规定》，严格规范招标投标程序，提高评标委员会在评标、定标过程中的地位。评标委员会成员全部在交易中心专家库中随机抽取，避免领导直接参与，削弱和减少招标工作人员在评标、定标过程中的诱导和影响作用；加强对招标代理机构的监管，发现招标代理机构的工作人员有业务水平低、透露信息、故意设障等行为时，立即更换人员或代理机构，并报招标管理部门和纪检监察部门查处。

5.3.3　对投标挂靠的防范对策

1. 严格投标人的资格审查

招标人必须按照招标文件规定的具体要求对投标人提供的资格审查资料逐一进行审查。投标人的营业执照、资质证书、安全生产许可证、投标保证金出票单位、投标文件印章以及项目经理证书、项目经理安全证书的单位名称都必须完全一致。对投标参加人及项目部成员的身份进行核查，重点核查其一年期以上的劳动合同和社会养老保险手册，若劳动合同、聘用单位或养老保险的缴费单位与投标单位名称不一致，则资格审查不予通过。同时建议在项目开标时要求拟任项目经理必须与项目投标授权代表人到开标现场，在对中标单位发中标通知书之前必须通知拟任项目经理参加招标人的答辩。

值得注意的是，严格投标人的资格审查与当前我国禁止在招标文件中设立不必要的资格审查或资格预审门槛的规定并不矛盾。

2. 严格投标保证金的结算管理

投标保证金及工程价款拨付必须通过投标单位基本账户非现金结算，投标人提交的投标保证金在中标后转为不出借资质的承诺保证金，承诺保证金须经招标人核实进场人员后方可退还。招标人对进场施工管理人员的身份核查是堵住借资质挂靠的实质性关口，招标人应建立中标单位项目部人员现场检查制度和常规考勤制度。如发现进场人员与中标项目部人员不符，有借资质挂靠嫌疑的，一经查实，即取消中标资格，其承诺保证金不予退还，转入招标人账户。

3. 中标公示期招标人实地考察制度

对于规模较大的建筑工程的招标，可在招标文件中写明，招标人在中标公示期间将对中标候选人进行实地考察，主要考察其是否具备履约能力，在投标时提供的业绩证明材料是否属实，项目班子成员有无在建工程等。

4. 将疑似借资质挂靠情形列入资格预审文件或招标文件条款

对于借资质挂靠的情形，除国家法律法规规定外，还可以从以下几方面来认定：一是使用个人资金交投标保证金或履约保证金；二是企业除留下管理费外，将大部分工程款转给个人；三是施工现场的管理人员与投标承诺的人员不一致或未按工程实际进展情况到位。

5.4　招标文件的编制

招标文件是整个工程项目招标投标活动中的纲领性文件，是招标人在招标过程中的行为规范，是招标人公开、公平、公正选择中标人的体现和标准，也是投标人准备投标文件、参加投标活动的依据，因此招标人应根据招标项目的特点和要求编制招标文件。工程项目招标文件应将涉及招标活动的所有情况和要求给予详尽、周密的阐述和规定。

5.4.1　招标文件编制的要求

1. 不得设立有倾向性的条款

《中华人民共和国招标投标法实施条例》第三十二条规定，招标人不得以不合理的条件限制、排斥潜在投标人或者投标人。招标人有下列行为之一的，属于以不合理条件限制、排斥潜在投标人或者投标人：

1) 就同一招标项目向潜在投标人或者投标人提供有差别的项目信息。

2) 设定的资格、技术、商务条件与招标项目的具体特点和实际需要不相适应或者与合同履行无关。

3) 依法必须进行招标的项目以特定行政区域或者特定行业的业绩、奖项作为加分条件或者中标条件。

4) 对潜在投标人或者投标人采取不同的资格审查或者评标标准。

5) 限定或者指定特定的专利、商标、品牌、原产地或者供应商。

6) 依法必须进行招标的项目非法限定潜在投标人或者投标人的所有制形式或者组织形式。

7) 以其他不合理条件限制、排斥潜在投标人或者投标人。

下面 6 点是在编制招标文件时对资质、资格、业绩审查方面的要求。

（1）**投标人资质、资格条件设置**　招标人应该按照《住房城乡建设部关于印发〈建筑业企业资质标准〉的通知》（建市〔2014〕159 号）和《住房城乡建设部关于简化建筑业企业资质标准部分指标的通知》（建市〔2016〕226 号）及其配套规定确定对投标人的资质等级要求。

资质类别应与招标工程内容相对应，当招标工程内容涉及多个资质时，应合理划分标段发包或通过总承包后专业分包的方式发包；确需整体发包要求投标人具备相应多个资质的，应接受投标人组成联合体投标。联合体成员的数量不得少于所适用的资质的数量。

施工总承包工程应由取得相应施工总承包资质的企业承担。设有专业承包资质的专业工程单独发包时，应由取得相应专业承包资质的企业承担。

近年来，国家在市场准入和"放、管、服"方面的改革力度比较大，招标人或招标代理机构要经常学习国家的相关法律法规。特别要注意的是，招标文件中不得设定国家已经明令取消的资质资格、非国家法定的资格，不得设定未列入国家公布的职业资格目录和国家未发布职业标准的人员资格。

此外，招标人在招标项目资格预审公告、资格预审文件、招标公告、招标文件中不得以营业执照记载的经营范围作为确定投标人经营资质资格的依据，不得将投标人营业执照记载的经营范围采用某种特定表述或者明确记载某个特定经营范围细项作为投标、加分或者中标条件，不得以招标项目超出投标人营业执照记载的经营范围为由认定其投标无效。招标项目对投标人经营资质资格有明确要求的，应当对其是否被准予行政许可、取得相关资质资格情况进行审查，不应以对营业执照经营范围的审查代替，或以营业执照经营范围明确记载行政许可批准证件上的具体内容作为审查标准。

（2）**投标人业绩条件设置**　投标人不具备相应资质或超越资质等级取得的业绩，不作为有效业绩认定。若投标人为重组、分立后的企业，其重组、分立前承接的工程项目不作为有效业绩认定；若投标人为合并后的新企业，原企业在合并前承接的工程项目，提供了企业合并相关证明材料的，作为有效业绩认定。

招标人不得脱离招标项目的具体特点和实际需要，随意和盲目地设定投标人要求，不得设定与招标项目具体特点和实际需要不相适应的资质资格、技术、商务条件或者业绩。

（3）**投标人荣誉与奖项设置**　在招标文件中，不得设置特定的奖项要求，不得设定特定行政区域或者特定行业的奖项作为加分条件，不得设定与招标项目的具体特点不相适应的奖项作为加分条件，也不得设定全国评比达标表彰工作协调小组办公室按照《评比达标表彰活动管理办法》公布的目录以外的奖项作为加分条件。

（4）**不得要求在本地设立分公司**　在招标文件中，不得设定投标人在本地注册设立子公司、分公司、分支机构，在本地拥有一定办公面积，在本地缴纳社会保险等，不得限定潜在投标人或者投标人的所有制形式或者组织形式。

（5）**投标人财务及品牌要求**　在招标文件中，不得设定投标人的年平均承接项目数量或者金额、从业人员、纳税额、营业场所面积等规模条件，不得设定超过项目实际需要的企业注册资本、资产总额、净资产规模、营业收入、利润、授信额度等财务指标（采购项目除外），不得限定或者指定特定的专利、商标、品牌、原产地或者供应商。

（6）**其他有门槛的要求**　在招标文件中，不得设定要求投标人提供材料供应商授权书等（采购项目可要求提供供应商授权书，本书不讨论），不得设定投标人的企业股东背景。

2. 不得设立有歧视性的条款

2021 年，国家市场监督管理总局、国家发展和改革委员会、财政部、商务部、司法部联合印发《公平竞争审查制度实施细则》（国市监反垄规〔2021〕2 号），对招标投标中的反歧视、反垄断、反限制进行了更加明确的规定。

1）不得限定经营、购买、使用特定经营者提供的商品和服务，包括但不限于：

①以明确要求、暗示、拒绝或者拖延行政审批、重复检查、不予接入平台或者网络、违法违规给予奖励补贴等方式，限定或者变相限定经营、购买、使用特定经营者提供的商品和服务。

②在招标投标中限定投标人所在地、所有制形式、组织形式，或者设定其他不合理的条件排斥或者限制经营者参与招标投标活动。

③没有法律、行政法规或者国务院规定依据，通过设置不合理的项目库、名录库、备选库、资格库等条件，排斥或限制潜在经营者提供商品和服务。

2）不得排斥或者限制外地经营者参加本地招标投标活动，包括但不限于：

①不依法及时、有效、完整地发布招标信息。

②直接规定外地经营者不能参与本地特定的招标投标活动。

③对外地经营者设定歧视性的资质资格要求或者评标评审标准。

④将经营者在本地区的业绩、所获得的奖项荣誉作为投标条件、加分条件、中标条件或者用于评价企业信用等级，限制或者变相限制外地经营者参加本地招标投标活动。

⑤没有法律、行政法规或者国务院规定依据，要求经营者在本地注册设立分支机构，在本地拥有一定办公面积，在本地缴纳社会保险等，限制或者变相限制外地经营者参加本地招标投标活动。

⑥通过设定与招标项目的具体特点和实际需要不相适应或者与合同履行无关的资格、技

术和商务条件，限制或者变相限制外地经营者参加本地招标投标活动。

3）不得排斥、限制或者强制外地经营者在本地投资或者设立分支机构，包括但不限于：

①直接拒绝外地经营者在本地投资或者设立分支机构。

②没有法律、行政法规或者国务院规定依据，对外地经营者在本地投资的规模、方式以及设立分支机构的地址、模式等进行限制。

③没有法律、行政法规或者国务院规定依据，直接强制外地经营者在本地投资或者设立分支机构。

④没有法律、行政法规或者国务院规定依据，将在本地投资或者设立分支机构作为参与本地招标投标、享受补贴和优惠政策等的必要条件，变相强制外地经营者在本地投资或者设立分支机构。

4）不得对外地经营者在本地的投资或者设立的分支机构实行歧视性待遇，侵害其合法权益，包括但不限于：

①对外地经营者在本地的投资不给予与本地经营者同等的政策待遇。

②对外地经营者在本地设立的分支机构在经营规模、经营方式、税费缴纳等方面规定与本地经营者不同的要求。

③在节能环保、安全生产、健康卫生、工程质量、市场监管等方面，对外地经营者在本地设立的分支机构规定歧视性监管标准和要求。

上述规定很详细，甚至考虑到了歧视、限制的种种变化形式，可以说，国家在招标投标活动反歧视、反限制方面是高度重视和狠抓落实的。

关于招标文件的编制，2021年，国家发展和改革委员会针对招标投标实践中容易出现模糊的问题，进行了答复和澄清。

1）地方政府或有关部门能否在不与国家或国务院行业主管部门已发布的标准招标文件相抵触的前提下，再制定更加细化的招标文件文本或评标标准和方法，要求政府投资建设工程的招标人应当使用？

国家发展和改革委员会的答复：地方政府在不与国家或国务院行业主管部门已发布的标准招标文件相抵触的前提下，可以为本地区政府投资建设工程的招标人制定更加细化的标准文件文本，但不得非法干涉招标投标活动，不得以此种方式不合理限制招标人自主权。

2）招标投标经营范围不限是否意味着不需要行政许可？

国家发展和改革委员会的答复：《关于进一步规范招标投标过程中企业经营资质资格审查工作的通知》（发改办法规〔2020〕727号）规定，招标项目对投标人经营资质资格有明确要求的，应当对其是否被准予行政许可、取得相关资质资格情况进行审查。对于依法需取得行政许可或备案方能从事的特定行业，应当先取得相关许可或完成备案。

3）因住房和城乡建设部取消园林绿化资质后同时要求不得以任何方式，强制要求将城市园林绿化企业资质或市政公用工程施工总承包等资质作为承包园林绿化工程施工业务的条件。对于绿化项目施工招标招标人都采用经营范围内含"园林绿化"，对投标人进行要求。《关于进一步规范招标投标过程中企业经营资质资格审查工作的通知》要求不能进行要求。那对于绿化工程、人工造林工程，如何对投标人进行要求？

国家发展和改革委员会的答复：《关于进一步规范招标投标过程中企业经营资质资格审查工作的通知》规定，招标项目对投标人的资质资格有明确要求的，应当对其是否被准予行政许可、取得相关资质资格情况进行审查，不应以对营业执照经营范围的审查代替，或以营业执照经营范围明确记载行政许可批准件上的具体内容作为审查标准。对于不实行资质管理的行业，招标人可根据实际需要，从业绩等方面对投标人提出要求。

3. 招标文件编制时的其他要点

编制招标文件时，除了要注意不得设立有倾向性、歧视性的条款外，要编制一份高质量的招标文件，还应注意以下要点：

1）招标文件应当根据招标项目的特点和需要编制。应当在招标文件中规定实质性要求和条件，并最好能用醒目的方式标出，尤其是否决投标的条件，因为很多投标人不一定能仔细阅读招标文件，容易遗漏招标文件中的重要信息。

2）招标文件规定的各项技术标准应符合国家强制性标准。招标文件中规定的各种技术标准均不得要求或标明某一特定的专利、商标、名称、设计、原产地或生产供应者，不得含有倾向或者排斥潜在技术的其他内容。如果必须引用某一生产供应者的技术标准才能准确或清楚地说明拟招标项目的技术标准时，则应当在参照后面加上"或相当于"的字样。

3）招标文件应当明确规定所有评标因素，以及如何将这些因素量化或者据以进行评估。

4）招标文件应当规定一个适当的投标有效期，以保证招标人有足够的时间完成评标和与中标人签订合同。投标有效期从投标人提交投标文件截止之日起计算。

5）施工招标项目工期较长的，招标文件中可以规定工程造价指标体系、价格调整因素和调整方法。

特别值得注意的是，接受委托编制标底的招标代理机构不得参加受托编制标底项目的投标，也不得为该项目的投标人编制投标文件或者提供咨询。

5.4.2　招标文件的评分标准

招标文件的核心是符合性、资格性条款的设置以及评分标准，本文介绍的方法可供在实践中参考。

1. 大纲评分标准（包含勘察大纲、设计大纲、监理大纲、施工组织设计大纲、总承包项目评分标准）

招标人应当根据项目实际情况，合理设置大纲中的具体评分重点分值。评分时，按照各投标人大纲内容优劣分为优、良、一般、差、无 5 档（优得最高分，无得 0 分）。招标人宜合理设置各档分值或区间分值，各档分值或区间分值应分布均衡、合理。

1）勘察大纲：评分因素可从勘察范围、勘察内容，勘察依据、勘察工作目标，勘察机构设置和岗位职责，勘察说明和勘察方案，勘察质量、进度、保密等保证措施，勘察安全保证措施，勘察工作重点、难点分析，合理化建议等方面设置。

2）设计大纲：设计大纲评分标准适用于采用设计团队的招标，评分因素可从设计范围、设计内容，设计依据、设计工作目标，设计机构设置和岗位职责，设计构思，设计质量、进度、安全、保密等保证措施，设计工作重点、难点分析，合理化建议等方面设置。设计方案评分标准适用于采用设计方案的招标，评分因素可从功能、技术、经济、美观和城市设计及安全、绿色、节能、环保等方面设置。

3）监理大纲：评分因素可从监理范围、监理内容，监理依据、监理工作目标，监理机构设置和岗位职责，监理工作程序、方法和制度，质量、进度、造价、安全、环保监理措施，合同、信息管理方案，监理组织协调内容及措施，监理工作重点、难点分析，合理化建议等方面设置。

4）施工组织设计大纲：评分因素可从内容完整性和编制水平，施工方案与技术措施，质量管理体系与措施，安全管理体系与措施，环境保护管理体系与措施，工程进度计划与措施，资源配备计划等方面设置。

5）总承包项目：评分标准应包含设计大纲和施工组织设计大纲内容，还需根据项目特点阐述牵头单位在项目实施过程中的管理及组织流程以及成员单位之间的相互配合及分工。

2. 项目管理机构配置

1）其他专业类人员应按工程建设项目实际情况及需求设置，原则上应设置与本项目适用资质主要技术人员配备表中的注册执（职）业资格人员，不得设置与本项目无关的注册执（职）业资格要求。

2）人员评分设置宜采用注册执（职）业资格与专业技术职称相结合的方式，且同一人员原则上不得设置2个及以上注册执（职）业资格。

3）项目负责人、总监、项目经理、施工技术负责人可将类似业绩作为加分条件，类似业绩按照资审业绩要求设置，每人不宜超过3个业绩要求（含资格条件个数）。人员从业业绩可以是不在投标单位的类似业绩，但需附相应业绩证明材料。不得设定特定行政区域或者特定行业的业绩作为加分条件，不得设定与招标项目的具体特点不相适应的业绩作为加分条件。

4）招标人根据项目特点，对人员配置有特殊要求的，须报告主管部门同意后设置。

3. 其他评分因素

招标人针对企业实力可通过类似工程业绩、相关获奖情况等方面进行评分。

1）招标人设置的类似工程业绩与资审业绩要求相同。

2）不得设定特定行政区域或者特定行业的奖项作为加分条件，不得设定与招标项目的具体特点不相适应的奖项作为加分条件，不宜设定全国评比达标表彰工作协调小组办公室按照《评比达标表彰活动管理办法》公布的目录以外的奖项作为加分条件；招标项目的技术指标达到相应奖项申报条件的，方可设置相应奖项作为加分条件。

4. 工程总承包发包人要求

招标人宜将发包人要求单独成册随同工程总承包招标文件一并发出。发包人要求应根据不同发包阶段结合合同、计价模式进行编制，需对项目建设范围、建设内容、功能需求（配置标准）、品牌要求及品质标准等所有拟建内容进行阐述，包括但不限于项目设计范围及设计任务书，项目施工范围及施工要求，项目功能需求的配置标准，材料设备品牌范围等。

5.4.3　招标文件中工程量清单的编制

1. 工程量清单概述

工程量清单计价是指建设工程招标投标活动中按照国家有关部门统一的工程量清单计价

规定，由招标人提供工程量清单，投标人根据市场行情和本企业实际情况自主报价，经评审低价中标的工程造价计价模式。其特点是"量变价不变"。实行工程量清单计价有利于建立公开、公平、公正的工程造价计价和竞争定价的市场环境。

按照《建设工程工程量清单计价规范》的统一规定，全部使用国有资金投资或国有资金投资为主的工程建设必须采用工程量清单计价。实行工程量清单招标后，各施工企业按照招标人提供的统一的工程量清单，结合工程实际情况和自身实力，自主报价。

工程量清单招标是指在建设工程施工招标投标时招标人依据工程施工图纸、招标文件要求，以统一的工程量计算规则和统一的施工项目划分规定，为投标人提供实物工程量项目和技术性措施项目的数量清单，投标人在国家定额指导下，结合工程情况、市场竞争情况和本企业实力，并充分考虑各种风险因素，自主填报清单开列项目中包括工程直接成本、间接成本、利润和税金在内的综合单价与合计汇总价，并以所报综合单价作为竣工结算调整价的招标投标方式。

2. 工程量清单招标的优势

（1）**适应市场经济发展的需要**　实行工程量清单招标实现了量价分离、风险分担，将现行以预算定额为基础的静态计价模式变为将各种因素考虑在全费用单价内的动态计价模式，同时，也能够反映出工程个别成本。所有投标人均在统一量的基础上结合工程具体情况和企业自身实力，并充分考虑各种市场风险因素，即在同一起跑线上公平竞争，优胜劣汰，避免了投标报价的盲目性，符合市场经济发展的规律，充分体现了市场经济条件下的竞争机制。

（2）**有利于廉政建设，规范招标运作**　实行工程量清单招标，发包人不需要编制标底，淡化了标底的作用，避免了工程招标中的弄虚作假、暗箱操作等违规行为，有利于廉政建设和净化建筑市场环境，规范招标运作，减少工程腐败现象。

（3）**节约工程投资**　实行工程量清单招标，合理、适度地增加了投标的竞争性，特别是经评审低价中标的方式，有利于控制工程建设项目总投资，降低工程造价，为建设单位节约资金，以最少的投资达到最大的经济效益。

（4）**有利于推动企业提高自身管理水平**　工程量清单招标要求施工企业加强成本核算，苦练内功，提升市场竞争力，提高资源配置效率，降低施工成本，构建适合本企业的投标报价系统，促使施工企业自主制定企业定额，不断提高管理水平，同时也便于工程造价管理部门分析和编制适应市场变化的造价信息，更加有力地推动政府工程造价信息制度的快速发展。

（5）**降低社会成本，提高工作效率**　实行工程量清单招标避免了招标人、审核部门、投标单位重复做预算，节省了大量人力、财力，同时缩短时间，提高了功效，特别是社会功效，克服了由误差带来的负面影响，准确、合理、公正，便于实际操作。采用工程量清单报价时，工程量清单由招标单位提供，投标者可集中力量进行单价分析与施工方案的编写，投标标底的编制费用也节省 50%，避免了各投标单位因预算人员水平参差不齐、素质各异而造成同一份施工图纸所报价的工程量相差甚远，便于评标与定标，也利于业主选择合适的承建商。此计价法提供给投标者一个平等竞争的基础，符合商品交换要以价值量为基础进行等价交换的原则。工程量（实物量）清单报价实质上是同一时期内生产同样使用价值的不同企业各自劳动消耗量之间的竞争。

（6）实现与国际惯例接轨　我国加入世界贸易组织后，行业技术贸易壁垒下降，建设市场将进一步对外开放，我国的建筑企业将更广泛地参与国际竞争。工程量清单招标形式在国际上采用最为普遍，其计价法既符合建设市场竞争规则和市场经济发展需要，又符合国际通行计价原则，适应建设市场对外开放发展的需要。采用工程量清单招标有利于与国际惯例接轨，加强国际交流与合作，促使国内建筑企业参与国际竞争，不断提高我国的工程建设管理水平。

3. 工程量清单的编制

工程量清单应由具备招标文件编制资格的招标人或招标人委托的具有相应资质的招标代理、造价咨询机构负责编制。工程施工招标时所编制的工程量清单是招标人编制确定招标标底价的依据，是投标人策划投标方案的依据，同时也是工程竣工结算时结算价调整的依据。

工程量清单是招标人或招标代理机构依据招标文件及施工图纸和技术资料，依照目前预算定额的工程量计算规则和统一的施工项目划分规定，将实施招标的工程建设项目实物工程量和技术性措施以统一的计量单位列出的清单，是招标文件的组成部分。工程量清单的主要内容与编制要求如下：

1）工程量清单由封面签署页、编制说明和工程量清单三部分组成。

2）编制说明内容包括编制依据，分部分项工程项目工作内容的补充要求，施工工艺的特殊要求，主要材料品牌、质量、产地的要求，新材料及未确定档次材料的价格设定，拟使用商品混凝土情况及其他需要说明的问题。

3）工程量清单应按照招标施工项目设计图纸、招标文件要求，以及现行的工程量计算规则、项目划分、计量单位的规定进行编制。

4）分部分项工程项目名称应使用规范术语定义，对允许合并列项的工程在工程量清单列项中需作准确描述。

5）按照现行的项目划分的规定，在工程量清单中开列建筑脚手架费、垂运费、超高费、机械进出厂及安拆费等有关技术性措施项目。

6）工程量清单应采用统一制式表格，计量单位执行现行预算定额规定的单位标准，工程量数值保留两位小数。

5.4.4　招标文件中标底的编制

招标文件中编制标底的，标底应根据批准的初步设计、投资概算，依据有关计价办法，参照有关工程定额，结合市场供求状况，综合考虑投资、工期和质量等方面的因素合理确定。

标底编制后，须报经招标投标管理机构审定。标底一经审定应密封保存至开标时，所有接触过标底的人均负有保密的责任，不得泄露。

总之，招标文件非常重要，招标人的招标意图和要求，主要通过招标文件来体现，不能不引起重视。值得注意的是，设计图纸是招标文件的一部分。《工程建设项目施工招标投标办法》第八条规定，工程建设项目必须要"有招标所需的设计图纸及技术资料"方可进行施工招标。但是，该条文中的"设计图纸"是指什么设计深度的图纸？是初步设计图纸还是施工图设计图纸？在施工图设计文件未经审查批准时，工程建设项目采用初步设计图纸招标是否符合该条规定？在实践中，很多人都会有这样的疑惑。

《建设工程勘察设计管理条例》第二十六条规定："编制初步设计文件，应当满足编制施工招标文件、主要设备材料订货和编制施工图设计文件的需要。编制施工图设计文件，应当满足设备材料采购、非标准设备制作和施工的需要，并注明建设工程合理使用年限。"《工程建设项目施工招标投标办法》对"设计图纸"的设计深度未作具体规定，所以招标人可根据项目所属行业的有关规定以及项目实际需要采用初步设计图纸或施工图设计文件进行招标。

5.5　招标文件的发售与获取

5.5.1　招标文件的发售

招标人或招标代理机构在发售招标文件（含资格预审文件）时，应注意以下几点：

1. 应给投标人留有充分的时间

法律规定，资格预审文件或者招标文件的发售期不得少于5日。一般情况下，招标人或招标代理机构都能遵守这个规定，但当招标人对资格预审文件、招标文件有澄清甚至有多次澄清时就容易犯错。有时招标人为赶时间，会以项目紧急为由，经常忽略这个时间限制。如果资格预审文件或招标文件的发售、澄清、修改的时限不符合法律的规定，将由有关行政监督部门责令改正，同时，可以处10万元以下的罚款。

因此，为了不影响招标项目的进行但又不违反国家法律法规，应对招标文件进行认真编制，尽量减少招标文件的澄清和修改。

目前，有的地方由于实行了电子招标，招标文件都由潜在投标人在网上交易平台自行获取，并不限制投标文件获取时间，在投标截止时间前潜在投标人都可以从网上交易平台获取招标文件。但是，潜在投标人从可以获取招标文件之日起到投标截止时间止仍然要求不少于20日。因此，那种在网上随时可以获取招标文件，第二天就截止投标反而是错误的。法律规定招标文件发售期不得少于5日，是为了保证潜在投标人有足够的时间获取招标文件，以保证招标投标的竞争效果。因此，为了更多地吸引潜在投标人参与投标，招标人在确定具体招标项目的资格预审文件或者招标文件发售日期时，应当综合考虑节假日、文件发售地点、交通条件和潜在投标人的地域范围等情况，在招标公告中规定一个不少于5日的合理期限。

2. 招标文件的发售时间和地点

招标人应当按照资格预审公告、招标公告或者投标邀请书规定的时间、地点发售资格预审文件或者招标文件。招标人不能在招标公告规定之外的时间和地点发售招标文件。

3. 招标文件的发售不能牟利

招标人发售资格预审文件、招标文件收取的费用应当限于补偿印刷、邮寄的成本支出，不得以营利为目的。那种动辄以数千元起步的招标文件，以收费牟利为目的的招标文件发售，是法律禁止的。当前，随着电子化招标投标的发展，以及对招标文件发售环节的监管，很多地方已完全取消招标文件的收费，这对投标人来说，是一个可喜的趋势。

5.5.2 招标文件的获取

招标公告应当载明获取招标文件的办法，方便投标人获取招标文件。值得注意的是，若招标人终止招标，应当及时发布公告，或者以书面形式通知被邀请的或者已经获取资格预审文件、招标文件的潜在投标人。

对于招标人来说，不得向他人透露已获取招标文件的潜在投标人的名称、数量以及可能影响公平竞争的有关招标投标的其他情况，因为这牵涉到公平竞争的问题。否则，将会被给予警告，可以并处一万元以上十万元以下的罚款；对单位直接负责的主管人员和其他直接责任人员依法给予处分；构成犯罪的，依法追究刑事责任。

5.6 本章案例分析

招标文件量身定做造成严重后果

1. 案例背景

某市的大堤堤基截渗工程，工程造价为8900万元，招标人为某水利管理中心，欲通过相关媒体对外发布公开招标公告。该水利管理中心领导的堂弟Y得知该水利管理中心招标的消息后，立即联系了11家水利工程施工企业（本市的7家，外地在本市备案的4家）商量，协议每家企业交纳报名资料费2000元，再获取资格预审资料并签订项目施工挂靠协议。

2020年11月，Y将投标资料递交至招标代理机构——某招标投标咨询有限公司。通过招标人打招呼，招标代理机构按Y掌控的11家企业已有的资格审查材料量身制作招标文件，随后发布资格预审公告和招标公告。在资格预审报名结束后，只有13家企业报名，在资格审查时仅有的两家外围投标人均被"清理"出局。最后，Y操纵让收取挂靠费最低的某县水利水电公司中标，中标金额为8896万元。Y向其他未中标的单位分别支付了15000~18000元的陪标费。

在施工期间，因Y不熟悉水利工程技术和管理，且挂靠单位技术力量薄弱，管理混乱，对挂靠的工程只管收钱，而对工程质量和安全从不过问。2021年，洪水冲毁了大堤，导致下游人民的生命财产受到严重损失。国家有关部门对该案进行了查处，并对相关责任人绳之以法，对其他相关部门也采取了相应措施，如省水利厅吊销了某县水利水电公司的施工资质，省工商部门吊销了其营业执照，没收其非法所得并处罚金，同时，还对参与围标的企业给予停止一年投标资格的处分，对参与的外市企业给予取消来本市投标的处罚。

2. 案例分析

此案既是围标串标的典型，也是招标文件量身定做的典型。此案中，之所以评标委员会能把工程评给Y所挂靠的公司，就是因为该工程的招标文件就是专门为他量身定做的。近年来，国家各级政府和部门对招标文件量身定做、明招暗定和倾向性、歧视性招标的查处越来越严，实践中类似的为关系户量身定做的招标文件越来越少了，但也没有根本杜绝。投标人弄虚作假，招标人或招标代理机构与投标人串通，通过内定标、外陪标，在制定招标文件时暗中偏袒，在评标中暗做手脚等非法手段，搞明招暗定的虚假招标。

在建筑工程领域，这些违法、违规行为严重扰乱了建筑市场的经营秩序。在本案例中，整个招标投标活动完全由 Y 操纵，中标价接近标底限价，既浪费了国家的财产，也造成了工程质量隐患。招标人和评标委员会选择技术力量薄弱、管理混乱、只管收钱、不顾工程质量和安全的施工单位，会导致大堤成为"豆腐渣"工程，一旦被洪水冲垮，下游人民的生命财产将受到严重损失。

为了防范类似情况发生，可以对招标文件进行审查，相关监管部门可以通过审查招标文件发现违规的蛛丝马迹。还可以在招标文件中取消资格预审，改为资格后审，因为资格后审不单由评委审查，在中标候选人确认期间还要由招标人或监管机构进一步审查。

当然，除了审查招标文件外，监管部门还可以通过其他途径发现此类违法问题。例如，在中标公示期间，招标人可以组成核查小组实地考察中标候选人；加强工程监理制度，工程监理人员的业务技术由协会管理，劳动工作关系由企业管理，职业道德水准由监察部门负责考核；招标代理和预算清单编制费用由财政直接支付，切断招标代理机构与招标人的经济业务关系；纪检监察和招标投标管理部门加强监管力度，尽量在事中发现许多串标、围标迹象，并跟踪监察以杜绝事情的进一步发展。

因招标文件过严造成有效投标人少于 3 家而流标

1. 案例背景

2017 年 6 月，H 招标代理机构受 G 市交通局委托办理办公大楼工程施工（1 幢 8 层，建筑面积为 16817m^2，含土建、装修、幕墙、机电、消防、安防、电信网络、大楼周边道路绿化等）项目招标投标事宜。招标人以两次公开招标均因有效投标人数量不足 3 家而失败为由，向 G 市招标投标监督管理机构递交申请报告，要求以直接发包方式确定施工单位。

2. 案例分析

经分析发现，此案就是典型的因招标文件编制得不科学、不严谨和条件太苛刻造成有效投标人数量不足而流标的事例，且这些规定违反了国家的法律法规和有关招标投标制度、文件等。国家明确规定，招标人不得脱离招标项目的具体特点和实际需要随意、盲目地设定投标人要求，不得设定与招标项目具体特点和实际需要不相适应的资质资格、技术、商务条件或者业绩，不得要求经营者在本地注册设立分支机构，在本地拥有一定办公面积，在本地缴纳社会保险等，限制或者变相限制外地经营者参加本地招标投标活动。

在实践中，笔者也多次发现此类问题，因为招标文件规定的资质、时间、条件太苛刻，造成投标人有效竞争不足，既耽误了业主的工作，也造成了资金的浪费。

经分析后发现，本案例中的招标文件规定，投标单位必须满足以下条件：

1）具备房屋建筑工程施工总承包一级、市政工程一级、装修及幕墙二级、机电设备安装一级或以上资质；具备 G 市建筑企业和工程中介机构登记备案证书，且在有效期限内；具有安全生产许可证等。

2）拟委派驻本工程的项目经理或建造师必须具备一级资质，且具有项目负责人安全考核合格证，近三年内在本企业本地担任项目经理完成过一个以上的同类工程并获得省优质样板工程；企业三类人员均取得有效的安全生产合格证书；在近三年内，企业在G市完成过质量合格且与该招标项目类似的工程三个或以上（已验收合格的房屋建筑工程施工面积在 $17000m^2$ 以上）；近三年内无重大安全事故、质量事故等。

3）企业财务状况良好，2013—2015 年的资产负债率均不超过 40%（以投标申请人提供的 2013—2015 年企业财务审计报告为准）。

可见，本案例中招标文件的内容还是比较周密的，但条件太苛刻，这是造成流标的主要原因。并且，招标文件提出的这些条件依据不足，满足条件的潜在投标人数量太少，存在排斥潜在投标人的问题，只能要求重新修改后再发布招标公告。

进一步分析发现，这份招标文件有些规定互相矛盾，例如：

1）相关法律规定：取得施工总承包资质的企业，可以承接施工总承包工程；施工总承包企业可以对所承接的施工总承包工程内各专业工程全部自行施工，也可以将专业工程或劳务作业依法分包给具有相应资质的专业承包企业或劳务分包企业；取得专业承包资质的企业（以下简称专业承包企业），可以承接施工总承包企业分包的专业工程和建设单位依法发包的专业工程；专业承包企业可以对所承接的专业工程全部自行施工，也可以将劳务作业依法分包给具有相应资质的劳务分包企业。因此，招标文件中要求投标人既具备房屋建筑工程施工总承包一级资质，又具备市政工程一级、装修及幕墙二级、机电设备安装一级等专业承包资质，不符合规定。

2）《注册建造师执业工程范围》规定，一级注册建造师可担任大、中、小型工程施工项目负责人，二级注册建造师可以承担中、小型工程施工项目负责人。该招标工程项目负责人要求具备一级建造师资质，属于要求过高。并且，近三年内在本企业本地担任项目经理完成过一个以上的同类工程并获得省优质样板工程的要求，也没有法律依据。

3）要求投标人具有有效的 ISO9001 质量管理、ISO14001 环境管理、OHSMS18001 职业健康安全管理体系认证，有重合同守信用荣誉证书和银行信用等级证书，上一年度有获得省优质的样板工程，这些规定的依据不足。上述内容虽然能体现企业的管理体系健全程度和管理水平以及社会信誉程度，在优选投标人时可以作为参考和评分依据，但不能作为必备条件。

4）项目经理、施工员、质量员、安全员、资料员必须符合申领施工许可证的要求，这个要求可以提出，但要求他们必须是本公司的员工且在职 2 年以上（以有效的社保职工名单为准）就有些苛刻了。因为近期入职新员工同样可以担任五大员岗位，招标文件的规定与人才流动和建筑工程特点不符。

5）要求企业财务状况良好，且 2013—2015 年的资产负债率均不超过 40%，这个规定也太过严苛，实际中建筑施工企业连续三年的资产负债率均不超过 40% 的较少。

因此，从以上的分析可知，能达到此类条件的企业基本上不可能存在，本案例中的工程流标也就毫不奇怪了。笔者认为，在本案例中，要使招标文件规定合理和使招标能顺利进行，除企业的资质等级、项目负责人的资格等级、安全生产许可证、营业执照、税务登记证、组织机构代码证及法律法规规定的其他应具备的条件外，其他都不能作为资格预审的必备条件。

售价 2000 元的招标文件

1. 案例背景

某省某造价不到 300 万元的公路养护项目，招标代理机构发布招标公告，规定每份招标文件售价 2000 元。招标公告发出后，竟然有 60 多家施工公司作为投标人购买招标文件。招标代理机构仅在招标文件购买环节就共收费近 12 万元，并将其归为己有。招标工作完成后，没有中标的投标人向有关部门投诉。有关部门经过调查后认定这家招标代理机构存在通过售卖招标文件牟利的严重违法行为，遂作出相应的行政处罚。

2. 案例分析

一些招标代理机构利用和投标人的不对称地位，大肆出售招标文件牟利，损害了投标人的利益。笔者发现，某些大型的招标项目，每份招标文件竟然收费 5000 元，理由是有设计图纸；对于一些比较薄的招标文件，招标机构为了牟利，会附带出售光盘，收费达上千元；还有的项目，招标人（业主）在发售资格预审文件时漫天要价，招标代理机构广为发售，买者不下上百家，仅此即可收入数万元乃至数十万元，且不出具税务局制发的发票，有些甚至是收据或白条。而投标人为了中标，明知没有办法抵制招标代理机构的这种行为，也只能忍气吞声。投标人的这种默认行为，反过来也助长了招标代理机构的气焰。

《中华人民共和国招标投标法实施条例》第十六条规定："招标人发售资格预审文件、招标文件收取的费用应当限于补偿印刷、邮寄的成本支出，不得以营利为目的。"

就本案例来看，收取 2000 元的招标文件编制费显然过高，有明显的牟利目的，因此行政监督机构的查处行为是适当的。

近年来，随着电子招标的推广和招标投标领域"放、管、服"改革的推进，很多建设工程可以网上免费下载招标文件。即使是纸质招标文件，在报名环节或获取招标文件环节的乱收费行为也基本杜绝了。

思考与练习

1. 单项选择题

（1）招标文件的发售时间不少于（　　　）。

A. 3 个工作日　　　　　B. 5 个工作日　　　　　C. 3 个日历日　　　　　D. 5 个日历日

（2）招标人对已发出的招标文件进行澄清或者修改，应在投标截止时间至少（　　　）前。

A. 3 个工作日　　　　　B. 5 个工作日　　　　　C. 15 个日历日　　　　　D. 5 个日历日

（3）依法必须进行招标的项目提交资格预审申请文件的时间，自资格预审文件停止发售之日起不得少于（　　　）。

A. 3 个工作日　　　　　B. 5 个工作日　　　　　C. 15 个日历日　　　　　D. 5 个日历日

（4）下列关于招标文件有关投标人资格的规定的说法，正确的是（   ）。

A. 可以要求投标人在本地注册设立子公司、分公司或分支机构

B. 可以要求投标人在本地拥有一定办公面积

C. 要求投标人必须在本地缴纳社会保险

D. 不得限定潜在投标人或者投标人的所有制形式或者组织形式

（5）下列关于编制标底应遵循的原则的说法，不正确的是（   ）。

A. 工程项目划分、计量单位、计算规则统一

B. 按工程项目类别计价

C. 应包括不可预见费、赶工措施费等

D. 应考虑各地的市场变化

（6）下列关于招标人自行招标的说法中，不符合《工程建设项目自行招标试行办法》规定的是（   ）。

A. 招标人应当具备编制招标文件和组织评标的能力

B. 拥有 5 名以上专职招标业务人员

C. 一次核准手续仅适用于一个工程建设项目

D. 应当自确定中标人之日起十五日内，向国家发展和改革委员会提交招标投标情况的书面报告

2. 多项选择题

（1）招标文件收取的费用应当限于（   ），不得以营利为目的。

A. 补偿印刷成本支出   B. 补偿邮寄的成本

C. 补偿电话费的支出   D. 补偿办公费的支出

（2）招标文件中必须载明的内容有（   ）。

A. 评标方法   B. 开标时间和地点

C. 投标保证金   D. 投标有效期

（3）根据《中华人民共和国招标投标法》，必须由招标人或者招标代理机构在开标之前完成的工作包括（   ）。

A. 发布招标公告

B. 编写招标文件

C. 招标文件澄清（如有）

D. 组织现场踏勘（如有）

（4）根据《工程建设项目施工招标投标办法》，招标代理机构（   ）。

A. 不得无权代理、越权代理，不得明知委托事项违法而进行代理

B. 不得在所代理的招标项目中投标或者代理投标，也不得为所代理的招标项目的投标人提供咨询

C. 未经招标人同意，不得转让招标代理业务

D. 只能向招标人收取招标代理费

（5）根据《工程建设项目货物招标投标办法》，编制招标文件时（   ）。

A. 招标文件中规定的各项技术规格应当符合国家技术法规的规定

B. 招标文件中规定的各项技术规格均不得要求或标明某一特定的专利技术、商标、名

称、设计、原产地或供应者等

C. 不得含有倾向或者排斥潜在投标人的其他内容

D. 如果必须引用某一供应者的技术规格才能准确或清楚地说明拟招标货物的技术规格时，则应当在参照后面加上"或相当于"的字样

3. 问答题

(1) 建设工程招标时，由于招标文件编制得不科学、不严谨所带来的招标风险有哪些？

(2) 编制招标文件时，如何防止串标和围标等行为？

(3) 招标文件的组成内容包含哪些？

(4) 招标代理机构或招标人对招标文件进行澄清或修改，法律法规对此有哪些规定？

(5) 在建设工程的经济标文件中编制工程量清单时，应注意哪些方面？

4. 案例分析题

某市属投资公司投资的大型会展中心项目，基础底面标高为 -15.8m，首层建筑面积为 9800m²，项目总投资 2.5 亿元人民币，其中企业自筹资金 2 亿元人民币，财政拨款 5000 万元人民币。施工总承包招标时，招标文件中给定的土方、降水和护坡工程暂估价为 1800 万元人民币，消防系统工程暂估价为 1200 万元人民币。招标文件规定，此两项以暂估价形式包括在施工总承包范围的专业工程中，由总承包人以招标方式选择分包人。后甲公司依法成为中标人，并按招标文件和其投标文件与招标人签订了施工总承包合同。甲公司是一家有数十年历史的大型国有施工企业，设有专门的招标采购部门。总承包合同签订后，甲公司自行组织土方、降水和护坡工程以及消防工程的施工招标。招标文件均规定接受联合体投标，投标保证金金额为 20 万元人民币，其他规定如下：

(1) 土方、降水和护坡工程（标包 1）：投标人应具备土石方工程专业承包一级资质或地基与基础工程专业承包一级资质。

(2) 消防系统工程（标包 2）：某控制元件金额不大，但技术参数非常复杂且难以描述，设计单位直接以某产品型号作为技术要求，允许投标人提交备选方案。

在招标过程中，出现以下情况：

(1) 标包 1 中，某投标人是由 A 公司和 B 公司组成的联合体。A 公司具有土石方工程专业承包一级资质和地基与基础工程专业承包二级资质，B 公司具有土石方工程专业承包一级资质和地基与基础工程专业承包一级资质。

(2) 标包 2 中，某投标人是由 C 公司与 D 公司组成的联合体。双方按照联合体协议约定分别提交了 60%、40% 的投标保证金。在开标时，主持开标的人员发现，E 公司的投标文件及附录中，提供了两套方案及报价，一套为德国产品，一套为美国产品，其中美国产品的方案写明"备选方案"。

问题：

(1) 标包 1 和标包 2 是否属于依法必须进行招标的项目？甲公司是否可以自行组织招标？分别简要说明理由。

(2) 如果项目的招标组织形式被项目审批部门核准为委托招标，甲公司是否可以自行组织招标？简要说明理由。

(3) 标包 2 的招标文件对控制元件的技术要求是否妥当？简要说明理由。

思考与练习部分参考答案

1. 单项选择题

（1）D　（2）C　（3）D　（4）D　（5）D　（6）B

2. 多项选择题

（1）AB　（2）ABCD　（3）ABCD　（4）ABC　（5）ABCD

第6章

建筑工程的投标策略

当前，建筑工程招标投标市场和制度日趋成熟完善，市场竞争行为变得越来越规范化和理性化。特别是由政府投资的工程，几乎都需要通过投标才能获得工程业务。因此，对于建筑企业而言，重视投标就是重视业务、重视市场。如何提高中标率，如何在中标项目中实现利润最大化，不仅关系到企业的发展和效益，甚至关系到企业的生死存亡。本章将介绍建筑工程投标的各种技巧、策略，重点介绍投标策略的运用及注意事项，并通过案例分析总结投标策略的重要性。

6.1 组建良好的投标团队

投标要想成功，最重要的是要对招标投标高度重视，并充分了解国家和各省市有关招标投标的法律法规和政策。此外，还要有一个优秀的投标团队，能够统筹兼顾，考虑、应付投标过程中的各种复杂问题。投标工作是一项技术性很强的工作，有时还是一项非常紧迫的工作，需要有专门的机构和专业人员对投标的全过程加以组织和管理。建立一个强有力的投标团队是获得投标成功的根本保证。如果把投标比作一次战斗，则战斗中既需要有指挥能力的指挥员，也需要攻城略地的战斗员，而且还需要指挥员和战斗员结合良好。对于大型的投标，投标团队应由企业法人代表亲自挂帅，并配备经营管理类、工程技术类、工程造价管理类的专业人员，且团队成员必须经验丰富、视野广阔、勇于开拓，能够运用科学的研究方法和手段对各种问题进行综合、概括、分析，并作出正确的判断和决策。

对于大型企业，或经常参与大量投标的企业，应该设有常设性的投标机构和团队，来负责所有的投标工作，如投标部（或室、科、处）等投标机构。首先，人员数量上要配备得当，专业配合上要互补；其次，要有迅速反应的能力，以适应加班的需要，因为有些投标涉及的专业多，技术要求高，工程量大，从购买标书到递交投标文件的时间较短；最后，要有足够的敬业精神，有追求完美的企业文化，因为投标过程中的各种不可控因素很多，往往一些小的细节就可能造成废标（下文会论述）。因此，既要有宏观分析和决策能力的人来掌握投标决策，也需要很细心的人来具体操作。对于一些中型企业，也需要设立投标的常设机构，只是可以在人员上少一些，只有 3~4 人即可，平时他们主要负责收集投标信息、积累投标经验，负责总体协调工作，投标时再从其他部门抽调人员编写投标文件。

有些比较小的公司，可能无常设性的投标机构，如果有投标时，则临时组建或抽调人员组建投标团队，这就更需要有好的投标负责人，临时组建的团队更需要有团队合作精神。由于公司小，机构相对精干，需要有更好的激励措施去激励和管理投标团队。但是，如果无常设性的机构，获得招标信息的时间距离投标文件的截止日较近，靠匆促拼凑的投标团队仓促上阵，就很难做出合格的投标文件并中标，只会造成不必要的浪费。

不管是大的公司还是小的公司，一般来说，投标工作机构应有以下的成员来承担投标的职能：

（1）投标决策人　一般工程项目投标时由经营部经理担任，重大工程项目或对投标企业的发展有着重要意义的项目（如投标企业拓展进入一个新的市场、新区域的第一个项目投标）可由总经济师负责。

（2）技术负责人　由投标企业的总工程师或主任工程师担任，主要根据投标项目的特点、项目环境情况、设计要求制定施工方案和各种技术措施（如质量保证措施、安全保证措施、进度控制和保证措施）。

（3）投标报价负责人　由经营部门主管工程造价的负责人担任，主要负责复核清单工程量，进行工程项目成本单价分析和综合单价分析、汇总单位工程、单项工程造价和成本分析，为投标报价决策提出建议和依据。

（4）综合资料负责人　可由行政部副经理担任，主要负责资格审查材料的整理，投标文件中涉及企业的资料的组合，签署法人证明及委托，负责投标文件的汇总、整理、装订、盖章、密封工作。

各位负责人的小组要根据投标项目的情况配备足够的成员，完成具体的工作。各小组又要分成两个支组，一个支组负责编制，一个支组负责编辑审核。拟委派的项目部的技术、经济、管理人员要根据各自的岗位、专业情况分配到各小组中参与投标文件的编制，物资供应部门、财务计划部门、劳动人事部门、机械设备部门要积极配合，提供准确的资源配置数据，特别是在提供价格行情、工资标准、费用开支、资金周转、成本核算等方面为投标提供依据。

投标机构人员应精干，具有丰富的招标投标经验且受过良好的教育培训，有娴熟的投标技巧和较强的应变能力。这些人社会交际广、信息灵通、工作认真、纪律性强。在投标策划、投标技巧使用、投标决策及投标文件汇总定稿时，参与的人数最好严格控制，以确保投标策略和投标报价的机密性。

为了在建设市场竞争中获得胜利，投标单位应设投标机构，并及时掌握和分析建设市场动态，积累有关技术经济资料和数据，遇到招标工程，则要及时研讨投标策略，编制投标文件，争取中标。投标工作并非只由少数经济管理人员编制投标文件、从事报价即可，只有由投标单位主要行政、技术负责人和有关业务部门人员组成的强力团队才能胜任。

为了投标的准确性，必要时，可请有信誉的工程咨询公司编制投标文件。为了保守本单位对外投标报价的秘密，投标工作人员不宜过多，尤其最后决策的人员要少而精，以控制在本单位负责人、总工程师及合同预算人员范围之内为宜。

6.2　收集和分析招标信息

信息时代，信息成为投标企业发展所需的重要战略物资，作为一个即将参与投标的企业，建立功能强大、反应高效的信息资源库是十分必要的。投标人要对投标项目进行分析，首要的是要取得各种有效信息。这些信息，既有国际、国内的各种宏观经济政策信息，也有社会、经济环境法律信息，还有各地的省情、市情等信息，既有关于投标项目本身的信息，也有关于竞争对手的信息。只有事先掌握充分、准确、客观的信息，才能做好投标工作。

企业参与投标，首先要做的就是采集招标信息。如果招标人采用公开招标方式，会通过国家指定的媒体或网站发布招标公告。这是企业获得招标信息的重要渠道。随着我国市场经济的进一步完善，统一开放、竞争有序的招标投标市场环境正在逐步形成。建设工程招标投标领域营商环境是国家推进营商环境优化的重要内容，有些地方还增加了招标计划发布环节。例如，广州市于 2021 年 7 月发布通知，规定依法必须进行招标的项目应在公共资源交易平台或其他公共媒介向社会发布招标计划，发布时间为招标公告发布之日前至少 30 日。这些措施切实增强了招标工作的透明度。

投标人要有专门收集招标信息的人员和方法，并应订阅一些地方政府、工程交易中心、政府采购中心等网站、媒体所发布的招标信息。另外，从项目源头掌握招标信息也是一个应给予充分重视的途径。还应随时注意收集各方面的投标信息，积累投标经验，并结合企业自身的实际情况，作出比较科学和完整的投标评估报告，在全面分析投标信息后，提出建议供决策层判断。

与收集招标信息相比，对招标信息进行认真的过滤和筛选更为重要。这种筛选应以适用性、及时性、有效性为准则。在大量的招标信息中要选择适合自己投标的项目，以提高中标率，减少不必要的支出。一旦决定投标，就应立即组织好人、财、物，以确保投标工作的顺利进行。

6.2.1　社会、经济环境分析

1. 掌握政府宏观决策和各种法律法规信息

要对整个的社会、经济环境进行分析，要对政府的相关决策和法律进行分析，特别是要了解和掌握国家的重大方针政策和相关的招标投标法律、政府采购法律以及各部委制定的有关招标投标的条例等。要熟悉经济领域的法律法规、行业法规以及技术规范和行业标准，作为投标工作的行为准则。

要分析建筑材料、施工机械设备、燃料、动力、水和生活用品的供应情况、价格水平，还包括过去几年批发物价和零售物价指数以及今后的变化趋势和预测。

2. 分析当地省情、市情信息

要分析当地的投标市场是否规范和开放，是否有排外倾向；要分析当地的经济活跃程度和 GDP、运输条件和营商环境、配套能力和交通基础设施条件、劳务市场情况（如工人的技术水平、工资水平、有关劳动保护的情况），必要时还要分析项目业主或所在地的经济发展战略统筹决策等。

要分析该项目的完成能否为本企业打开局面，做好该项目是否能得到新的投标机会等。

3. 分析项目本身的信息和气候、自然条件

每个建设项目从得到招标信息到跟踪信息、参与投标直至签订合同都是一个系统的过程，在这个过程中任何一个环节都是相当重要的。对于野外作业的招标，如桥梁、隧道工程等，要特别注意调查投标项目的自然环境、气象、地质、水文条件等。投标环境直接影响工程成本，因而要完全熟悉掌握投标市场环境，能做到心中有数。投标环境的主要内容包括：

1）要分析招标工程项目本身的情况，如工程性质、规模、造价、技术要求、发包范围、工期，招标工程项目的资金来源是否落实；对购买器材和雇佣工人有无限制条件；工程价款的支付方式，合同条件是否苛刻等。

2）项目的场地、地理位置；地上、地下障碍物的种类、数量及位置；地下水位、冰冻线深度及地震烈度；现场交通状况（铁路、公路、水路）；给水排水；供电及通信设施；材料堆放场地的最大可能容量。

对于比较重要的工程，最好进行现场勘察，勘察项目包括施工场地的地形、地质、地下水位、交通运输、给排水、供电、通信条件等情况。

3）要分析工程的气象情况和其他自然条件，如年降雨量、年最高温度、年最低温度、霜降日数及灾害性天气预报的历史资料等。这些因素都会影响施工的进度和成本，要在成本分析中分析这些因素是否会带来优势，有无重大风险。

4）该项目所需的技术、机械设备、劳动力等，本企业能否满足其要求。施工的难度越大，所耗费用、人力、物力、财力越大。

投标企业一定要做好投标项目投标前的各种准备和筛选工作，不能毫无目的、不加选择，有信息就上，见标就投。在前期的信息跟踪过程中企业要了解项目的很多关键要素。

6.2.2　对项目业主进行分析

对工程项目业主的研究包括以下内容：

（1）**项目资金来源是否有保障，工程款项的支付能力情况**　要重点研究工程项目的资金是什么性质，资金是否落实，工程款项是否能够按时支付；还要研究业主的企业实力和社会信誉等。

（2）**研究业主的管理水平**　工程项目业主的社会信誉、技术能力、管理水平很大程度上决定着工程项目能否按招投标文件和合同顺利实施。有的项目业主技术和管理水平都很低，法制意识淡薄，又不讲道理，这样的项目业主将会使中标人的计划全部被打乱，给中标人带来不可估量的损失。

6.2.3　投标企业自身条件分析

投标企业投标时一定要掌握准确全面的信息、资源，选择适合自己企业资质和实力的、企业所擅长的、能够体现企业优势的项目来分析，还要结合投标企业的发展战略和主要有利条件来综合考虑，合理筛选后再决定是否参加投标。既不能贪大，超出自身实力去投标，因为投标"消化不良"容易造成失误而给企业带来不必要的风险和损失，也不能总是强调客观困难，面对蓬勃发展的建筑投标消极应付、无所作为，丧失良好的发展机遇。

对于承包难度大、风险大、技术设备和资金不到位的工程，以及边勘察、边设计、边施工的工程均要主动放弃，否则，有可能陷入工期拖长、成本加大的困境，企业的信誉、效益就会受到损害，严重者可能导致企业亏损甚至破产。但是，如果招标工程是本企业的强项，或业主意向明确，对可以预见的情况，如技术、资金等重大问题都有解决的对策，就应坚决参加投标。当企业无后继工程，已经出现窝工或部分亏损时，应该不惜代价，尽最大努力去投标，中标后至少可以使部分人员、机械减少窝工，减少企业亏损。但投标后要严格管理，以减少成本和风险。

在投标之前，企业还要对招标文件的内容进行严格评审，企业营销及投标人员要对本企业的优势和实际操作水平了如指掌，要通过对项目各种条件的认真分析，去伪存真，权衡利弊，制定合理的投标策略，以抓住主要矛盾，规避和化解项目运作风险。

投标人对自身条件的研究是投标研究的重要条件，一般来说，应研究以下几个方面的内容：

1）投标人应根据招标文件规定或工程规模情况，考虑企业的施工资质是否满足规定和需要。

2）投标人应研究分析项目负责人和项目部管理人员的专业素质、管理能力、工作业绩情况能否满足招标工程项目的管理、指挥、协调需要，若不能满足，能否及时招聘解决。

3）投标人应研究分析企业各工种技术工人数量和调配情况能否满足工程项目建设施工的需要，工人数量不足时，能否及时招募补充。

4）投标人能否对工程项目部实施有效的管理，管理方案是否可行。

5）投标人的机械设备、周转材料能否满足工程项目需要，不能满足时，在经济上、时间上能否及时解决。

6）根据招标文件说明，投标人的流动资金是否满足需要，是否有流动资金的计划方案。

6.2.4 投标竞争对手分析

俗话说，知己知彼，百战不殆。只有对竞争对手了如指掌，才能有针对性地战胜对方，使自己立于不败之地。要建立竞争对手的档案，特别是同行、同类投标单位的一些情况，包括法人代表、干部配备、技术力量、主要设备和经济实力，了解竞争对手的历史和现状，包括其投标经历、投标风格、投标特点和经营状况等。

要分析、研究竞争对手的投标报价，研究其对该招标工程的兴趣、意向，以及当前承担任务的情况，推算得出对方可能的报价。这是一项难度较大但很有实际意义的工作，如果能把对手的报价分析透，则可使自己的报价优于对手，既能够接近标底，又避免了为中标而压低报价，为中标后获得更好的经济效益提供了保障。当然，在对竞争对手进行分析时，最好结合历史记录，同时充分了解业主的习惯做法，特别是其评标、定标的做法和方式，确定业主可能接受的标底价，以便灵活调整自己的价格范围。

总之，投标企业在获得投标机会后，并非一定要投标，可经过可行性研究来决定是否参加投标。其研究的内容包括：

1）预估行业内有哪些竞争伙伴或对手，对竞争对手是否熟悉，竞争的激烈程度如何。

2）这些竞争对手的能力和过去几年内它们的工程承包业绩如何，包括已完成和正在实施的项目情况。对竞争对手要非常熟悉，包括这些公司正在实施的项目情况。有些公司对竞争对手非常熟悉，在后续公示业绩、项目负责人、技术负责人、获奖情况等资料时，一旦发现对手造假就可以质疑乃至举报，往往能给自己带来意想不到的效果。比如，有的投标人发现竞争对手的项目负责人或技术负责人已在别的正在实施的项目中履职，而该次招标要求项目负责人或技术负责人必须没有正在履职的其他项目，则投诉后可替补中标。

3）这些投标竞争对手公司的主要特点，其突出的优点和明显的弱点，包括在历次投标中的投标策略、方法、手段等。

6.3　投标策略

6.3.1　投标策略的重要性

投标策略在国外是作为一门学问来研究的，最终目的是怎样用最小的代价取得最大的经济效益。建筑工程投标是一项系统工程，是极其复杂的、具有相当风险的事业。在瞬息万变的工程市场中，投标竞争不仅决定于竞争者实力的大小，而且也取决于竞争的策略是否正确。其成功与否，主要在于经营管理，而经营管理的重点是决策。竞争策略是投标人经营成败的关键，已为很多有经验的投标人所验证。

投标策略是投标过程的关键性环节，对招标投标双方都有重要的意义。对招标单位而言，通过选择合适的中标方案，可达到确保工程质量、降低工程造价、缩短建设工期、提高经济效益的目的。对承包商而言，通过投标活动，可以促使企业抓管理、上水平、提高社会信誉和竞争力。投标是建筑业主要的竞争方式，承包商通过投标竞争，确定为什么样的用户，在什么样的生产条件下，生产什么样的建筑产品，并得到最大的利润。

但是，有些投标人不靠自身实力谋求中标，而热衷于走关系，破坏了社会风气，造成不良的影响，应予杜绝。实际上，所谓投标策略，最根本的还是靠投标人的实力和投标技巧。投标策略虽然非常关键，但是对投标只起辅助作用，或者说，只是使投标人的实力发挥至恰到好处，使投标更具针对性而已。

6.3.2　与评标方法相结合的投标策略

一般的建筑工程招标，在招标文件中都会提供评标方法或详细的评分细则。投标人在制定投标策略时，一定要根据各种评标方法的特点，在投标文件中有针对性地进行策划。实际上，每种评标方法都是有漏洞的，不可能没有缺点，利用评标方法的特点或漏洞进行策划，可以起到非常良好的效果。

1. 综合评分法

综合评分法是目前在国内应用比较广泛的评标方法，在部分建筑工程招标及几乎大部分建筑设备招标中大量使用。这种评标方法，对招标人来说，最能体现其招标意图，使其买到称心如意的产品或服务，运用起来灵活性较强；对投标人来说，能体现其综合实力或对投标项目的资源提供能力。这种评标方法实际上是将各种评审项目的分数累加，有这项就可以得分，这项的资料优就得高分。投标人只要尽量有针对性地提供有效的证书或证明资料，尽可能满足招标文件，就可以大大增加中标的概率。例如：对于注重售后服务的工程或建筑设备来说，售后服务的权重就会比较大，对这样的投标，只要加大售后服务承诺的力度（实际上中标后未必需要那么大的售后服务力度），超过招标文件的要求，那么售后服务这块就优于招标文件了，就可以得到最高分。还有一些招标项目，交货期比较长，投标人只要组织得当，完全可以做到比招标文件提前 4~5 天，但是只要提前哪怕 1 天，其商务条件就优于招标文件。

在这种评标方法中，投标策略运用得当也能使高价投标战胜低价投标成为可能。这种情况的产生主要取决于两方面的因素。一方面是招标人的倾向。对于注重产品质量的招标人来说，在评分方法中会相应提高质量、品质的权重，而降低价格的权重。同理，如果招标人注重价格，在评分标准中质量和价格所占的权重就会发生逆转，低报价中标的可能性就较大。因此，在招标人注重产品质量的情况下，某个证书或许抵得上 10 万元的投标报价，因为提供了某个证书，技术分或商务分就可以提高几分或几个百分点，相当于报价也可以提高几个百分点，如果该招标项目有几百万乃至上千万的规模，则某个证书抵得上 10 万元的投标报价完全有可能。

另一方面，在价格权重不大的综合评分法中，使用低价就未必非常明智。因为价格所占的权重小，除非大幅度降价，否则小幅降价意义不大，对总分的影响甚微，而低价则会影响某些评委对自己的印象，因为低价可能意味着品质稍差，所以很多评委在技术评审时就给高报价打高分，给低报价打低分，高报价反而有可能中标。

2. 价性比法

价性比评标方法也是建筑工程或建筑设备招标常用的评标方法。价性比评标法就是按照性价比最优的原则来选定中标人的方法。与综合评分法不同的是，价性比评标法有第二次开标的问题。虽然这种评标方法中价格是非常重要的因素，甚至是决定能否中标的关键因素，但是这种投标也需要有正确的策略，因为有的价性比评标方法中第一轮先进行技术、商务评分，若不能进入下一轮评审，价格再低也没有意义。何况，对于一个上千万的工程招标来说，如果性能分能高几分，那么在同样的条件下，报价就可以多几十万元，经济效益十分显著。

在实践中，使用价性比法评标时，除非某投标人的报价非常低（有可能被质疑为低于成本价），否则价格最低的投标人往往不是中标者，通常会依据招标文件的要求从技术、价格、实力三方面来综合评审后，通过考核打分决定。

价性比评标法无疑是一种比较科学的评标方法。但是，这种评标方法的主观性比较大，投标人更需要投入较多的精力去研究投标策略。

下面通过一个实际案例来阐述这种评标方法的投标策略。某市地铁轨道车、牵引车、接触网作业车三个招标同时举行，投标人都是相同的 A、B、C 三家公司，评标方法为价性比法。按照招标评审规则，一家公司可以同时中这三个标（兼中兼得）。A、B、C 三家公司的实力和财务数据见表 6-1。A、B、C 三家公司的评审结果见表 6-2。我们来分析 C 公司的投标策略。

表 6-1　A、B、C 三家公司的实力和财务数据

公司	总资产/万元	总负债/万元	存货/万元	流动资产/万元	流动负债/万元	资产负债率	速动比率	营业额/万元
A	132998	60802	21080	72053	60802	0.46	0.84	108652
B	50453	40063	14056	43505	40063	0.79	0.74	69142
C	5729	3774	2055	5635	3774	0.66	0.95	796

2

表 6-2　A、B、C 三家公司的评审结果

项目	轨道车			牵引车			作业车		
公司	A	B	C	A	B	C	A	B	C
性能分	82.86	73.71	79.51	87.20	79.59	68.00	79.19	86.16	81.06
投标价/万元	4112	3040	4909	6416	6400	5632	5100	5360	6649
价性比/（万元/分）	49.63	41.25	61.74	73.57	80.41	未进入价性比	64.40	62.21	82.02
排名	2	1	3	1	2	—	2	1	3

　　A 公司成立时间最早（在 20 世纪 50 年代成立），属于老牌的大型国企，实力最强，经营良好，资产负债率最低，总资产、营业额都是三家公司中最高的。另外，A 公司的声誉最好，在行业内的名气最大，业绩最多。B 公司成立时间不过 20 年，地处中西部地区，也是国企，实力和经营状况次之，技术力量一般。C 公司是 2019 年成立的新公司，资本力量薄弱，因为刚成立，业绩不多，极需要通过中标来发展业务，但该公司属于合资公司，技术力量也不弱。实际评审结果（见表 6-2）出来后，可以看出，并不是技术、资本、业绩强的就能中标，也不是低价就能中标，跟投标策略的运用有很大关系。

　　从表 6-2 可以看出，C 公司的投标策略是失败的。按理说，C 公司技术力量也不差，在三个标中，除了一个标的性能分低于 70 分未进入价性比排序外，在其他两个标中，性能分都不是最低的。但是，C 公司的报价是有问题的。在牵引车招标中，C 公司哪怕报价最低，却没有资格进入下一轮评审。而在轨道车、作业车招标中，C 公司的性能分都在中间，但是报价最高，最终也失去中标资格。

　　实际上，这三个标的利润都很大，C 公司刚成立，也迫切需要此次中标来求生存。在此次招标中，三个标，三家公司，竞争一点也不激烈，C 公司完全可以通过调低实力最强的那个标的报价或利润最大的那个标的报价来获取中标。

　　此外，A 公司的投标策略相对它的实力来说，也谈不上很成功。A 公司技术力量、资本力量、人力、物力都是最强的，在性能得分方面，A 公司在三个标中有两个标的得分都是最高的。而在报价方面，只有在牵引车招标中最高，且与 B 公司非常接近，相差不到千分之三（可以忽略不计），但 A 公司最终只中了牵引车这个标。B 公司的实力、业绩都一般，但是投标策略最成功。例如，在轨道车招标中，B 公司的性能分最低，但 B 公司的报价远远低于 A、C 公司，最终获得了中标。在作业车投标中，B 公司的报价不是最高，但性能分最高，所以 B 公司以微弱优势中标。由于同时中两个标，B 公司在轨道车招标中"损失"的利润，完全可以在作业车招标中挽回来。综观此次投标，B 公司是最大赢家。

3. 二次平均法

　　二次平均法是建筑工程中常用的评标方法。这种评标方法的投标策略，主要还是在投标报价的运用方面。这种评标方法下，投标人的报价既不能太高，以免超出最高限价而废标，也不能低于底价或成本价。一些招标文件明确规定，最低报价不能低于最高限价的 60%，因此要认真阅读招标文件。

　　二次平均法的算法决定了报价的策略。一般情况下，一次平均价的算法都差不多，有的

是简单地取有效投标人的报价进行价格平均，有的是去掉最高和最低报价后再进行价格平均，关键是要看第二次平均价的算法。如果二次平均价是一次平均价与有效报价中的最低价平均，则一般是进入二次平均法评标中的次低或第三低投标价中标，最高和最低报价一般都不可能中标。如果二次平均价的算法中有浮动系数，而该系数是随机抽取的，则随机性比较大。但是，无论是哪种情况，在这种评标方法下，一般来说报价最低或最高的投标人中标的可能性不大。

其实，各种评标方法都是有漏洞的，每种评标方法有其相应的对策。限于篇幅，本书仅介绍了这 3 种评标方法的投标策略。作为投标人员，若要制定出合适的投标策略，一定要认真阅读评标方法，最好作几次模拟报价，自己先进行推演评标。

6.3.3　与投标项目特点相结合的投标策略

在建筑工程招标中，各种招标项目都有各自不同的特点。无论是施工、勘察设计、监理投标，还是建筑设备投标，对应的投标策略都是不同的。因此，要结合投标项目的特点进行投标策略研究，才可以收到良好的效果。

1. 勘察设计类工程的投标策略

勘察设计类工程的投标策略应侧重于技术和创意。这样的投标中，投标人最好以业绩来证明自己，拿过往的业绩、奖项证明自己的实力是最有分量的。而且，对勘察设计类工程的招标，业主一般并不太看重报价。因此，作为投标人，一味压低价格，其效果可能适得其反。

对勘察设计类工程的投标，投标策略在于提升投标企业的实力，不断提高企业和员工自身的综合素质。勘察设计类工程的招标，一般不会以勘察设计费投标报价为主要定标因素，因为现行的工程勘察设计费只占整个工程造价的 5% ~ 10%，而设计质量的好坏对工程造价的影响则远比勘察设计费大得多。越是大型、复杂的项目，设计的优劣对造价影响就越大。目前，有的地方注重"精品工程""样板工程""形象工程"，那么，招标人就会更加重视勘察设计的技术和创意。有的设计招标中，甚至只要投标能入围，还可以得到一笔数量不菲的设计费。

因此，对勘察设计类工程的投标，总的投标策略是投标人的投标文件应在实质上响应招标文件的要求，并着重展示技术能力，包括投标人拟投入勘测设计的项目人员及设备仪器，投标人拟投入本工程的项目负责人及技术负责人的资历、经验，投标人拟采用的勘测设计新技术、新方法、新设备，投标人的勘测设计资历、信誉及获奖情况等。此外，还应对设计期间的服务及施工期间的后续服务、工程技术设计方案的优劣、投资估算的经济性和合理性、设计进度计划、勘测设计技术方案的比较选择等进行策划。

就项目本身来说，应该通过技术比较、经济分析和效果评价，力求在技术先进的条件下追求经济合理，在经济合理的条件下确保技术先进，并在满足项目功能的前提下，注意设计理念的科学与统筹，以最少的投入创造最大的经济效益，真正实现经济效益、社会效益与环境效益相统一。

对勘察设计类工程的投标，一定要在弄清楚业主的意图和要求后，把项目的可行性研究、勘察、设计、材料、设备采购等方面的工作做足，最好能在投标之前去现场勘察，多与业主接触，充分理解业主对工程项目的需求，并通过设计方案将其全面表现出来，与业主一同沟通、确定。

2. 土建施工类工程的投标策略

土建施工类工程的投标比较特殊，竞争非常激烈，是几种工程招标中竞争最激烈的。土建施工类工程的投标除了根据评标方法和公司战略外，还特别需要根据建筑工程的特点来决定投标策略。施工的难度和效益跟气候、地质、水文条件的关系很大，很多不确定性因素往往取决于工程项目本身。

决定工程施工投标策略的自身条件有：一看对该投标项目需要的主要技术力量（包括技术指导和技术操作人员）的数量和质量是否有特别要求；二看投标企业现有技术设备和能力是否能适应招标工程的需要；三看对投标项目的了解程度，要预计可能需要修改设计的情况及需要补充设计的工作量；四看投标企业主要领导人对投标项目的熟悉情况和管理人员的经验；五看招标单位的供货条件（包括品种、数量和供货时间）、主要器材及社会商品可供应情况；六看中标后，对推进本单位技术进步、提高企业信誉和谋求新的中标机会的影响；七看建设市场的竞争情况，重点了解报名参加投标的对手单位的技术、经济实力和本单位的差距；八看过往承担过的类似工程的施工和管理经验是否适应本次招标项目，最重要的还是企业的质量保证和质量信誉是否能得到对方的认可。

对比较重大的施工投标，要特别注意经济风险、技术风险和自然风险。要分析当前国家经济发展趋势对该项目的影响，哪些领域的建设是国家对该地区投资的重点和热点。要认真研究自然风险，分析该项目所在地的气候、水文、地质条件和其他自然环境因素对投标及将来中标后施工的影响。要注意技术风险，分析该项目中高、大、精、尖工程的科技含量给施工承包方技术能力要求所带来的风险。将以上复杂的风险分解为若干层次和要素，进行比较、判断和计算，得到不同风险的权重，对风险应对和风险转移做到心中有数，从而确定该投标项目的可行性，制定相应的投标策略。

对于施工类工程，如果对项目调查不够，对地理、水文、地质、气候不熟，那么中标也会给企业带来极大的隐患，尤其是低价中标更加如此，往往费力不赚钱。例如，广州某施工企业本来经营良好，公司发展如日中天，在某次投标中，顺利中标了某地块的施工工程。中标后，公司顺利开工，但不久后该项目地基出现严重塌方事故，工期被拖，该公司还被广州市建委通报批评并罚款，业主最终放弃了该项目。该公司对此项目的赔偿金额超过千万元，最终公司破产清算。原因是该施工工程的地质条件不好，而且是在地铁上方施工，非常容易出现塌方。这就是工程投标策略失误的结果，没有详细调研，也没有足够的技术力量。

对施工类工程的投标，要注意以下几点：对招标单位的分析与评估，如招标单位近期经济效益是否良好，资金是否雄厚，是否提出承包商垫资要求，对工程报价要求是否十分苛刻；该工程地质条件如何，地下部分各种管线是否复杂，是否临街，基坑的施工要求是否很高；施工场地是否狭窄，是否地处繁华地段，施工现场平面布置是否困难，业主提供的施工条件怎样。

3. 机电安装类工程的投标策略

机电安装类工程的投标策略总体上跟土建施工类工程相类似，只是机电安装类工程的技术要求没有土建施工类工程高，风险、成本相对容易预见和控制。目前，机电安装类工程的招标、评标方法不尽相同，虽然国家及一些主管部门发布了一些有关的招标投标管理办法、招标文件及范本，但是要提高中标机会，依然是要研究招标文件，依照招标文件的要求去确定投标策略。

机电安装类工程的投标策略可以归结为以下几点：

（1）**透彻理解投标文件，合理安排人员**　获取招标文件后，首先要认真阅读投标须知、技术规范和设计文件，若有需要澄清的问题，应及时以书面形式向招标人提出。要全面分析招标文件的内容，包括业主的意图、报价要求、合同条件、评标原则及准备提交的资料（如银行保函、资质证明等）。如果机电安装类工程涉及面广、技术要求高、难度大、时间短，就需要投标单位根据职员的特长建立完善的人才库，根据工程的内容合理安排负责人员，以便量标而用，做出更合理的投标文件。

（2）**应符合招标文件要求，争取入围主动权**　在详细评标之前，评标委员会会初审投标文件是否实质符合招标文件的要求，是否属于有效投标文件。因此，投标文件一定要符合招标文件的相关条款，否则投标将被拒绝，丧失进入下一环节的评审资格。

（3）**抓住重点，编写好技术标书**　技术标书的编制，要求编写人员有丰富的现场施工经验和应变技巧，已对该评分项目进行全面的分析，已现场勘察并了解周围环境。在编写技术标书时，要考虑以下几个问题：

1）对主要竞争对手的分析与评估。对手企业实力如何，是否具备较好的技术素质，在建筑界是否有较高的声誉；对手与业主是否有交往经历，是否在场地或技术措施上具备有利条件。

2）自我分析与评估。计算报价的原则是：必须对技术方案进行反复论证，在人员配备、施工进度、取费标准和该取的利润与施工管理费等方面想方设法降低造价，以使工程报价优于竞争对手。

3）在确定工程工期时，必须首先核算招标单位要求的工期和定额工期的差距，根据所了解的主要竞争对手的情况和业主要求，分析本企业争取到工期缩短的可能性。所选定的工期目标必须优于对手，并尽量满足业主要求，才能提高中标率。实际上，缩短工期是一种非常好的投标策略。例如，某机电安装项目，招标文件规定的工期为 120 个日历天，只要投标人控制得好，一般是可以提前几天乃至半个月完工，特别是那种业主有急切要求希望工期能提前的，往往还会提供奖励。

再如下面这个案例，就是以缩短工期的方法获得中标的。某机电安装公司针对某高校实验室及办公室机电安装与装修工程投标，该公司通过认真阅读招标文件发现，该工程处于大学城校园内，要求文明施工，对噪声、扰民等方面特别敏感，且该校利用暑假进行机电安装和装修，要求开学后就能投入使用，对时间的要求比较紧（工期为 60 天）。招标文件规定，每提前竣工一天，奖励 3000 元，每推迟竣工一天，则罚款 1000 元。该公司研究后，决定采用比较低的价格，同时在文明施工方面作出非常具体的承诺，在措施费用方面加强说明，所损失的费用由提前竣工的奖励来补偿。最终，该公司的方案打动了所有评委，如愿以偿得以中标。

4. 监理类工程的投标策略

监理公司类似于管家，有时甚至代表业主来监督建筑工程，类似于项目管理公司。因此，监理类工程投标总的要求是服务好，要在投标文件中明确可提供的服务承诺。监理公司要以业主的角度去监督工程，替业主管好工程项目。

监理公司要中标，最主要的投标策略是在服务范围、服务质量、服务深度方面加强。与其他类工程投标不同的是，监理类工程投标的投标报价基本上体现在人工费用、办公费、车辆费等，所需要的机械、设备类的费用很少。监理类工程投标时，投标文件中的施工技术建议书和财务建议书尤为重要。施工技术建议书是评标委员会自始至终要考察对比的一个重要部分。财务建议书中的投标报价代表着投标监理单位的最终竞争能力与水平。熟悉招标文件、了解评标方法是增加中标机会的首要条件，并要在保证工期和工程质量的前提下，以最低成本完成业主委托的服务合同。

下面举例说明监理类工程的投标策略。××区政府机电安装工程监理招标，采用综合评分法进行评标，共有6家监理单位参加了投标。按照招标有关规定，招标人组织专家对各投标人递交的资格预审申报资料表进行符合性、资格性审查，对其中达不到符合性和资格性标准的两家监理单位进行否决，其余4家投标人进入下一轮评审。由于评标采用综合评分法（百分制），技术、商务、价格分别占40分、20分和40分。最终，某公司以绝对优势胜出，顺利中标。该公司的资质最高，项目经理优势突出，管理人员、技术人员数量齐全，监理方案合理，因此技术得分最高。同时，该公司荣誉奖项多，监理业绩多，履约能力强，商务得分也高。最后，该公司报价虽然较高，但因为是综合评分，总得分还是最高。

6.4　投标策划

投标策略是方法和手段，投标策划是动作和行为。投标人为了增加中标的机会，必须根据对招标文件的理解对项目信息进行调查研究。投标人要结合企业的自身情况，采用适当的技巧和策略，才可以达到出奇制胜的效果。反过来说，如果投标人在投标阶段就认真、细致、主动地进行投标策划、周密准备，也能为将来项目中标后在项目实施运作和完成合同约定等方面提供坚强的保障。

6.4.1　投标策划的依据

建设工程的投标策划，其依据包括国家的招标投标法律法规及各种规章等宏观方面的规定，社会层面的宏观数据（如市场、经济条件等），招标公告、招标文件等各种微观依据与资料，投标人自身的情况及条件等。这些依据具体包括：

1）对招标文件、设计文件的理解和研究。

2）熟悉和精通有关法律法规及规范。

3）深入了解招标工程项目的地理、地质条件和周围的环境因素。

4）招标项目所在地的材料、设备价格行情，劳动力供应情况及劳动力工资情况。

5）业主的信誉情况和资金筹措到位情况。

6）投标人的企业内部消耗定额及有参考价值的政府消耗量定额。

7）投标人的企业内部人工、材料、机械的成本价格系统资料的情况。

8）投标人自身的技术力量、技术装备、类似工程承包经验、财务状况等各方面的优势和劣势。

9）投标竞争对手的情况及对手常用的投标策略。

投标人只有全面掌握与投标工程项目有关的信息、资料，才能作出正确的投标策划，采用恰当的投标技巧和策略，使投标人自身的核心竞争力和比较优势得到充分发挥，从而在投标中获胜。

6.4.2　投标策划的方式

1）从投标性质考虑，投标策划时可分为风险标和保险标。

风险标是指投标人明知工程承包难度大、技术要求高、风险大,且技术、设备和资金上都有未解决的问题,但考虑到已近尾声的临近项目的人员、设备、周转材料暂时无法安排调遣,或因为工程盈利丰厚,或为了开拓新技术领域而决定参加投标,同时设法解决存在的问题。投标后,如果问题解决得好,既可取得较好的经济效益,又可锻炼一支好的施工队伍,使企业更上一层楼;解决得不好,企业的信誉和经济将受到严重损害,严重者可能导致企业陷入经营困境甚至破产倒闭。风险标的决策必须作好风险预警和应急备案,还必须谨慎从事。

保险标是指投标人在技术、设备和资金等重大方面都有解决的对策。若企业经济实力较弱,经不起失策的打击,最好投保险标。

2)从投标效益考虑,投标策划时可分为赢利标和保本标。

①以赢利为目的的投标。如果招标工程项目是本企业的强项,又是竞争对手的弱项,或者本单位任务饱满、利润丰厚,而招标项目基本不具有竞争性,投标企业在这些情况下才考虑让企业超负荷运转。这种情况下的投标称为投赢利标。

②以保本为目的的投标。当企业无后续工程或已经出现部分窝工,必须争取中标,而招标的工程项目本企业又没有明显优势,竞争对手又多,投标人只是为了稳定施工队伍、减少机械设备闲置,而按接近施工成本的报价进行投标。这种情况下的投标称为投保本标。

6.4.3　投标策划实务与注意事项

1. 根据设计文件的深度和齐全情况进行投标策划

招标人用来招标的设计文件可能没有进行施工图审查或图纸会审,设计文件往往达不到施工图深度,或各专业施工图之间存在矛盾,甚至本专业施工图存在错漏、不符合规范要求或不符合现场施工条件的情况。例如,施工设计图中基础采用静压预应力管桩,而通往施工现场的某一路段道路宽度不够或途中有一座限载为 5t 或 10t 的小桥,静压桩机无法运到施工现场。在施工期间必须对施工图进行修改或补充,投标人可以在投标之前就结合工程实际对施工图进行分析,了解清单项目在施工过程中发生变化的可能性。对不变的项目内容报价要适中,对估计工程实施时必须增加的项目综合单价报价可适当提高,对有可能降低工程量或者施工图中工程内容说明不清的项目综合单价报价可适当降低。这样可以降低投标人的风险,获得更大的利润。

2. 结合工程项目的现场条件进行投标策划

投标人应该在编制施工方案和分析综合单价报价之前对工程项目现场的条件进行踏勘,对现场和周围环境及与此工程项目有关的资料进行收集。在编制施工方案时,基础的开挖方法、排水措施、基坑支护措施等都要结合地质条件、地形地貌、地下水文情况来作出策划安排,主要工序施工时间和质量措施要结合气候条件、最高和最低气温分布情况、雨雪期分布情况作出策划安排。还要了解工程项目所在地主要材料的供应地点和价格,地方材料的采购地点和价格、供应方式、质量情况、货源供应量情况,这些既是施工方案策划的依据,更是投标报价的决定性因素。

3. 从工程项目的环境因素进行投标策划

投标人应在投标报价和编制施工方案前了解项目所在地的环境,包括政治形势、经济环境、法律法规和民俗民风、自然条件、生产和生活条件、交通运输、供电、供水、通信条件等。这些都是合理编制施工方案的依据,也会影响投标报价。例如,某招标工程项目所在地只是采用山坡地某座小型水库引出的管道供水,供水管道水压很小,工程施工时必须采用加压设备才能保证施工和混凝土养护等的用水，投标报价策划时就应考虑加压设备的措施费用。在制定施工方案、施工进度计划、投标报价策划时，投标人要对这些环境影响因素进行周密的分析和考虑。投标人还要结合招标文件说明，并根据招标文件中拟订合同条款的要求制定投标策略。对于按照法律法规和标准合同条款规定应由业主承担的风险，投标人为了能中标，在编制施工方案和投标报价时可以不予考虑；对于要由承包人承担的风险，投标人要充分考虑分析，并采用相应策略在施工方案中予以体现，在投标报价中予以分解。

4. 从业主的情况进行投标策划

投标人要根据业主的项目审批情况、资金筹措到位情况、信誉情况、相关人员的法律意识和管理能力情况等进行多方面分析。建设业主只到位了30%~40%的资金，后期资金筹措没有着落，这时投标人可将前期施工的项目（如土方、基础等）的报价适当提高，后期施工的项目的报价适当降低。这样既可以及早收回资金，有利于资金周转，也能够避免因业主资金不到位引发拖欠工程进度款而造成承包人的损失。

5. 从竞争对手考虑进行投标策划

对竞争对手的考虑应包括投标的竞争对手有多少，其中优势明显强过本企业的有哪些（特别是工程所在地的潜在投标人，可能会有下浮优惠）。投标人要分析主要竞争对手的明显优势和明显缺点，以及以往同类工程招标中的投标方法和投标策略，并利用自己的优势制定切实可行的策略，以提高中标的概率。

6. 从工程量清单着手进行投标策划

招标工程量清单的准确性由招标人负责。投标人在研究和复核工程量清单时，若发现工程量清单中工程量与施工图对比有误差，或发现清单中工程量少于施工图工程量且估计必须按图施工的项目（如钢筋工程、混凝土工程、屋面防水工程）时，投标人可以适当提高报价；若发现清单中工程量多于施工图工程量，或清单中部分项目有可能会被取消时，可以将综合单价适当报低些。

无工程量而只报单价的项目，如计日工资、零星施工机械台班小时、土方工程中淤泥或岩石等的备用单价，单价宜适当高些。这样报价既不影响投标总价，以后发生此种项目施工时也可多得利润。对于工程量大的项目，在报清单项目报价分析表时，人工费、机械设备费等可报高价，而材料费应报低价，因为材料费一般容易获得调整价差。对于暂定工程或暂定数额的项目，要具体情况具体分析，因为这类项目要待开工后再与业主研究是否实施，其中肯定要做的项目报价可提高一些，不一定要做的项目报价则应降低一些。

6.5 投标报价策略的运用

在满足招标单位对工程质量和工期要求的前提下，投标获胜的关键因素是报价。报价是工程投标的核心，报价一般要占整个投标文件分值的60%~70%，代表着企业的综合竞争力和施工能力。报价过高，可能因为超出最高限价而丢失中标机会；报价过低，则可能因为低于合理低价而废标，即使中标，也可能会给企业带来亏本的风险。因此，投标企业应针对工程的实际情况，凭借自己的实力，经综合分析研究形成最终的报价，达到中标和赢利的目的。

投标报价策略是投标策略的一种，精明的报价既能对招标单位有较大的吸引力，又能使承包商得到足够多的利润。考虑到投标报价策略对投标的影响巨大，运用也较多，这里在投标策略之外，单独对投标报价策略进行讨论。

6.5.1　投标报价的前期工作

在投标中，最重要的一环就是投标报价，要以科学严谨的态度来对待，不能"头脑发热"或是领导一句话就草率定价。要以造价信息和市场实际的调研数据作为依据，并结合企业的实际情况来分析社会平均成本。

在投标报价的组织结构上，应当将报价小组分为两个层次，一是核心层，二是信息层。核心层是做具体工作的，负责施工图预算的编制和成本价的测算。报价要保密，为防止内部泄密，报价只能由核心层的少数人知晓。在人员构成上要专业配套，选配精通预结算业务、熟悉招标投标知识、懂施工的骨干人员，并负责对信息层提供的信息进行筛选和判断。通过对行情的综合分析和对企业自身及经营目标的权衡，得出工程成本价、预算价及优惠后的最终报价。信息层应做好以下几项工作：

1）对工程的规模、性质、业主的资金来源和支付能力进行仔细的调查分析。

2）了解业主在以往工程招标、评标上的习惯做法，对承包商的态度，尤其是能否及时支付工程款，能否合理对待承包商的索赔要求。

3）认真研究招标文件，分清承包商的责任和报价范围，不要发生任何遗漏。

4）查勘施工现场，考察其附近的农田房屋、构筑物以及地上地下设施对施工的影响。

要充分理解招标文件和施工图纸。在投标决策下达并拿到招标文件和图纸后，首先，要认真熟悉和研究招标文件，把握工程建设中的重点和难点；其次，要逐行逐字研读招标文件，认真阅读其中所列的各项条款，吃透其内涵，这是编好投标文件的基础；再次，要对文件中清单项目的组成规定、定额选择的要求了然于心，否则容易造成报价偏离业主及其他投标人的报价而成为废标；最后，要对每项条款都理解透彻，重新核算清单量，避免漏项或误解。

例如，某招标文件清单中的桩基础项目只列出桩基础的总长度，投标人在阅读招标文件时，就应该全面考虑到项目还应包含桩孔钻进、混凝土浇筑、钢筋笼制作和安装、入岩深度和泥浆外运、凿桩头和外运、钢护筒制作和安装、钢筋笼运输等有关细项。还要弄清工程中使用的特殊材料和各项技术要求，以便调查市场价格；分析招标文件中有问题或不清楚的内容，及时提出澄清；确定各方的责任和报价内容，列出需要业主解答的问题清单和需要在工地现场调查了解的项目清单，以便确定经济可行的施工方案。

6.5.2　不平衡报价策略的运用

投标是为了中标，中标是为了赢利。在游戏规则许可的框架内，通常投标报价越低中标概率越高，但获取的利润就越低，反之亦然。作为招标人，要在招标文件中预防投标人运用不平衡报价。而作为投标人，则要尽量在法律法规的框架内运用不平衡报价使自己的利润最大化和投标最优化。

不平衡报价法是指在一个工程项目总报价基本确定后，通过调整内部各个项目的报价，以期既不提高总报价（以免影响中标），又能在结算时得到更理想的经济效益。一般可以考虑在以下几方面采用不平衡报价：

1）对于能够早日结账收款的项目（如基础工程、土方开挖、桩基），可适当提高报价。

因为一般的工程项目都按工程进度进行结算，这些容易结算的、单价高的工程就可以先结账收款，从而加快企业资金的周转和利用。

2）将预计今后工程量会增加的项目适当提高单价，这样在最终结算时可多赚钱；将工程量可能减少的项目单价降低，这样在最终结算时损失不大。这是因为很多工程项目实行的是综合单价包干，结算时按实际工程量来结算。

另外，还有一个不平衡报价的技巧：一般招标文件提供的工程量与实际操作中的工程数量都会存在差异，如果承包商在报价过程中分析判断某一个条目的实际工程量会增加，则应相应调高单价，而且量增加得越多的条目单价调整幅度越大；同时，对判断为工程量要降低的条目，则相应调低单价，从而保证工程实施后获得较好的经济效益。这里，分析判断的正确与否是至关重要的，它取决于对项目充分的调研、对丰富准确信息的掌握以及经验的累积，还与最终决策人的水平和魄力是分不开的。当然，在项目的操作运行过程中，项目经理亦可运用这一策略，对报价较好的项目，多方创造条件找寻合理理由说服业主增加工程量，同时尽力削减或变更报价中赔钱的项目，以获取最大利益。不过有矛就有盾，一些业主为了防止投标人过度使用不平衡报价法损害自身的利益，往往会在招标文件中说明不平衡报价的极限。因此，投标人必须仔细阅读招标文件，防止因为过度使用不平衡报价法而失去中标资格。

6.5.3　盈利型报价策略的运用

这种报价策略以充分发挥企业自身优势为前提，以实现最佳盈利为目标。采用这种措施时，企业往往已经在市场上打开局面，施工能力强、信誉度高、技术优势明显、竞争对手少，或工程项目较为复杂，施工条件差、难度大、工期紧。这种报价策略常为有强大的技术与经济实力的集团所采用。

还有一种情况是施工企业的经营业务近期比较饱和，该企业施工设备和施工水平又较高，而投标的项目施工难度较大、工期短、竞争对手少，非我莫属。在这种情况下，所投标的标价可以比一般市场价格高一些，以获得较大利润。例如，某些单一来源和竞争性谈判的招标，投标人往往利用项目的紧迫性、复杂性和竞争对手的缺乏性，要挟招标企业或业主，并坚持高价策略，往往也会成功。

如果投标人较少或没有多少竞争性，可以把价格报高一些，最后提出某一降价指标。例如，先确定降价系数为10%，填写报价单时可将原计算的单价除以（1-10%），得出填写单价填入报单，并按此计算总价和编制投标文件，最后在投标文件中做出降价承诺。这样，投标人既不吃亏，又有了实质性的让步。在国外，这种通过降价系数来调整最后总价的方法被大多数成功的投标人所采纳。

6.5.4　低报价、高索赔型报价策略的运用

目前，市场上的招标项目以单价合同发包为主，它强调量价分离，即工程量和单价分开，使用过程中是量变价不变。利用设计图纸和工程量清单的不够准确有意提出较低的报价，中标后再利用现场与施工图设计的不符与矛盾，进行工程变更与索赔，从而提高造价，这也是一种报价策略。这种策略就是先中标再说，不可经常使用，以免对企业形象和口碑造成损害。为了防止和中标人扯皮、纠缠，现在很多业主和招标人已使用总价包干，避免了低报价、高索赔的风险。

一个有经验的报价者，往往会把报价单中先干条目的单价调高，如进场费、营地设施、土石方工程、基础和结构部分等，而把后干条目的单价调低，即"早收钱"。这样既能保证不影响总标价和中标，又使项目早日收回资金，使项目资金良性周转，同时还能防范风险。如果承包商永远处于这种"顺差"状态，一旦对方违约或出现不可控制的因素，主动权就掌握在承包商手中，随时可向监理或业主发函，提出停止履约和中止合同。当然，这种不平衡报价要有个适当尺度，一般以调高 10%~30% 较为合理。

另外，投标人要认真细致地阅读招标文件，仔细分析研究并弄清承包者的责任和报价范围、各项技术要求、需使用的特殊材料和设备，充分考虑工期、误工赔偿、保险、付款条件、税收等因素。

6.5.5　投标报价规律与统计

投标报价是有规律可循的，一般从投标保证金上体现出来。一些建筑设备类招标，其投标保证金一般是招标限价的 1%。工程类招标的投标保证金一般为招标限价的 0.5%~1%。现在一些招标人为了防止投标人猜到底价（预算价），有把投标保证金提高 2% 的。更有一些招标人，为了违规让某投标人中标，故意使用高额投标保证金来吓退潜在投标人，在这种情况下，投标保证金可以达到招标限价的 10% 甚至 30%，已违反了《中华人民共和国招标投标法实施条例》等法规的规定。

据分析，建筑工程类招标的中标价一般比预算价低 5%~30%，依工程项目的性质和竞争的激烈程度而定。××市房屋建筑和市政工程施工招标 2006—2008 年中标价情况分析见表 6-3。

表 6-3　××市房屋建筑和市政工程施工招标 2006—2008 年中标价情况分析

工程项目			项数			中标价对比预算价的下浮率（%）		
			2006 年	2007 年	2008 年	2006 年	2007 年	2008 年
建筑工程（含配套的安装工程）	一般厂房配套的宿舍	3000 万元以下	8	6	1	20.45	18.44	27.48
		3000 万元（含）以上	3	1	1	20.19	28.30	26.0
	其他建筑工程	3000 万元以下	33	31	34	17.95	16.41	20.47
		3000 万元（含）以上	14	19	20	16.05	13.64	22.26
安装工程（单独发包）	管道工程		12	4	2	23.78	32.22	25.91
	电气工程		4	4	4	15.44	9.30	17.85
市政工程	道路工程		47	24	35	13.36	19.74	25.58
	桥梁工程		3	8	3	5.62	17.95	1.58
	沥青路面		3	4	7	5.38	5.24	24.81
	给排水、燃气等工程		4	4	2	23.71	26.85	36.45
	路灯工程		2	4	7	5.33	17.25	21.57

注：1. 表中所指的预算价与中标价均不包含单列的安全生产、文明施工措施费。
　　2. 表中一些项数偏少的分析结果缺乏代表性，因此在参考使用时需特别注意。
　　3. 表中数据仅供参考，各招标人应充分考虑工程实际情况，合理确定工程造价。

从表 6-3 可以看出，除个别工程外，各工程的中标价一般要比预算价低 20% 左右。

6.6　本章案例分析

某建筑公司工程投标策略分析

1. 招标项目简介

广东某大学位于××大学城的实验室、办公室装修与机电工程安装项目，建筑面积为 2200m²，投资预算约为 680 万元（人民币，下同），工期为 3 个月（共 90 天）。招标项目包括内外墙装修，电梯、空调安装，以及实验台架、给排水施工。该项目的主要设备（如空调、电梯）已另行招标确定，本次招标的一些主要建材，如瓷砖、门窗、涂料、电缆、开关、灯具、插座、水龙头等包含于该招标项目中。业主单位推荐了 58 项材料的品牌，每项材料均推荐了 4 个品牌。该项目由某招标公司代理招标，业主派出用户单位（下属学院）监察并参与评标，又在评标专家库中随机抽取 5 名专家一同参与评标。

2. 投标单位概况

本工程发布招标公告后，共吸引了 9 个投标人购买招标文件，包括广东省内的 7 个投标人和广东省外的两个投标人。这些投标人有的是建筑工程公司，也有的是机电设备安装公司，还有的是装修、装饰类公司。到开标截止日期止，共有 7 个投标人提交投标文件和参与开标会，另两个投标人觉得竞争对手太多，自己没有中标机会，临时放弃出席开标会。为分析方便，将 7 个投标人依次命名为 A、B、C、D、E、F、G。这里以中标人 C 为主要分析对象，分析其投标策略及值得借鉴的投标技巧，同时分析其他投标人未能中标的原因。

3. 评标原则与评标办法

评标工作根据《中华人民共和国招标投标法》和《评标委员会和评标方法暂行规定》进行，并遵循公开、公平、公正、择优、信用的评标原则。评标委员会先按招标文件的规定对投标文件进行实质性响应审查（包括资格审查和符合性审查），然后对各投标文件进行评价和比较。

本次评标采用综合评分法，考虑的因素有工程报价、施工组织设计、投标人信誉及综合实力、项目团队配置等，最后以报价合理，保证质量、工期，施工方案可行，社会信誉高等为评标和定标的标准。本次招标设立最高、最低报价限制，上限不能超过预算价（680 万元），下限不能低于预算价的 70%（476 万元）。对技术标、商务标分别进行评审（技术标满分 60 分，商务标满分为 40 分，技术、商务总分占综合得分的 60%），技术分、商务分之和达到 75 以上的投标人算合格，可以进入下一轮评审。

技术标与商务标评审结束后，然后再开价格标，价格标满分为 40 分，占综合得分的 40%，其评标基准价以二次平均法确定。价格分的评审办法如下：第一次平均值为通过符合性审查的所有投标人的投标报价的平均值（如果有效投标人超过 6 个，则去掉最高、最低报价再取平均值），第二次平均值（评标基准价）则为第一次平均值与通过技术、商务评审的所有报价中第二低报价的平均值。然后，各投标人的报价与评标基准价进行比较，如果投标价等于评标基准价，则为满分 40 分，每高于评标基准价 1% 扣 2 分，每低于评标基准价 1% 扣 1 分，直至 0 分。

最后,以技术、商务、价格三项计算综合得分,综合得分最高者为第一中标候选人。该项目采用总价包干的形式,投标人的中标价即为合同总价。

本项目的工程结算分4次进行,中标签订合同后支付合同总价的10%,工程进度达到70%支付合同总价的50%,工程全部完工验收后再支付合同总价的35%,余下的5%作为质量保证金,工程保修期满后支付。

4. 评标过程

评标委员会根据招标文件,先对7个投标人进行符合性审查。其中,投标人A的投标文件正、副本中均没有附上消防资质证书复印件,在初审中被否决。剩余的6个投标人中,投标人E在墙布、开关、插座、配电箱等4项材料中,都没有选用业主单位推荐的品牌;投标人G的投标文件非常差,粗制滥造,技术不明确,承诺很模糊,大段地抄一些技术标准,致使其技术分、商务分之和未达到75分,也未能进入下一阶段的评审。这样,进入最后评审阶段的投标人共有4个,分别为B、C、D、F。经过最后评审、打分,投标人C的技术分、商务分之和最高,价格分排名第三,但综合得分排名第一,最终击败其他所有投标人顺利中标。

5. 中标人的投标策略与技巧

(1) 资料齐全　投标人C(中标人)的投标文件资料齐全,提供了公司营业执照、总承包一级、装修一级、机电安装一级、消防一级、项目经理一级等资质证书,还提供了给排水、弱电、园林等招标文件不要求的资质证书,以及ISO9000认证证书、ISO14000认证证书、"重合同守信用"证书、银行资信证明(3A证书)、企业的财务报表(经过会计事务所审计,资料齐全,财务数据可信),同时提供了参与本项目的相关技术人员的学历证书、资格证书以及社保证明。对于以前的业绩,投标人C提供了24项业绩合同的复印件。不仅如此,投标人C还认真提供了施工方案、技术措施、文明施工承诺、质量监控及设备配备情况等。针对该项目在校园施工的特点,投标人C还特意提出了文明施工、安静施工、安全施工的种种措施和承诺。在售后维修方面,特意延长1年质保期。针对该项目业主希望在开学前完工的迫切要求,投标人C在投标文件中提出80天竣工,比原有工期缩短10天,而其他所有公司的工期都是90天。因此,投标人C的技术分和商务分遥遥领先。投标人C还特意在投标文件中承诺,如果中标,保证项目经理在该项目的现场中每个工作日的工作时间不低于4个小时。反观其他投标人,要么是财务数据无审核无法被专家认可,要么是无某些资质证书和社保证明,要么是业绩条件差,在技术、商务部分丢了不少分。

(2) 标书精美　投标人C显然经过了认真策划,体现在标书精美、合理、严谨。首先,内容安排科学,该有的材料都有,有目录、页码,内容前后对应,查找方便;其次,编排有序,公司资质、证明有条有理,有表格说明,有备注,跟复印件一一对应;再次,对投标文件的编制要求、签署要求、密封要求、装订要求等方面进行了认真设计和检查,符合招标文件的要求,没有任何"技术犯规",给人赏心悦目的感觉。评标委员会的专家只需按照目录对照查找相关资料即可,无形中提高了印象分。

(3) 报价科学　投标人C的报价科学、合理,运用了多种报价技巧。虽然业主采用的是总价包干,但是,投标人C根据业主方在招标文件中提供的分部分项工程量清单,依靠企业自身的竞价能力,并结合市场参考价,运用了不平衡报价等策略,确定了综合单价中人工、材料、机械台班单价的取定标准，在此基础上，对分部分项工程费用、措施费、其他项目费、规费和税金等进行了填报，最后得出了汇总的单位工程费。

在报价过程中，投标人C考虑到评标使用综合评分法，价格分占综合得分的40%，价格的权重适中，没有必要采取低报价，而价格分的评标基准价通过二次平均法确定，因此该公司的报价既不是最高价，也不是最低价，更远离了最低限价，这是科学的报价方法，运用了前文所介绍的报价技巧。这样报价，一是容易中标，因为二次平均法一般是最接近平均价的报价得分最优，二是一旦中标也不吃亏，价格不低则利润有保证。

小细节导致最有实力的投标人出局

1. 案例背景

2020年2月9日上午，××市××山庄安全技术防范系统及机电设备安装项目在某工程交易中心举行招标。该工程项目标底限价为1470万元，共有12个投标人购买了招标文件。到投标截止时间为止，共有5个投标人递交了投标文件，投标竞争不算激烈。为叙述方便，依次把5个投标人编号为A、B、C、D、E。

5个投标人的报价非常接近。其中，投标人A的报价为1463.5万元，投标人B的报价为1463.8万元，投标人C的报价为1464.5万元，投标人D的报价为1462.5万元，投标人E的报价为1468.5万元。综合来看，投标人B的综合实力最强，报价最接近平均价。该招标工程的评标采用综合评分法，即技术分和商务分占20%，价格分占80%。在价格评审中，以通过初审的所有有效投标人的报价的平均价作为评标基准价，各投标人的报价每高于评标基准价1%扣2分，每低于评标基准价1%扣1分。但是，投标人B最后却失去了中标机会，这是为什么呢？

2. 案例分析

该招标项目中，采用资格审查、技术商务符合性审查、价格符合性审查和综合评分的评标方法，即先进行资格审查，再进行技术和商务的符合性审查，其后进行技术和商务评分。进行资格审查后，投标人A的项目经理名单与报名时不一致，投标人A被否决。剩余的4个投标人都顺利进入下一轮评审，评标委员会对这4个投标人的技术和商务因素进行评分并排序，投标人B的得分最高。上述环节完成后，再进行价格的符合性审查（各投标人报价高于标底限价和低于基准价5%的无效，不能进入下一轮评审）。

在开价格标之前，投标人B形势一片大好，最有希望中标。但是，在评标委员会对各投标人的报价进行复核和评审时，发现投标人B犯了非常低级的错误。投标人B的价格文件中，各小项合价与总价误差超过了5%，这属于重大偏差，不满足招标文件规定的要求，投标人B因此失去了中标机会。

投标人B的投标文件做得最好，公司实力最强，公司资质、业绩、技术力量、机械设备等都是所有投标人中最好的。经分析发现，投标人B为了中标，用了很多的策略。但是，因为一些细节的问题，投标人B最后出局了。投标人B除了投标报价前后不一致外，其报价的大写和小写也不一致。

此案例给业内人士的启示是：投标策略和投标策划非常重要，这是一项技术性很强的工作；此外，光有投标技巧还不行，投标的细节也很重要，低级错误照样能毁掉精心的策划。

思考与练习

1. 单项选择题

（1）建设工程施工投标中，下述能够增加中标机会的行为，不正确的是（　　）。

A. 掌握信息，把握情势　　　　　　　B. 知己知彼，以优胜劣

C. 报出最低价　　　　　　　　　　　D. 认真策划，抓住项目特点

（2）其他项目在进行工程量清单计价时，预留金和材料购置费必须按照招标文件中确定的金额填写，（　　）。

A. 不得增加或减少　B. 可按实估算费用　C. 可按增列项目计算　D. 根据取费标准调整

（3）工程量清单计价中的综合单价不包括（　　）。

A. 人工费　　　　　　B. 材料费　　　　　　C. 管理费　　　　　　D. 规费

（4）投标人在获得招标文件后和计算投标报价前，按照建设工程施工投标程序依次应完成的工作是（　　）。

A. 招标环境调查→招标文件研究→制定施工方案→确定投标策略

B. 招标文件研究→招标环境调查→确定投标策略→制定施工方案

C. 确定投标策略→招标文件研究→招标环境调查→制定施工方案

D. 招标文件研究→招标环境调查→制定施工方案→确定投标策略

（5）措施项目清单计价表中，以（　　）为计量单位。

A. 自然单位　　　　　B. 物理单位　　　　　C. 项　　　　　　　　D. 个

（6）在建设工程工程量清单计价模式中，分部分项工程量清单项目的综合单价由（　　）自主报价，并为此承担风险。

A. 招标人　　　　　　B. 投标人　　　　　　C. 业主　　　　　　　D. 监理单位

（7）工程量清单计价以综合单价计价，投标报价时，人工费、材料费、机械费均为（　　）。

A. 参考价格　　　　　B. 预算价格　　　　　C. 市场价格　　　　　D. 可变价格

（8）投标人在进行措施项目费计算时，可根据施工组织设计采取的具体措施，在招标人提供的措施项目清单基础上增减措施项目。一般对（　　）的措施不进行报价。

A. 措施项目清单中列出而实际采用　　　B. 措施项目清单中未列出而实际采用

C. 措施项目清单中不确定　　　　　　　D. 措施项目清单中列出而实际未采用

2. 多项选择题

（1）标底审核的主要内容为（　　）。

A. 标底计价内容　　　　　　　　　　B. 工程量清单单价组成分析

C. 计日工单价　　　　　　　　　　　D. 分部分项工程量清单

（2）关于工程量清单计价的规定，以下说法正确的是（　　）。

A. 编制标底和报价时，其计价的依据不同

B. 工程量清单计价时，所用到的单价均为综合单价

C. 投标报价时，投标人对业主提供的措施项目清单可根据情况选择性报价

D. 投标报价不得低于社会平均成本

E. 安全施工费、规费、税金必须计价且不得优惠和变更

（3）投标策划包括（　　）。

A. 报价策划　　　　　B. 商务策划　　　　C. 技术方案策划　　　D. 收买评标专家

（4）不平衡报价策略的运用包括（　　）。

A. 提高可以早日结算的工程报价　　　　B. 容易结算的工程高报价

C. 中标后工程量会增加的项目报高价　　D. 要防止因过度运用不平衡报价而废标

（5）投标策略中，对于商务条款部分，一般来说可以在（　　）中作出让步以达到商务正偏离的目的。

A. 工期或交货期　　　　　　　　　　B. 保修或售后服务期

C. 投标有效期　　　　　　　　　　　D. 投标保证金的多少

3. 问答题

（1）建筑工程投标中常用的投标策略有哪些？

（2）如何广泛地搜集建筑工程招标的各种招标项目信息？

（3）对建筑工程进行投标时，如何对社会和经济环境进行分析以便决定投标策略？

（4）对于勘察设计类工程的投标，在进行投标策略分析时，应注意哪些内容？

（5）投标时，应注意哪些细节内容，以防止投标文件被否决？

4. 案例分析题

2020年，某市拟对××路进行道路大修和绿化改造工程，工程造价为1800万元。因本工程为市区主要交通要道，在施工过程中采用不断交通的施工方式。另外，还需要根据各路段的不同情况采用不同的路面结构形式，其中一种结构采用4cm改性沥青马蹄脂碎石+20cm二灰碎石+40cm C20混凝土+原槽压实。在施工图和清单描述中，对40cm C20混凝土均采用碾压混凝土。某公司在进行投标时，根据其施工经验推断，市政道路改造工程中受施工场地的影响，常规不可能采用碾压混凝土，在实际施工中很可能变更为C20商品混凝土。因此，该公司决定在投标报价中采用不平衡报价策略，先压低报价中标，最后按实际结算。为此，该公司将此项的单价压低为205.97元/m³，此项的分部分项清单工程量为20520m³。后该公司果然顺利中标，且建设单位主动提出变更，该公司趁机提出变更单价。重新上报调整后的单价为420.03元/m³，共增加造价439万元。

问题：

（1）该公司在采用不平衡报价策略时应如何防止废标？

（2）建设单位应如何防止投标人采用不平衡报价策略谋取中标后增加工程造价？

（3）投标策略作为投标取胜的方式、手段和艺术，贯穿投标竞争的始终，常用的投标策略还有哪些？

思考与练习部分参考答案

1. 单项选择题

（1）C　（2）A　（3）D　（4）B　（5）C　（6）B　（7）C　（8）D

2. 多项选择题

（1）ABC　（2）ABCE　（3）ABC　（4）ABCD　（5）AB

第7章

建筑工程的投标文件

投标文件非常重要，决定了投标人能否中标，也是投标人投标策略和投标工作的主要成果。本章将论述建筑工程投标文件的编制、提交、修改、撤回等内容。由于投标文件的编制也涉及投标策略和投标有效性的问题，本章也将论述关于投标保证金、投标文件的相关法律内容。

7.1 概述

7.1.1 合格投标人的条件

投标人是指响应招标、参加投标竞争的法人或其他组织。所谓响应招标，是指获得招标信息或收到投标邀请书后购买招标文件，按照招标文件的要求编制投标文件并参加投标竞争等系列活动。值得注意的是，依法招标的科研项目允许个人参加投标，投标的个人也适用法规中有关投标人的规定。

按照《中华人民共和国招标投标法》的规定，除依法允许个人参加投标的科研项目外，其他项目的投标人必须是法人或其他经济组织，自然人不能成为建设工程的投标人。为保证招标投标的"三公"原则，《工程建设项目施工招标投标管理办法》中还规定："招标人的任何不具独立法人资格的附属机构（单位），或者为招标项目的前期准备或者监理工作提供设计、咨询服务的任何法人及其任何附属机构（单位），都无资格参加该招标项目的投标。"

为保证建设工程的顺利完成，《中华人民共和国招标投标法》规定："投标人应当具备承担招标项目的能力；国家有关规定对投标人资格条件或者招标文件对投标人资格条件有规定的，投标人应当具备规定的资格条件。"

投标人在向招标人提出投标申请时，应附带有关投标资格的资料，以供招标人审查，这些资料应表明自己存在的合法地位、资质等级、技术与装备水平、资金与财务状况、近期经营状况及以前所完成的与招标工程有关的业绩。

《中华人民共和国招标投标法实施条例》第三十三条规定："投标人参加依法必须进行招标的项目的投标，不受地区或者部门的限制，任何单位和个人不得非法干涉。"第三十四条规定："与招标人存在利害关系可能影响招标公正性的法人、其他组织或者个人，不得参加投标。单位负责人为同一人或者存在控股、管理关系的不同单位，不得参加同一标段投标或者未划分标段的同一招标项目投标。违反前两款规定的，相关投标均无效。"第三十八条规定："投标人发生合并、分立、破产等重大变化的，应当及时书面告知招标人。投标人不再具备资格预审文件、招标文件规定的资格条件或者其投标影响招标公正性的，其投标无效。"

7.1.2 投标联合体

有些项目招标中，招标人为保证工期、质量，减少建设工程中的协调和工作量，明确禁止和反对联合体投标，这种情况是允许的。但是，有些大型或超大型的建设工程项目，因涉及多个资质，往往不是一个投标人所能完成的，这种情况下，招标文件一般不能禁止投标人组成联合体投标。

《中华人民共和国招标投标法》第三十一条规定："两个以上法人或者其他组织可以组成一个联合体，以一个投标人的身份共同投标。"是否允许联合体投标，应在招标文件中进行规定。当前，一些地方政府在联合体投标方面也作了一些有益的改革和尝试。例如，成都市住房和城乡建设局在2021年6月发布的《关于公开征求〈关于进一步规范成都市房屋建筑和市政基础设施项目招标文件编制的通知（征求意见稿）〉意见的通知》中指出，确需整体发包要求投标人具备相应多个资质的，应接受投标人组成联合体投标，且联合体成员的数量不得少于所适用的资质的数量。

1. 联合体各方的资格要求

《中华人民共和国招标投标法》第三十一条规定："联合体各方均应当具备承担招标项目的相应能力；国家有关规定或者招标文件对投标人资格条件有规定的，联合体各方均应当具备规定的相应资格条件。由同一专业的单位组成的联合体，按照资质等级较低的单位确定资质等级。"

关于联合体投标，最好的联合是强强联合，即组成投标的每个联合体成员的资质都很强。不过，若联合体的所有成员及所有资质都很强，有时并没有组成联合体的必要。最常见的联合体是优势互补型的联合体，即每个联合体成员在各自的领域都有很强的资质，如设计院有综合甲级的设计资质，施工总承包单位有特级资质或专业承包单位有一级资质。

为了防止资质优秀的投标人组成联合体排斥其他投标人以获得优势地位，也为了防止以高等级资质获取中标，法律规定，同一专业的单位组成的联合体以资质等级较低的单位来确定资质。因此，对于同一专业的单位，既没有必要组成联合体，也不能弱弱联合或强弱联合。

2. 联合体协议的效力

《中华人民共和国招标投标法》第三十一条规定："联合体各方应当签订共同投标协议，明确约定各方拟承担的工作和责任，并将共同投标协议连同投标文件一并提交招标人。联合体中标的，联合体各方应当共同与招标人签订合同，就中标项目向招标人承担连带责任。"

可见，联合体是由多个法人或经济组织临时组成的，但它在投标时是作为一个独立的投标人出现的，既具有独立的民事权利能力和民事行为能力，也共同承担招标项目的责任（即承担连带责任）。

一般情况下，投标联合体因针对特定的招标项目而成立，在投标之后，若未中标则会解散，若中标，则各方依照联合体协议在招标项目中承担相应的工作和责任，在完成招标项目并经有关方面验收后联合体解散。

联合体各方签订共同投标协议后，不得再以自己的名义单独投标，也不得组成新的联合体或参加其他联合体在同一项目中投标，否则属于围标串标。联合体协议签订后，若参加资格预审并获通过，其主体的变更必须在提交投标文件截止之日前征得招标人的同意。资格预审后联合体增减、更换成员的，其投标无效。

值得注意的是，关于联合体的投标代表授权，国家法律法规没有进行相关的规定，应该按照招标文件的规定进行，如有的招标文件只要求联合体的主体授权即可，有的则需要联合体各方都提供授权文件。

3. 投标人组成联合体的意愿

《中华人民共和国招标投标法》第三十一条规定："招标人不得强制投标人组成联合体共同投标，不得限制投标人之间的竞争"。因此，投标人是否组成联合体以及与谁组成联合体，都由投标人自行决定，任何人不得干涉。但是，有些建设工程的招标文件规定，联合体不得投标，这并不违反法律规定，因为法律只规定了不得强制投标人组成联合体。投标联合体的成立具有自主性，也就是说，组成投标联合体的各方是自愿的，不受任何其他单位或个人的强迫。

招标人若强制要求投标人组成联合体共同投标，这也属于限制投标人之间竞争的情形之一，将会被责令改正，甚至可以处一万元以上五万元以下的罚款。

7.2　投标文件的编制

7.2.1　投标文件的要求

1. 投标文件的内容要求

《中华人民共和国招标投标法》第二十七条规定："投标人应当按照招标文件的要求编制投标文件。投标文件应当对招标文件提出的实质性要求和条件作出响应。招标项目属于建设施工的，投标文件的内容应当包括拟派出的项目负责人与主要技术人员的简历、业绩和拟用于完成招标项目的机械设备等。"当前，在我国的交通、房屋与市政建设等工程项目招标中，主管部门均有标准的工程招标文件供参考，投标文件只需要根据招标文件的规定进行响应即可。

所谓实质性要求和条件，是指招标项目的价格、项目进度计划、技术规范、合同的主要条款等，投标文件必须对之作出响应，不得遗漏、回避，更不能对招标文件进行修改或提出任何附带条件。对于建设工程施工招标，投标文件还应包括拟派出的项目负责人与主要技术人员的简历、业绩和拟用于完成工程项目的机械设备等内容。投标人拟在中标后将中标项目的部分非主体、非关键性工作进行分包的，还应在投标文件中载明。

2. 投标文件的时间要求

《中华人民共和国招标投标法》第二十八条规定："投标人应当在招标文件要求提交投标文件的截止时间前，将投标文件送达投标地点。招标人收到投标文件后，应当签收保存，不得开启。"该条还规定："在招标文件要求提交投标文件的截止时间后送达的投标文件，招标人应当拒收。"因此，以邮寄方式提交投标文件的，投标人应留出足够的邮寄时间，以保证投标文件在截止时间前送达。另外，若发生地点方面的错送、误送，其后果应由投标人自行承担。

3. 投标文件的数量要求

《中华人民共和国招标投标法》第二十八条规定："投标人少于三个的，招标人应当依照本法重新招标。"当投标文件的数量少于三个时，就会缺乏竞争，投标人可能会提高承包条件，损害招标人的利益，导致与项目招标的初衷相背离，所以必须重新组织招标，这也是国际上的通行做法。在国外，这种情况称为流标。不过，以笔者多年来从事招标投标评审的实践来说，国内的建设工程招标中，土建类工程的招标竞争非常充分，一个施工类的招标，往往有数十家甚至上百家公司参与投标，而电力安装类工程的招标，竞争非常不充分，往往由于投标人数量少而流标，甚至出现围标、串标等现象。

4. 投标文件的其他要求

（1）保密要求　由于投标是一次性的竞争行为，为保证其公正性，就必须对当事人各方提出严格的保密要求。例如：投标文件及其修改、补充的内容都必须以密封的形式送达，招标人签收后必须原样保存，不得开启。对于标底和潜在投标人的名称、数量以及可能影响公平竞争的其他招标投标的情况，招标人必须保密，不得向他人透露。在实践中，投标人很少采用邮寄方式提交投标文件，也是出于保密的考虑。

另外，一些地方规定，投标文件采用电子文档形式提交的，一定要设置密码，否则不予接收，这也是考虑了投标文件的保密要求。投标文件的保密，既对招标人有利，因为可以防止各投标人相互串通报价，也对投标人有利，因为可以防止招标人和某些投标人相互串通。

对投标文件的密封进行检查的人，为什么没有规定为招标人？因为在投标截止时间以前提前送达招标人的任何投标文件，都是由招标人进行保存的，如果再由招标人检查这些投标文件的密封情况，就难以杜绝招标人在保存期间作弊的可能。

《中华人民共和国招标投标法》规定："依法必须进行招标的项目的招标人向他人透露已获取招标文件的潜在投标人的名称、数量或者可能影响公平竞争的有关招标投标的其他情况的，或者泄露标底的，给予警告，可以并处一万元以上十万元以下的罚款；对单位直接负责的主管人员和其他直接责任人员依法给予处分；构成犯罪的，依法追究刑事责任。"

（2）合理报价要求　投标文件的重要部分之一是价格文件或报价文件。《中华人民共和国招标投标法》规定："投标人不得以低于成本的报价竞标。"投标人以低于成本的报价竞标，是一种不正当的竞争行为，可能会造成以偷工减料、以次充好等不正当手段来降低成本从而避免亏损，就会给市场经济秩序造成损害，给建设工程的质量带来隐患，因此，必须禁止。不过，一些投标人以长远利益出发，放弃短期利益，不要利润，仅以成本价投标，这也是合法的竞争手段，这是法律保护的。这里所说的成本，应该包含社会平均成本，并综合考虑各种价格差别因素。

7.2.2 投标文件的编制步骤

对确定投标的工程，要及时向招标单位提出投标申请。投标申请书应附带企业资格审查资料，包括企业营业执照和资质证明书、奖项、业绩、信誉、主要施工经历与技术力量、财务资料、机械设备、现有的主要施工任务等。投标文件的编制要与投标策略和投标程序结合起来进行，其基本步骤如下：

（1）**申请投标** 包括获取或购买资格预审文件、招标文件等。

（2）**阅读、熟悉、研究招标文件** 招标文件介绍了招标项目的基本信息和范围、特点，规定了投标人的资质、资格、奖项、荣誉以及评标方法等，投标人必须高度重视，认真研读。招标文件的内容会依项目的复杂程度而有所变化，例如有的招标项目招标文件的内容会很多，但总的来说不外乎资格资质要求、商务条件、工程内容条款和商务技术要求等。

要认真研究招标文件中的以下内容：

1）投标截止日期、开标时间、投标有效期、工程保修期等。

2）工期、进度、赔偿和提前竣工奖励的有关规定。

3）付款条件、付款方法、投标保证金的多少等。

4）关于物价调整的条款中有无对材料、设备和工资的调整等。

5）投标人的责任范围和报价要求。认真落实投标的报价范围，不应有含糊不清之处。应将工程量清单（如有）与投标须知、合同条件、技术规范、施工图纸等认真核对，以保证不错不漏。

6）要认真研究技术规范和施工图纸，认真计算、核对工程量。核算工程量，不仅仅为了便于计算投标价格，还是今后在施工过程中核对工程量的依据，同时也是安排施工进度计划、选定施工方案的重要依据。对于工程量巨大的项目，要力争做到工程量与实际工程的施工部位能完全对应。当发现工程量清单中的工程量与实际工程量有出入时，应向招标人及时提出质疑。

7）调查工程环境，确定投标策略。

（3）**及时提交投标保证金** 投标保证金要在投标截止时间或开标截止时间之前提交。有关投标保证金的收据、凭证要放入投标文件中。

（4）**编制投标文件** 投标文件是投标人投标的依据，也是投标策略的体现。投标人应当按照招标文件的要求和自身的优势、特点编制投标文件。

建设工程（施工）的投标文件一般可以分为技术文件、商务文件和价格文件。国际上，对于建设工程投标文件，规定价格文件和技术文件、商务文件要分开密封。我国借鉴了类似的做法，如有些招标文件和评标方法规定，价格文件和技术文件、商务文件没有分开装订的，投标文件无效。

7.2.3 投标文件的主要内容

建设工程投标文件一般包括以下内容：

1）投标函。

2）施工组织设计或者施工方案。

3）投标报价。

4）商务和技术偏差表。

7.2.4　投标文件的编制方法

1. 技术文件

技术文件可以参照以下结构和内容编制。

（1）**概述**　介绍本公司的名称、地址，技术说明书的结构与主要内容，公司概况等。

（2）**投标人的技术力量**　介绍公司的资质、人员、设备等技术力量。对于拟投入的人员力量，最好以框图的形式说明，尤其要说明公司的主要技术力量、管理人员的数量、资质和名单，提供项目经理的资质证书。要根据招标文件的要求附上证明材料。

（3）**工作进度计划**　介绍投标人的工作计划和施工计划，对机械台班的使用等作出说明和介绍。

（4）**文明施工、安全施工措施**　详细说明投标人的文明施工、安全施工措施，做到有根有据，不要抄袭一些规章制度，如对余泥渣土和噪声的管理等。

（5）**质量保证措施和售后服务措施**　详细说明建设工程的质量保证措施和售后服务措施。

（6）**技术偏差表**　以表格的形式列出技术偏差，如果没有偏差，也要列出无偏差，千万不能省略。

（7）**需要使用的机械、设备**　对于建设工程中所需要的机械、设备，投标人自身有的设备和机械最好列出，以显示自身的实力。

（8）**需要业主配合的条件**　在投标文件中要列出需要业主提供和配合的条件，以及免费提供的文件和资料等。不过，以笔者多年的评标经验来看，普通的水、电、气等条件并不需要专门列出，需要业主提供的特殊条件又会影响评分，所以，需要业主配合的条件尽量慎重列出。

2. 商务文件

商务文件在一些招标文件中有时是和技术文件列在一起的，但是，对于大型的建设工程，往往是独立成为文件的比较多。商务文件可以参照以下结构和内容编制。

（1）**投标人的财务报表**　如投标人的营业执照、注册资金、经审计的财务报表（资产负债表、损益表、现金流量表）等。

（2）**投标人的过往业绩**　投标人在以往年度的业绩，必须根据招标文件的要求提供，如有些招标文件规定提供三年内的业绩，或提供营业额在1000万元以上的业绩等。这些只需要根据招标文件的规定提供即可。在实践中，有些投标人往往在投标文件中仅以表格的形式列出一些业绩和项目，却不能提供合同复印件，这是不能作为业绩认定的。

（3）**交货日期**　列明交货日期或工期，以及交付使用日期等。

（4）**商务文件偏差表**　要列出商务文件的偏差，如付款条件等；如果没有偏差，也要列上。

（5）**其他项目的评价**　在一些建设工程中，招标文件往往要求投标文件中提供其他用户的满意度调查、用户评价或奖项等，投标文件中要按招标文件的要求提供。

3. 价格文件

价格文件包括以下主要内容：

（1）**分项、分部价格表**　要根据招标文件要求或工程计价的要求，列出建设工程各分部、分项的价格和合价，如各种人工费、材料费等。

（2）**各种规费、税费**　要列出各种规费、社保、公积金等的费用、价格等。

（3）设备、材料表　列出主要设备、原材料的价格。

7.3　电子投标文件

2013 年 2 月 4 日，国家发展和改革委员会等八部门联合发布了《电子招标投标办法》（发展改革委令第 20 号）。《电子招标投标办法》分为总则，电子招标投标交易平台，电子招标，电子投标，电子开标、评标和中标，信息共享与公共服务，监督管理，法律责任，附则等 9 章，共 66 条，自 2013 年 5 月 1 日起施行。近年来，电子招标投标越来越普遍，如广东省发展和改革委员会等八部门于 2021 年 6 月联合印发了《广东省进一步优化招标投标领域营商环境工作方案》，提出 2021 年底前依法必须招标的项目实现全流程电子化招标投标。电子投标文件既是投标文件的一种，也有一定的特殊性。为突出论述重点，本章将电子投标文件单独介绍。

7.3.1　电子投标文件的优缺点

1. 电子投标文件的优点

电子投标文件作为电子招标的重要环节，无疑具有独特的优势。

1）能提高招标的透明度。电子投标文件在利用技术手段解决弄虚作假、暗箱操作、串通投标、限制排斥潜在投标人等招标投标领域突出问题方面有着独特优势。电子投标中使用电子投标文件，在计算机和网络上容易留下痕迹，且不容易更改，可以溯源，这就在技术层面上有助于解决暗箱操作和串通投标等问题。例如，对投标人来说，使用相同的 IP 地址登录或使用相同的机器码上传投标文件，会很容易被监管机构认定为串通投标。而对招标人或工作人员来说，投标文件需要密码或授权才可以登录、打开、修改，谁登录、修改或毁灭了投标文件，招标投标、评标系统很容易追踪发现。

2）能节约资源和降低交易成本。传统的纸质投标文件，动辄数百页甚至数千页，有时候还需要一正五副甚至一正七副，还有装订、运输、搬运成本，有的投标文件还需要彩色打印。因此，在投标文件制作、打印、装订过程中，需要消耗大量的纸张和其他成本。此外，纸质投标文件在中标后需要保存，也需要占据巨大的空间和耗费较多的人力。相对于纸质投标文件，电子投标文件在这方面无疑具有巨大的优势，能节约资源和降低交易成本。

3）能提高投标的便利性和提升投标企业的管理水平。电子投标文件可以远程投标和开标，开标时也不一定要在开标现场。电子投标文件是以信息化为基础的，方便信息共享和查询。例如，企业的诚信记录和违法处罚，可以查询信用中国网站，一些资质、资格、奖项、荣誉等商务资料，也可以直接在网上查询，这些都大大提高了投标的便利性。在开标过程中，企业会将投标文件以电子版的方式提交，评标的过程就是将电子投标文件和各种数据库相互对比的过程，这一过程实现了精准化的目标，既能减少弄虚作假的现象发生，也可以发挥互联网的竞争优势，进一步紧密联系大数据和政务云等资源。电子投标文件有一套系统化的管理流程，大大降低了人力资源的使用率，进一步压缩了投标成本，企业在投标成本和费用等方面也无须投入大量的资金。通过电子化的招投标方式，还能使企业的整体管理水平得到稳步提升。

2. 电子投标文件的缺点

当然，电子投标文件也有明显的不足之处。

1）电子投标文件完全依赖电子投标平台乃至各种政务平台，如果突然断电、网络不通或系统出现故障，则会导致开标、评标失败或投标文件无法打开、下载。电子投标文件既需要招标投标软件的支持，也需要计算机、网络等硬件设备的支持。有些不完善的系统无法与计算机配置相互兼容，就会造成电子投标文件在制作过程中出现异常，影响到投标效果。在信息化时代，资源就是一切，不能共享的信息资源困于闭塞的环境下就毫无价值可言。因缺少完善的技术标准，造成电子诚信库中的信息不能及时互通，这也是阻碍电子投标发展的重要影响因素。电子招标投标系统在信息及功能方面仍无法实现共享。

2）电子投标文件也有可能会造成泄密且不容易查找乃至追责。电子交易文档，尤其是投标文件，如何全过程地保证真实性、完整性、安全性和有效性，在我国还是一个没有完全解决的问题。电子投标文件作为公共资源交易档案制度的重要档案文件，必须定期、完整、真实、准确地存储到不可更改的介质上，并集中保存，或按规定从计算机上彻底删除。公共资源交易档案制度在我国法律法规中仍无明确、详细的规定，使得交易档案的整理、立卷、装订标准不能有效统一，各相关单位在此业务上方法不一、形态各异。笔者在实际工作中经历了纸质档案数字化转换的过程，这是一个比较艰难的过程。数字化档案向电子化档案转换的管理和探索，需要一定的时间、业务量和经验的积累。

3）有些电子投标文件还需要纸质文件的备份，这并不是实施电子投标文件的初衷，相反还会造成负担。电子投标文件的发展目标是不再受到地域的限制，可以实现远程投标，并且在网络上进行开标，在网络上实现公平、公正、公开、透明的投标过程，实时予以监督。但就目前的发展情况来看，我们距离这个目标还有一定的距离。

7.3.2　电子投标文件与纸质投标文件不一致问题的处理

《中华人民共和国电子签名法》第三条规定："民事活动中的合同或者其他文件、单证等文书，当事人可以约定使用或者不使用电子签名、数据电文。当事人约定使用电子签名、数据电文的文书，不得仅因为其采用电子签名、数据电文的形式而否定其法律效力。"《中华人民共和国电子签名法》保证了电子签名的法律效力，为电子招标的推行创造了法律条件。经过电子签名的电子投标文件对投标人具有法律约束力，在没有特别规定的情况下，其法律效力等同于纸质投标文件。在实践中，由于纸质投标文件有签名、盖章，当非经电子签名的电子投标文件与纸质投标文件不一致时，通常应以纸质投标文件为准。

《电子招标投标办法》第六十二条规定："电子招标投标某些环节需要同时使用纸质文件的，应当在招标文件中明确约定；当纸质文件与数据电文不一致时，除招标文件特别约定外，以数据电文为准。"因此，正常情况下，投标文件出现纸质版与电子版不一致，且招标文件中没有约定时，应以电子版为准。所以，如果招标文件中有约定，那么就应以招标文件约定的版本为准。

在电子招标投标实践中，一些招标人为保险起见，一般既要求提供电子投标文件，又要求提供一套乃至一正一副两套纸质投标文件。如果招标文件没有明确规定以哪种形式为准，则要注意相关法律法规的规定。

7.3.3 电子投标文件的制作

电子投标文件的制作，首先，必须要有一定的计算机软硬件配置要求，如计算机操作系统和辅助制作系统。如果招标文件有特别规定的，则要依从招标文件的规定。其次，要注意电子投标文件的格式，如压缩文件的大小、图片的像素、保存文件的扩展名、文件名字等。电子投标文件必须对应招标文件形成相关目录，且页码对应；为方便评标专家评阅，最好在评阅要点或评分点有超链接。

对投标人来说，为减少重复工作量，提高电子投标文件制作的效率，最好有专用的电子投标文件制作计算机，投标专用计算机只限于电子投标文件制作、上传、解密，不要挪作他用，且平时注意维护。此外，投标人应养成分类、归类和保存的好习惯。一些经常要使用的投标资料，如资质、资格、荣誉、业绩、奖项等，最好分类、分年进行电子化保存，以后需要制作电子投标文件时，可以很方便地随时调用和使用。

如果说纸质投标文件的质量取决于内容和格式，则电子投标文件对格式更加注重。对于电子投标文件，最重要的是易于查找和评审，因此，电子投标文件并不需要做得很大，但一定要有超链接，并做到位置链接准确。简洁清晰的电子投标文件便于评审专家查找内容打分，所以只有按照评审的习惯，才能赢得较高的主观分。在实践中，要注意招标文件的规定，可以借鉴和参考各种电子投标文件的制作模板。

7.3.4 电子投标文件的加密和提交

投标人应当按照招标文件和电子招标投标交易平台的要求编制并加密电子投标文件。如果投标人未按规定加密电子投标文件，电子招标投标交易平台应当拒收并提示。投标人应当在投标截止时间前完成电子投标文件的传输递交，并可以补充、修改或者撤回电子投标文件。投标截止时间前未完成电子投标文件传输的，视为撤回电子投标文件。投标截止时间后送达的电子投标文件，电子招标投标交易平台应当拒收。

电子招标投标交易平台收到投标人送达的电子投标文件，应当即时向投标人发出确认回执通知，并妥善保存电子投标文件。在投标截止时间前，除投标人补充、修改或者撤回电子投标文件外，任何单位和个人不得解密、提取电子投标文件。

对于资格预审文件，电子申请文件的编制、加密、递交、传输、接收确认等，也与电子投标文件有一致的要求和规定。

7.3.5 电子投标文件不能解密的案例分析

1. 案例背景

投标人 A 参与了某建筑工程招标项目（货物类）的公开招标活动，该招标采用电子投标的方式进行。投标人 A 于投标截止日期前按照招标文件要求上传了电子投标文件，且招标代理机构的系统显示电子投标文件上传成功。开标当日，共有 4 个投标人参与投标，招标代理机构工作人员按照规定流程依次下载了这 4 个投标人的电子投标文件，但对文件进行解密时，只有投标人 A 的电子投标文件无法解密。后经负责公共资源交易系统运维服务的驻场技术人员、系统后台运维人员及负责提供投标文件解密软件服务的公司的工作人员对该电子投标文件进行核验，均未能给出该电子投标文件无法解密打开的具体原因。招标代理机构遂以投标人A"误选了非本项目的最新加密规则文件，导致投标文件不能在开标时解密"和"符合性审查表初审不通过，按投标无效处理"为由，认定投标人A的投标无效，其电子投标文件未进入评审环节（未进入评审环节，与评审专家无关）。该建筑工程项目评审结束后，招标代理机构工作人员重新下载投标人A的电子投标文件，重新下载后该电子投标文件可以成功解密，即投标人A的投标文件正常。基于此事实依据，投标人A对招标代理机构将其电子投标文件作无效处理提出质疑。

2. 案例分析

这是电子投标文件投递过程中比较常见且不易处理的案例。在工程招标投标活动中，因技术原因导致投标人的电子投标文件无法正常打开，是否应该作无效投标处理？

本案例中，招标代理机构认定投标人A投标无效的理由为"误选了非本项目的最新加密规则文件，导致投标文件不能在开标时解密"，继而导致符合性审查不通过，按投标无效处理。但实际上，投标人A的行为显然不符合"误选了非本项目的最新加密规则文件，导致投标文件不能在开标时解密"的情形，因为投标人A并未误选最新加密规则，且投标人A上传的电子投标文件显示是成功的，系统反馈给投标人的信息也显示电子投标文件上传并未出现错误。因此，投标人A的电子投标文件属于可以上传但不能解密的情况。

那么，投标人A的情形是否适用《电子招标投标办法》？《电子招标投标办法》第三十一条第一款规定："因投标人原因造成投标文件未解密的，视为撤销其投标文件；因投标人之外的原因造成投标文件未解密的，视为撤回其投标文件，投标人有权要求责任方赔偿因此遭受的直接损失。部分投标文件未解密的，其他投标文件的开标可以继续进行。"

因此，该电子化工程交易中，最关键的问题是要查明是投标人自己的原因还是公共资源交易平台的原因，造成投标人A的电子投标文件无法解密。如果是后者，显然招标代理机构不能对无法解密的电子投标文件作无效投标处理。

招标投标应坚持的原则之一是公正原则，公正不仅体现于各投标人之间，也体现在投标人与招标人、招标代理机构、评审专家之间，在投标人没有任何过错的情况下，作出任何对投标人不利的决定都应该具有法律法规和事实依据。

因此，非投标人的原因（如电子投标信息系统技术原因）导致投标人的电子投标文件无法正常打开的，不应作出对投标人不利的处理。本案例中，如果是公共资源交易平台的技术原因导致的，可以延缓评标或允许投标人A提供可以解密的电子投标文件。

同时，实行电子招标投标的建筑工程项目，对于非投标人原因导致电子投标文件无法解密的，招标代理机构不能轻易认定投标人的电子投标文件无效。当出现本案例情形时，应先与技术人员确认是否无法解密。当确认无法解密后，应及时与投标人沟通，确认是否投标人的原因。如果非投标人的原因，则应该给投标人重新提供电子投标文件的机会。

此外，招标文件也应该对该情形事先约定应急措施，提供电子投标文件解密失败的补救方案，防患于未然。在实践中，电子招标投标的招标人可以允许投标人递交一份纸质投标文件作为备份，非投标人的原因导致解密失败时采用纸质投标文件，或者招标人也可以探索其他技术手段作为补救方案，以保障招标活动的顺利进行。

对于投标人来说，此案例的教训是要更加重视电子投标文件的制作、上传和加密，确保系统兼容，投标文件无病毒，能顺利解压、解密和阅读，投标人及其授权投标人员应有一定的计算机知识和技术，应熟悉电子投标文件。

7.4　投标文件的提交

7.4.1　投标文件提交的规定

投标人应当在招标文件要求提交投标文件的截止时间前，将投标文件送达投标地点。在截止时间后送达的投标文件，招标人应当拒收。如发生地点方面的误送，由投标人自行承担后果。潜在投标人或者其他利害关系人对资格预审文件有异议的，应当在提交资格预审申请文件截止时间 2 日前提出；对招标文件有异议的，应当在投标截止时间 10 日前提出。

在实践操作中，也有一些业主苦心设计以规避法律和法规的限制，为抢时间，不顾实际工作要求，故意缩短购买招标文件或投标截止的时间，将购买招标文件截止的时间安排在公告的次日，使大多数有竞争力的投标人无法参与购买。只有那些与业主有关系的投标人因事先获得消息，才可以应对自如。

在党的十九以后，更加注重强化招标人主体责任，引导和监督招标人根据招标项目实际需要合理设定投标人资格条件，公平对待各类市场主体，严格落实公平竞争审查制度，防止起草制定含有不合理排斥或限制投标人内容的政策措施。近年来，在有关监管部门的强力监管下，这方面的违规已基本绝迹。

7.4.2　投标文件提交的实务举例

某重点工程项目计划于 2020 年 12 月 28 日开工，由于工程复杂、技术难度高，且使用的是财政资金，业主委托招标代理机构进行公开招标。该工程于 2020 年 9 月 6 日发出招标公告，招标文件中规定，2020 年 10 月 18 日下午 4 时是投标截止时间。后有 A、B、C、D、E、F 6 家建筑施工单位参加了投标。其中，E 单位在 2020 年 10 月 18 日下午 5 时才将投标文件送达，原因是中途堵车导致迟到；C 单位在投标截止时间前向招标代理机构提出撤回投标文件，原因是公司最近资金紧张，不想投标了；F 单位在投标截止时间之后向招标代理机构提出撤回投标文件，原因是感觉公司竞争力不够，中标无望。

该项目开标会于 2020 年 10 月 18 日下午 4 时由该省建委部门领导主持，经过综合评选，最终确定 B 单位中标。双方按规定签订了施工承包合同。

投标人应当在招标文件要求提交投标文件的截止时间前，将投标文件送达投标地点。因此，E 单位由于中途堵车导致投标文件不能及时送达规定地点，其投标文件招标代理机构应该拒收。在实践中，由于城市道路容易塞车，投标人应预计投标路途中所花时间，在投标截止时间前到达规定地点。有些投标人在异地投标时，往往会提前在开标地点附近寻找宾馆住下，搭乘地铁达到开标现场，这是一种认真的态度，考虑到了投标前的突发事件。

《中华人民共和国招标投标法》第二十九条规定："投标人在招标文件要求提交投标文件的截止时间前，可以补充、修改或者撤回已提交的投标文件，并书面通知招标人。"《中华人民共和国招标投标法实施条例》第三十五条规定："投标人撤回已提交的投标文件，应当在投标截止时间前书面通知招标人。招标人已收取投标保证金的，应当自收到投标人书面撤回通知之日起 5 日内退还。投标截止后投标人撤销投标文件的，招标人可以不退还投标保证金。"

因此，C 单位的投标文件撤回应被允许，但应以书面的形式提出。这种情况下，招标代理机构应当自收到投标人书面撤回通知之日起 5 日内退还其投标保证金。至于 F 单位，因为是在投标截止后撤回投标文件，只要还在评标阶段，招标人或其代理机构可以允许撤回投标文件，也可以拒绝撤回其投标文件，并且招标人可以不退还其投标保证金。

7.5　投标文件的补充、修改和撤回

7.5.1　法律规定与操作实务

根据契约的自由原则，我国法律也规定，投标文件提交后，投标人可以进行补充、修改或撤回，但必须以书面形式通知招标人，且补充、修改的内容也为投标文件的组成部分。《中华人民共和国招标投标法》第二十九条规定："投标人在招标文件要求提交投标文件的截止时间前，可以补充、修改或者撤回已提交的投标文件，并书面通知招标人。补充、修改的内容为投标文件的组成部分。"

在提交投标文件截止时间后，投标人不得补充、修改、替代或者撤回其投标文件。投标截止后，投标人要求补充、修改、替代投标文件的，招标人可不予接受；投标人撤回投标文件的，其投标保证金将被没收。投标人要撤回已提交的投标文件，应当在投标截止时间前书面通知招标人。招标人已收取投标保证金的，应当自收到投标人书面撤回通知之日起 5 日内退还。

7.5.2　投标文件的案例分析

某土建工程项目招标，某投标人在提交投标文件后，又在开标前提交了一份折扣信，在投标报价的基础上，将工程量单价和总价报价各降低 3%。但是招标单位有关工作人员认为，根据"一标一投"的惯例，一个投标人不得提交两份投标文件，因而拒绝了该投标人的补充材料。那么，这种行为是否合法呢？我们来分析一下。

《中华人民共和国招标投标法》第二十八条规定："在招标文件要求提交投标文件的截止时间后送达的投标文件，招标人应当拒收。"而第二十九条又明确规定："投标人在招标文件要求提交投标文件的截止时间前，可以补充、修改或者撤回已提交的投标文件，并书面通知招标人。补充、修改的内容为投标文件的组成部分。"

因此，如果是在提交投标文件的截止时间之前，投标人可以补充、修改或者撤回已提交的投标文件。换句话说，在投标文件提交时间截止之前，投标人爱换几次投标文件就可以换几次，招标单位或其代理机构不能拒绝。不过，有的招标文件编制不严谨，只是说明投标的截止时间是开标前，而投标截止时间过后，招标人收取投标文件后封存起来，并不立即开标，这两个时间是不一致的，很容易就投标的截止时间发生纠纷。

在本案例中，该投标人将报价降低 3%是对已提交投标文件的修改，如果招标文件明确规定投标的截止时间就是开标时间，则这种做法完全合法，所以招标单位有关工作人员拒绝

该投标人补充材料的做法是错误的。但是，如果招标文件规定的投标文件提交截止时间是开标前的某年某月某日某时，则过了投标文件提交的截止时间，即使还没有开标，也不能再提交补充文件了。

不过，由于很多工程招标中投标文件提交的截止时间往往就是开标时间，因此这样的投标策略在国际、国内招标中也经常出现，常见的原因是嗅探到了投标对手的价格而临时作出改变。因此，本案例也给招标人和投标人提供了启示，即在开标前做好投标保密工作是非常重要的，以防某些投标人窥探到招标人或其他投标人的报价后作出临时决定而损害自己的利益。

7.6　投标保证金

7.6.1　投标保证金的概念

所谓投标保证金，是指投标人为保证其在投标有效期内不随意撤回投标文件或中标后按招标文件签署合同而提交的担保金。提交投标保证金是国际惯例，也是保证投标人遵循诚实信用原则的体现。投标保证金将促使投标人以法律为基础进行投标活动，在整个投标有效期内如果投标人不遵守招标文件的约定，将受到没收投标保证金的处罚。

因此，从法律角度上说，招标属于要约邀请。设立投标保证金就是对要约应承担法律责任的担保，约束投标人使其在投标有效期内不能随意撤出投标，或中标后应按时与业主签订合同。如果投标人一旦违反要约承诺，其投标保证金将被没收。投标人应当按照招标文件规定的方式和金额，将投标保证金随投标文件提交给招标人。未提交投标保证金或未按规定方式、额度提交的，或提交的投标保证金不符合招标文件约定的，则该投标文件会被拒收或作为废标处理。

值得注意的是，除了投标过程中所提交的投标保证金，还有中标后所提交的履约保证金，它们是不同阶段的保证金形式。招标文件要求中标人提交履约保证金的，中标人应当按照招标文件的要求提交。履约保证金不得超过中标合同金额的 10%。

7.6.2　投标保证金的形式和额度

1. 投标保证金的形式

投标保证金可以选择现金、现金支票、银行汇票、保兑支票、银行保函或招标人认可的其他合法担保形式。值得注意的是，若采用现金支票或银行汇票，投标人应确保上述款项在投标文件提交截止时间前能够划拨到招标人的账户里，否则，其投标担保视为无效。依法必须进行招标的项目的境内投标单位，以现金或者支票形式提交的投标保证金应当从其基本账户转出。

若使用银行保函，其格式必须采用招标文件中所给出的标准格式，银行的级别由招标人根据招标项目的情况在投标人须知资料表中规定，银行保函的原件应在投标截止时间前由投标人单独密封到开标一览表中并提交给招标人。2018 年以来，为减少投标保证金的积压和降低投标人的投标压力，全国各地鼓励和探索以银行保函、担保公司保函形式提供保证金，极大地减轻了各投标人的资金压力。总之，投标保证金的相关证据要作为投标文件的一部分列出。

2. 投标保证金的额度

投标保证金的额度应由招标人在投标人须知前附表中写明，投标人在提交投标文件的同时，应当按照投标人须知前附表中规定的数额和方式提交投标保证金。为了平衡招标人与投标人的利益，有关法规规定：施工招标或货物招标的，投标保证金一般不得超过投标总价的2%（国际上最多可以为10%），但最高不得超过80万元人民币；勘察设计招标的，投标保证金一般不超过勘察设计费投标报价的2%，最多不超过10万元人民币。在一些大型招标项目中，投标保证金的比例一般为0.5%~1%，而在一些小型工程项目中，投标保证金的比例一般为1%~2%。

《中华人民共和国招标投标法实施条例》中规定，投标保证金不得超过招标项目估算价的2%，但对金额的限值没有进行具体规定，也就是说，只要不超过2%，可以突破80万元。投标保证金的有效期应当与投标有效期一致。但是，在各地的招标实践中，某些招标人为了某些不可告人的目的，不惜以高额的投标保证金来吓退潜在投标人的情况也不少见。

当前，既有一些地方政府探索取消投标保证金，通过设立诚信制度来取代投标保证金，也有某些地方探索设立一个年度的投标保证金总量等改革措施。

3. 投标保证金额度案例分析

某医院建设工程招标，工程造价（即招标文件规定的投标价上限）为6000万元，但其招标文件规定的投标保证金为2000万元，为工程造价的1/3，达到了履约保函最高限价（一般为合同价的10%）的三倍多，且要求必须通过银行进行现金支付。

这是一起严重违反法律法规的投标保证金案例。原来，这是业主与意向中标单位勾结起来所设的"陷阱"，其用意就是用巨额的投标保证金吓退不知内幕的潜在投标人。实际上，内定的中标人根本就不用拿出2000万元的投标保证金，而其他投标人则必须实实在在地拿出2000万元转入招标人的投标保证金账户。

这个案例属于比较早期的投标保证金违规事件。近年来，随着监管部门稽查力度的加强，这种比较低劣、明显的违规手段已不常见。此外，国家有关部门大力发展使用银行保函、担保公司保函形式的保证金制度或保险公司保证金制度，投标人已不需要投入巨额的保证金，通过高额保证金吓退竞争对手的事件已越来越少了。

7.6.3　投标保证金的期限和退回

1. 投标保证金的期限

在实践中，投标保证金的有效期一般与投标有效期相同，这是最常见的情况。但是，也有的规定投标保证金的有效期应当超过投标有效期30天。《中华人民共和国招标投标法实施条例》规定："投标保证金有效期应当与投标有效期一致。"

2. 投标保证金的退回

招标人最迟应当在书面合同签订后5日内向中标人和未中标的投标人退还投标保证金及银行同期存款利息，这是法律法规中的规定。在实践中，有的地方规定，未中标的投标人的投标保证金在中标公示无异议后数天内退回，而中标人的投标保证金则在签订合同后5日内退回；而有的招标项目中，中标人的投标保证金不退回，直接转化为履约保证金。

3. 投标保证金没收的情形

当发生以下情况时，招标人有权没收投标人提交的投标保证金：

1) 投标人在招标文件规定的投标截止时间后撤回其投标文件的。

2) 中标人未能在招标文件规定的期限内提交履约保证金或签订合同的。

以上两种情况也说明了投标保证金的作用。《中华人民共和国招标投标法实施条例》第六十六条规定：“招标人超过本条例规定的比例收取投标保证金、履约保证金或者不按照规定退还投标保证金及银行同期存款利息的，由有关行政监督部门责令改正，可以处 5 万元以下的罚款；给他人造成损失的，依法承担赔偿责任。”在实践中，也有投标人因串标等违规情形被监管部门没收投标保证金或以投标保证金冲抵罚款的情况。

7.7 细节决定成败——投标应注意的几个细节问题

在招标投标过程中，投标人提交的每一份投标文件，都凝聚着投标决策者和众多相关工作人员的大量心血，也消耗了投标公司的大量财力、物力。虽然每次投标关系能否中标的因素有很多，但是，由于投标人对招标文件研究不够深入，细节处理失当，在资格预审或符合性审查过程中就被否决的投标也屡见不鲜。笔者参与过大量的评标工作，在此对那些因对投标细节注意不够而被废标的情况进行了总结，希望能对广大投标人有所启示。只有成熟地处理投标中的每一个细节，才能带来一次成功的投标。这里不讨论由于投标人实力、投标策略等客观原因所造成的废标或不中标，专门讨论由于投标文件格式、细节处理等方面处理不当所造成的投标失败。

7.7.1 投标文件的格式不对

1. 签章或签名出现问题

相关法律和招标文件对签章或签名都有规定，最好严格按照这些规定去执行。某些投标文件的投标委托函、重要资格/资质证明文件、声明函等没有签章或签名，或者虽然有盖章或签名但是格式不对，这些都是投标文件容易出现的签名或盖章问题。

签名或盖章是符合性审查必审的内容。但是，有关签名和盖章的问题，法律法规规定得比较模糊。《中华人民共和国招标投标法》没有对签名和盖章作出具体规定，仅在《中华人民共和国招标投标法实施条例》第五十一条中规定，投标文件未经投标单位盖章和单位负责人签字，评标委员会应当否决其投标。《房屋建筑和市政基础设施工程施工招标投标管理办法》第三十四条规定，在开标时，投标文件中的投标函未加盖投标人的企业及企业法定代表人印章的，或者企业法定代表人的委托代理人没有合法、有效的委托书（原件）及委托代理人印章的，应当作为无效投标文件，不得进入评标。

对于电子投标文件，《电子招标投标办法》第四十条固定，招标投标活动中的下列数据电文应当按照《中华人民共和国电子签名法》和招标文件的要求进行电子签名并进行电子存档：

1) 资格预审公告、招标公告或者投标邀请书。

2) 资格预审文件、招标文件及其澄清、补充和修改。

3）资格预审申请文件、投标文件及其澄清和说明。

4）资格审查报告、评标报告。

5）资格预审结果通知书和中标通知书。

6）合同。

7）国家规定的其他文件。

对于电子投标文件，对签名和盖章的规定也是非常模糊和粗糙，仅提到"资格预审申请文件、投标文件及其澄清和说明"应该进行电子签名。

可见，投标文件封面是否应该盖章，是否应该盖骑缝章，其实法律法规中并没有作出详细或严格的规定。有关投标文件的签名、盖章问题，应该以招标文件的规定为准。有些招标文件规定既要页签也要盖骑缝章，其实也没有违反法律法规的规定，只是比较啰唆，不是很合理。

例如，某次工程招标，招标文件明确提出投标授权函要有授权人签名，并且在招标文件中提供了样本，但某投标人的投标文件用签章代替签字。在评标会上，5名专家各自有不同的看法，有的说问题不大，有的说是明显错误，最后以少数服从多数的方法否决了这家公司的投标。该投标人连符合性审查都没有通过，实在可惜。签名和盖章是非常重要的工作，在投标实践中，待投标文件全部签完字之后，应有专人检查，应特别留意有没有漏掉需要签字盖章的地方。

2. 投标文件签章或签名操作实务问答

下面对建筑工程投标文件签名、盖章容易出现混淆的情况以问答的形式进行简要说明。

1）问：投标文件正本盖红章，副本是否可以用正本复印件？

答：这种情况具体要看招标文件的规定，若招标文件中明确规定以正本为主，就可以采用正本红章、副本复印的形式。实践中，一般副本可以复印，但盖章时依然用红章。

2）问：投标文件是否需要逐页盖章？

答：投标文件是否需要逐页盖章，要看招标文件的规定，法律法规中并没有规定要逐页盖章。投标文件逐页盖章的目的是招标人欲规避投标人不认账的风险。招标文件通常都具体规定了哪部分需要签字和盖章，不要求的可以不盖。

作为有经验的投标人，建议投标文件每一页都盖章，即除了目录和封底不需要盖章，投标文件的相关复印件和文字部分应全部盖章。复印件盖章时，最好盖在复印件的空白处，不得和资质文件上原有的公章重叠，以方便评委查阅。

3）问：投标文件是否需要盖骑缝章？封面是否需要盖章？

答：投标文件是否需要盖骑缝章，要看招标文件的规定，法律法规中并没有规定要盖骑缝章。同样的，封面是否需要盖章也是一样的处理方法。在实践中，即使招标文件没有特别要求，投标文件最好也盖骑缝章和封面章。

4）问：投标文件打包之后如何盖章？

答：相关法律法规中并没有规定投标文件的外包装该如何盖章，具体应遵从招标文件的规定。在实践中，投标文件打包之后，外包装正面通常都会按要求贴上封面。封面上要盖投标人公章，既为了区别，也是为了权威认同。包装文件的背面及两端应当贴上封条，封条四角应分别盖投标人的公章。

5）问：投标文件的公章没盖清楚，加盖一个可以吗？

答：这个要看印章字迹是否清楚，还有就是所加盖印章页的资料性质。考虑到一般加盖公章的都属于重要内容，如果印章字迹模糊不清，为保险起见，建议能换页的应该换页，不能换页的可在旁边加盖清楚的印章，再由法定代表人或其委托代理人签字确认。虽然法律法规和招标文件中一般都不会规定，但一般情况下，多盖或加盖一个公章肯定没有问题。

6）问：电子投标文件还需要加盖公章吗？

答：《电子招标投标办法》中仅提到，资格预审申请文件、投标文件及其澄清和说明应该进行电子签名，故这种情况还得参考招标文件的具体规定。在实践中，电子投标文件的重要资料等同于纸质投标文件，故要求盖章的情况比较常见。

7）问：投标文件需要盖法人、投标代理人的名章吗？

答：相关法律法规中也没有对此进行规定。一般情况下，招标文件不会要求法人和投标代理人盖名章，只需要签字即可，若招标文件有此要求按要求盖名章即可。但是，也有的招标文件规定法人签章，投标代理人签名，则签名不能用签章代替。

8）问：投标文件中必须同时进行盖章和签字吗？

答：具体要看招标文件的规定。一些招标文件不仅规定投标文件的某些资料需要同时盖章和签字，还提供了投标文件的样本，投标人最好不要改动格式。虽然投标文件完全没有必要既要求盖章又要求签字，但招标文件这么规定只是不合理，并不违反法律法规的规定，作为投标人，最好依照招标文件的规定操作。

9）问：投标文件应该在哪些地方盖章或签字？

答：一般情况下，一份投标文件只需在投标面函或投标文件封面上盖章即为有效，无须在多个地方重复盖章。有些招标人认为，只有加盖了投标人公章的内容才有效，这是曲解了盖章的作用和目的。

有些招标人要求投标人在营业执照等第三方出具的证明文件上加盖投标人单位公章，这就更无必要了。当然，为了便于评审，招标人可以对投标文件盖章或签字的位置作出规定，作为投标人，最好依照招标文件的规定操作。

10）问：投标文件应该盖什么章？

答：招标投标的相关法律法规中并没有作出具体规定，但其他法律法规中有类似的规定。按照我国的一般做法，只有单位公章才是单位对外承担责任的标志，除单位公章以外的其他印章，如投标专用章、合同专用章、财务专用章、单位内设机构印章、分公司印章等，都不能独立对外产生效力。

如果这些印章独立出现在投标文件中，并不能代表投标人将对此承担责任。只有当投标人出具了加盖单位公章的专门授权书，授权投标专用章、合同专用章、财务专用章、单位内设机构印章、分公司印章等可以用于本项目投标，这些印章才为有效。因此，除非招标文件有明确规定，一般应以单位公章代替其他各种印章。

11）问：投标文件中，法定代表人或其授权代表应如何签字？

答：一般依照招标文件的规定。签字的形式有多种，常见的包括手写签名、签章、手印加签名、手印加签章、加盖电子印鉴等。有时候，由签字人盖手印也是一种签字形式。既然签字形式如此之多，招标人有必要在招标文件中对签字的形式作出规定，否则极易产生争议。一般要求签名的地方，不能以签章来代替。另外，除非有明确规定，投标文件一般签名即可，不需要按手印。

12) 问：投标文件中，法定代表人授权书的被授权人是否必须签字？

答：相关法律法规中并没有这方面的规定。招标文件有时有具体规定，甚至提供了被授权人签字的模板，这种情况下，该授权书需要被授权人签字，否则，投标文件有可能被否决。在实践中，评标委员会有时会以法定代表人授权书的被授权人没有在授权书上签字而认定授权书无效，其实这种认定是错误的。授权是一种权利的让渡行为，授权书的核心是拥有权利的人必须签字，以体现其让渡权利的意思表示，而接受授权的人是否在授权书上签字并不影响授权书的效力。这和赠与行为一样，赠与人的赠与表示并不因为被赠与人没有明确表示接受赠与而影响其效力。

3. 日期不对

投标文件中很多地方需要签署日期，如投标函、授权函等重要函件。一些投标人因粗心大意，而没有注意到日期的前后不对应。例如，某投标文件的法人代表授权书，授权日期竟然在开标日期之后。这样的签署当然是不对的，尽管评标专家都知道这是笔误，但如果严格依照相关法律，这就是不合格的投标文件。

又如，某投标文件的法人代表授权书和投标函签署的日期都是 2209 年×月×日。实际上，评标专家都知道日期应该是 2009 年×月×日，这属于明显的笔误。在这种情况下，评标委员会既可以认定为明显笔误，属于小偏差，也可以认定为授权书不符合法律法规的要求，属于重大偏差而否决该投标。

某些投标文件的日期签署前后混乱、矛盾，如有的投标人将投标函、投标授权书的日期签成不同的日期。这本来不属于重大偏差，是人人都可以理解的笔误。但是，授权日期加上有效期不能短于开标（评标）的日期，即在开标和评标阶段该授权书不能过期。可见，某些投标人如果工作态度不端正，投标时投机取巧或偷工减料，很容易犯低级错误而被废标。有的投标人为了偷懒，每次投标都习惯于用上次投标的模板，或用以前的投标文件稍加修改而成，在用计算机复制过程中忘记了修改日期，或是为了偷懒插入计算机上的日期，而计算机的日期又不对，最后导致投标文件被否决。

对一次重大的投标来说，日期之小，可以变成失败之痛。所以，对投标人来说，若粗心大意不加仔细检查，或工作态度不认真，马虎应付去投标，导致日期不对，则后果有可能非常严重。

4. 投标文件的目录、页码混乱

一些投标文件粗制滥造，既没有目录，也没有页码。对电子投标文件来说，目录和内容之间最好应有超链接，方便评审专家审阅和评分。理论上，不能因没有目录和页码而否决该投标文件，但是会影响评标专家的心情和第一印象，既给评标专家造成阅读和评审的困难，也客观上会给评标专家不专业的印象而影响评分。

有的投标文件，在目录中有某项资料，但是正文中又根本找不到这些资料。更有离谱的投标人将技术标和商务标装在一起，而招标文件已明确要求，要将技术标、商务标分开装订。至于投标文件的装订要求，有的招标文件要求商务标、技术标同册装订，有的招标文件要求分别装订，有的招标文件禁止投标文件用可拆装工具装订，等等。

投标文件的格式、外观和目录等能直接反映出投标人的整体素质，切不可轻视。

7.7.2　投标文件的内容前后矛盾

一些投标文件除了格式不对，内容方面也有一些细节考虑不周。投标文件的内容前后矛盾也是经常见到的事情，使人不知道以哪个为准。例如，投标文件前后的数量对不上，总价和单价、数量乘积或小计对不上；公司名字与公章不一致；也有的售后服务、维保期承诺前后不一致，服务响应前后矛盾等；还有的业绩不对，前面的表格中列出了投标人的业绩，后面的内容中又没有显示这些业绩。

在实际评标过程中，投标文件前后矛盾的情况比比皆是。例如，某次评标中，B 公司的资质、条件完全符合招标文件要求，封面、执照等也都没有问题，但是，在后面的报价、工程量清单表格中，每个表格的表头和标题竟然全部写的都是 A 公司的名字，而 A 公司也同时参与了这次投标。显然，出现这样的问题，可能是 B 公司利用了 A 公司的电子投标文件，也有可能是 A 公司和 B 公司串通围标，而 B 公司忘记修改表格的表头，只是将投标文件简单修改了价格，实际上是两份一模一样的投标文件。

再如，在某些投标文件中，A 公司的地址配上了 B 公司的电话，或者 A 公司的安全员同时兼任 B 公司的投标代表。可以想象，这样的投标人显然会受到监管部门的处罚，这么低级、没有技术含量的"失误"让监管部门不费吹灰之力就能抓到实际证据。

7.7.3　如何把投标文件做得尽善尽美

在建筑工程领域，若建筑项目性质相同，投标文件通常大同小异，内容也差不多。投标人在制作投标文件的过程中，若注意平时多积累经验，多归纳总结相关资料，就可以既省时省力、少犯错误，又将投标文件做得精美、准确、富有竞争力。

建筑工程投标是一项系统工程，尤其是重大工程的投标。投标文件是投标过程的重要成果和投标策略的体现，投标人既要精通理论又要有实践锻炼，一次精心准备的投标，往往一两个微小错误就可能导致废标。要根据招标文件，利用计算机及软件制作精美、有效、清晰的投标文件。最重要的是加强职业操守和敬业精神，特别是要对投标文件的编制要求、签署要求、密封要求、装订要求等方面进行认真检查，以符合招标文件的规定，防止因技术犯规而被废标。

投标人要按照招标文件要求的内容、顺序和标准格式编制投标文件，切忌想当然，避免漏项、错项、画蛇添足等现象。招标文件要求必须提供的内容应当章节清晰，一目了然，以便于评审委员会评审，这样就能在无形中提高印象分，在主观分的得分项上占据优势。有的招标文件在投标人必须提交的资料外，还允许提交投标人认为应当提交的其他资料，该部分不是评审委员会评审的重点。招标文件没有特殊要求的，一般应附在最后，在篇幅上也不宜喧宾夺主，以免有滥竽充数之嫌。同时竞投多个标段的，还要注意是每个标段分别提交投标文件，还是汇总后提供一套投标文件等。

编制投标文件时，还应注意以下方面：

（1）**注意语言的规范和格式**　在招标文件中，一般对投标文件都会提供固定格式或样本，投标人应准备清晰明确的投标文件。投标文件的语言要准确、严谨，特别是关键细节处，不应有歧义或模糊不清，或者给评委留下企图蒙混过关的投机感觉。例如，投标企业有法人变更、公司变更、公司迁址等情况，其业绩就应作出说明，并提供变更前后的证明材料或说明。

（2）**注意投标文件的装订**　投标文件应注意格式、外观和装订，如有的投标人提交的是散页的投标文件，这样，专家评标时是不会有好印象的，同时也不便于专家查看投标文件。因此，投标文件应装订成册，外观上尽量做得精致些，投标文件编排、分类后应更有利于评委的阅读。因为评委评标的时间很短，感性认识的东西会较多，应创造快捷的途径方便评委更好地阅读投标文件。

投标文件最好能有精致的装订，封面上使用明显的标志来加以区分。一般情况下，评标时间都很紧张，如果投标文件排列有序，查阅便利，这样就有利于评标人在较短的时间内全面了解投标文件的内容。可以说，投标文件的装订、排版水平是评标印象分的主要来源。

（3）**应注意完全响应招标文件的所有实质性内容**　投标文件的制作也是企业形象的一种展示，应尽量减少错误，特别是致命错误，如对招标文件中的实质性内容没有作出明确的响应。根据《中华人民共和国招标投标法》的规定，投标文件必须对所有实质性内容作出完全响应。若实质性内容里有一条未作出响应，就可能导致废标；若与实质性内容偏离过大，也可能导致废标。因此，企业要认真搞清楚哪些是招标文件中的实质性内容。

（4）**要尽量把有效资料提供齐全**　要把企业的基本情况表述清楚，不应仅仅局限于招标文件中规定的部分内容。企业的基本情况包括企业的营业执照、法人代表授权书、经营状况、中标情况等。有些企业的实力很强，业绩也不错，但提供的投标文件却不能充分证明这些。投标企业应充分提供最能体现出该公司竞争力的资料。例如，某些投标文件的财务报表很厚，但没有提供审计；某些投标文件的工程业绩未提供证明材料，而招标文件中的评分细则明明规定，要提供中标证书或合同复印件并提供业主评价或验收报告才算有效；也有的招标文件要求业绩必须是与某某相类似的业绩或某个时段以后的业绩等，如果投标人缺少某些关键材料，是不会被评标专家认可的。对于投标人的人力资源和技术力量，招标人若要求投标文件提供他们的社保证明，那就要老老实实地提供社保证明文件。

尽量详细描述投标产品的情况，特别是那些能突出展示自己产品优于竞争对手产品的性能和特点。同时，还应将自身业绩、在其他项目中中标的情况、有关方面的评价、产品样本等有关材料充实到投标文件中，并分别配上详细介绍，以便向评委和招标人充分展示自己的实力。

投标人在招标代理机构或业主的信用情况往往会成为能否中标的因素之一。以前投标的良好信用记录，会为下一次投标铺平道路。这种信用主要体现在投标产品性能与投标文件的一致性上，标志着投标文件的信用度。一旦有了这方面的不良记录，该投标人则很难在下次投标中获胜。售后服务更是衡量企业信用的重要方面，提供好的甚至是超过投标条件服务条款的售后服务，如提供周边设备、延长服务时间等，都会为投标人树立良好的信用。

总之，粗心大意、眼高手低是投标的大忌。正如著名教育家陶行知先生所说："本来事业并无大小；大事小做，大事变成小事；小事大做，则小事变成大事。"所谓细节决定成败，所以每一个投标人都应当从高处着眼，从小处入手，深入研究招标文件，科学制定投标策略，以缜密的思维、认真的态度对待每一次投标，方能在激烈的竞争中立于不败之地。

7.7.4　投标文件中导致废标的常见错误

在建筑工程的招标投标中，废标的情况屡见不鲜，应当引起各投标人的重视。下文总结了投标文件中导致废标的部分常见错误。

1. 投标文件中企业资质、业绩方面的错误

投标文件中企业资质、业绩方面的错误分类说明如下：

（1）**资质不合格或不符合要求**

1）法定代表人已经变更，而原资质证书、营业执照没有及时变更，且在投标文件中又不进行说明。

2）投标企业基本情况表中的法定代表人名字与营业执照、授权委托书中的法定代表人名字不一致。

3）忽视了招标文件对增项资质的特别要求。

4）忽视了招标文件对双资质的要求。例如，某监理工程招标文件要求投标人具备市政工程监理甲级与公路工程监理甲级资质，而某投标企业只有其中一甲或者一甲一乙。其中的一个"与"字意即必须同时具备，该企业因理解不清而出现了常识性错误。

（2）**施工企业安全生产证件不合格或不符合要求**　安全生产证件包括施工企业的安全生产许可证，项目经理、安全生产负责人和安全员的安全生产合格证，其不合格或不符合要求的情形如下：

1）相关证件没有按时年审而过期。

2）项目经理、安全生产负责人和安全员的安全生产证件等级（B 证、C 证）不符合要求等。

（3）**企业业绩或个人业绩不合格或不符合要求**　近×年内已经完成的工程类别、复杂程度、单体工程情况、工程项目数量个数等业绩条件，指定信息平台上可查询的业绩，以及拟投标项目经理或总监理工程师等个人的执业业绩若不满足招标文件的要求，就可能被废标，具体情形如下：

1）投标人的业绩不符合要求，或时间、性质、验收、金额、数量等方面不满足。

2）个人的业绩无法证明是在任职时段完成的，如合同中无个人的名字或无该公司的社保记录等。

2. 投标文件中法定代表人授权书、公证书方面的错误

在投标文件中，各种授权书、公证书等出现错误，也会导致废标，这些常见的废标情形包括以下几种。

（1）**法定代表人授权委托书不满足要求**　包括法定代表人授权委托书的格式、授权人身份与被授权人身份、授权时间等不满足要求，具体情形如下：

1）授权书的签署日期、公证书的日期、投标函的签署日期（或开标的日期）三者之间的关系不符合逻辑性，出现奇葩型错误。例如，某投标函授权委托书中的代理人签字时间（2021 年 1 月 7 日）在授权日期（2021 年 1 月 9 日）之前；法定代表人于 2021 年 1 月 22 日取得公证书，却于 2021 年 1 月 20 日签署了投标函。

2）没有认真核对日期。例如，出现 2021 年 2 月 30 日、2021 年 13 月 9 日、2107 年 1 月 9 日等；元旦之后的投标文件，日期中的月和日改了，年份没有修改，还停留在上一个年度；授权委托书日期与开标日期相同，而公证书的日期却在开标日期之前。

3）被授权人的签字错误。例如，商务及技术文件上签字的授权代理人姓名与财务文件上的授权代理人名字不一致；投标文件上逐页签字的人为张三，而授权委托书的授权代理人却是李四。

（2）**公证书不满足要求**　有的招标文件对公证书有要求，而投标文件却不满足要求。例如，某招标项目分多个标段，允许一家企业一次投两个及以上合同段的，其招标文件规定授权委托书必须分别单独授权、单独公证，而某投标单位没有分开，出现陷阱性错误，还有投标人将不同标段的投标文件中分别授权的公证书错装而被废标。

3. 投标文件中投标保证金、投标保函方面的错误

在建筑工程招标投标中，有些投标文件因投标保证金、投标保函的错误而导致被废标，具体包括以下几种：

1）投标保证金的汇出账户、汇出时间不满足要求。

2）投标保证金数额不符合招标文件的规定。例如，招标文件规定的投标保证金为 200 万元，结果只电汇了 100 万元或 150 万元。

3）银行电汇凭证为黑白件，或未将银行电汇凭证彩色扫描件装订在投标文件正本中，不符合招标文件的规定。

4）投标保证金扫描件不清晰，看不清投标保证金的金额。

5）不同投标合同段的投标保证金原件或扫描件错装。例如，将监理一标的装订到监理二标的投标文件中，甚至将甲监理公司的投标保证金原件装订在乙监理公司的投标文件中，让招标人很容易发现甲、乙两家监理公司串通投标。

4. 投标文件中商务文件编写方面的错误

投标文件中商务文件编写方面有错误也会导致被废标，常见的情形是拟投入主要人员的注册师证件、职称、年龄、业绩等不符合要求。招标文件一般都会给出明确的规定，但是投标人难免会出现常识性错误或陷阱性错误。

1）投标函中总监的名字与投标文件表格材料中的名字不一致，或施工单位投标文件中提供了项目经理人选，却没有提供项目总工人选。

2）职称不能满足招标文件的规定。例如，招标文件要求为高级工程师及以上技术职称，而实际投入的总监职称却为工程师，或者招标文件要求为一级注册建造师，而实际投入的为二级注册建造师等。

3）业绩不满足要求。例如，招标文件要求项目总工具有结构方面的业绩，实际的项目总工不满足招标文件的最低要求。

4）人员数量不满足要求。例如，有的投标文件中未选派测量工程师；有的投标文件中拟投入的监理人员中有两名总监理工程师，不符合招标文件只配备 1 名总监理工程师的要求。

5）拟投入的主要人员正在履约，或备选项目经理、总监无相应业绩或证件不全等。

6）年龄超标问题。例如，拟投入的某副总监理工程师实际年龄超 60 周岁，不符合评标办法资格审查中关于人员年龄的要求。

5. 投标文件中技术文件编写方面的错误

投标文件中技术文件应满足招标文件的要求，因技术文件编写方面的错误导致被废标的情形包括以下几种：

（1）**工程概况编写方面的错误**　投标文件中编写的工程概况，应具有针对性、完整性、对应性，就是与招标文件中的相关内容相呼应，包括招标工程总体概况和所投合同标段的工程概况。其中，招标文件使用表格表述的工程概况，投标企业可以列表表述；招标文件没有使用表格表述的工程概况，投标企业也可以列表表述，以体现对应性，便于评标人员审核和评分。但在实际中，却经常出现以下错误：

1）有的投标文件中技术文件存在某些常识性错误，且缺乏针对性、完整性、对应性。例如，笔者参与评标的某工程项目招标中，某投标人在投标文件中大谈特谈隧道的施工及特点，而该项目根本没有隧道工程，这种投标文件明显是抄袭的。

2）有的投标文件的技术文件中出现低级错误。例如，某建筑工程投标，允许多标段投标，六标段投标文件工程概况的描述包括了第五标段、第六标段的工程概况，甚者复制第五标段的工程概况后都没有修改成第六标段。

（2）**质量、安全、工期目标方面的错误**　例如，投标文件中没有填写质量、安全、工期目标，或者缺少有关目标，或者有关目标与招标文件规定不一致，或者使用了其他项目投标文件中的质量、安全、工期目标，或者没有完全照抄该项目招标文件中的字词，包括其数字、标点符号等。

1）某招标文件中的质量目标规定为："标段工程交工验收的质量评定为合格，且交工验收质量评分在 95 分以上；竣工验收的质量评定为优良，且竣工验收质量评分在 90 分以上。"而某单位投标文件中的质量目标却打印为："标段工程交工验收的质量评定为合格且质量评分不低于 95 分以上；竣工验收的质量评定为优良且质量评分不低于 90 分以上。"

2）有的招标文件专门规定，其安全目标是"不得发生任何等级的安全生产事故"，有的招标文件规定的安全目标是"不得发生任何等级的安全责任事故"，还有的规定"不得发生安全生产事故"，也有的规定"无发生安全生产事故"。投标人一不小心就可能写错。例如，某投标文件中编制安全目标很用心，但写的是"安全目标实现三无、两控制、一消灭"，与招标文件中的"安全要求：无安全生产责任事故"严重不符。

3）有的招标文件，在安全目标中规定"总监办应制定聚众上访事件防范措施并监督执行"，属于强制性条件，结果投标人却对此没有实质性响应。

4）工期目标不符合要求。例如，招标文件的要求是 360 日历天，但投标人填写为 12 个月或者 360 个工作日；投标文件中缺乏工期目标，整本投标文件中找不到施工的工期和进度。

（3）**试验检测设备投入方面的错误**　投标文件中技术文件应严格按照招标文件要求的名称、型号、数量、产地等进行填写，但在实际中，却经常出现以下错误：

1）投标文件中缺少试验检测设备。

2）投标文件中未提供路面材料强度试验仪等关键设备。

3）投标文件中的实验室面积或仓储面积或施工机械等不满足招标文件的要求。

（4）**工程缺陷责任期的有关要求方面不符合要求**

1）没有承诺实施缺陷责任期的施工或监理工作。

2）没有明确缺陷责任期的工作起止时间和总时间等。

3）没有表述完整缺陷责任期应尽到的维修义务等。

（5）**技术标书采用暗标形式，但是不满足招标文件的规定**　具体情形如下：

1）招标文件规定目录不得编页码而编写页码的。

2）没有按照招标文件的规定将页码标注于页面底端居中位置，正文标题及内容的首行顶格的。

3）未使用招标人统一提供的封面，未按照招标文件规定格式的封面打印装订的。

4）未按规定沿着装订孔纵向用白线绳三点一线装订的。

5）字体、字号、标题层次不符合招标文件要求的。

6）投标文件所使用的纸张不符合要求。例如，笔者作为评委参加评审的某建筑工程项目招标中，技术评审使用暗标形式，招标文件规定技术文件必须使用 80 克纸，而某投标文件使用的是 60 克纸。

6. 投标文件中财务方面的错误

财务要求也必须满足招标文件的规定，否则也有可能导致投标文件被否决。财务方面常见的错误有以下几个方面：

（1）**财务报表或审计报表的错误**　招标文件一般要求投标人提供财务或审计数据。

1）联合体投标的次要成员单位没有提供财务报表，而招标文件规定需要提供联合体所有成员单位的财务报表。

2）财务报表没有经第三方审计，或财务报表缺乏审计附注页，或财务报表不齐，或缺乏招标文件规定年份的财务报表等。

3）财务报表的财务指标不满足招标文件的要求，如净利润、资产负债率等指标不符合要求。

（2）**投标报价与唱标函的错误**

1）投标报价超出招标文件的最高限价，或报价下浮率不满足招标文件的要求。

2）未按规定的费率计取监理费用。例如，某监理工程招标文件规定，本合同监理服务费用实行固定总价合同，而投标人投标时却没有此承诺；投标文件附录中监理人与发包人的赔偿限额为监理服务费的 30%，与招标文件规定的 10% 不符。

3）报价函未按照招标文件的规定格式填写。

4）未在报价函上填写投标报价，或大小写均错误，且无法修订或澄清。

5）施工单位投标报价的编制人、审核人的资格、签字齐全性、工程量与招标文件的规定不一致。例如，笔者评审的某工程项目招标中，招标文件规定应提供不少于 3 人的价格文件编制人员名单，投标文件不能响应。

6）投标报价不能分清折扣率与下浮率的区别。例如，笔者参与评审的某建设工程项目招标中，投标人承诺优惠幅度为最高限价的 8 折，投标人理解为下浮程度 80%（即为原来的 20%），实际上，8 折优惠即原价的 80%。

7. 投标文件中封面、目录、页码编写方面的错误

这些错误包括以下几个方面：

（1）**封面的错误**　格式与招标文件的规定不一致；工程名称与合同段编号等有误；投标日期不准确；同时存在多个合同段投标时，封面合同段编号与正文合同段编号不一致；封面是监理 JL1 标，而正文内容却是监理 JL2 标。

（2）**目录的错误**　目录的层次、标题、页码等与正文标题不一致；目录内容与招标文件的要求不一致；目录的字体、字号与招标文件的要求不一致；违背招标文件中目录编写的要求，如要求编写目录而没有编制目录，或要求不得编写目录而又编写了目录。

（3）**页码的错误**　目录页码与投标文件正文内的页码不一致；投标文件没有逐页标注页码；投标文件页码不连续，如缺 108 页、208 页等；投标文件未按照规定从目录开始逐页标注连续页码。

理论上，这些错误属于微小偏差，不应该因此就废标，但是，如果招标文件规定必须严格遵守格式，且评委又比较认真，这样的投标文件被废标虽然也存在某些争议，但对投标人来说却不容易申诉成功。

(4)授权签字的错误　授权委托书中法定代表人未手写签名，使用了印章、签名章或其他电子制版签名代替，未通过第一信封形式评审与响应性评审；投标文件分上下册等多册本的，法定代表人或授权人只在上册签字，下册未经法定代表人或授权人签字。

8. 投标文件中其他编写方面的错误

其他方面的错误包括以下几个方面：

(1)社保缴费证明存在瑕疵或不符合要求　投标人拟任的主要管理人员和技术人员未附社保缴费证明，或应附的有效证明材料不全、未加盖社保机构单位章等。

(2)投标联合体方面存在问题　招标文件中允许联合体投标的，联合体未附共同投标协议；未以联合体牵头人的名义提交投标保证金；投标文件中联合体一方的财务状况表或某年的流动负债未填写数据，以及未提供联合体牵头人的财务报表；投标文件未附融资承诺函等；联合体的成员个数超过招标文件规定的数量。

(3)投标文件的审核、签字盖章、装订、密封等方面的错误

1)投标文件审核不仔细。例如，拟任的项目经理身份证件的名字为唐×升，而行贿犯罪档案查询结果告知函以及社保证明材料中却为唐×兴，属于同音字错误；投标函中的工程名称与本次招标工程名称不一致；合同编号字母大小写不一致。

2)投标文件签字盖章方面的错误。例如，投标文件未逐页签字，未盖封面章、骑缝章等，不满足招标文件的要求。

3)投标文件装订方面的错误。例如，招标文件要求左侧装订两钉，钉不外露，封底为白色 A4 纸，而投标文件的装订不符合招标文件的规定，且无封面、无扉页、无脊背；投标文件的页数、打印不符合要求，如违背招标文件"不得正反面复印，总页数不得超过 150 页"的规定；投标文件中未装订补遗书复印件；违背招标文件中"投标文件的正本与副本应分别采用 A4 纸装订后胶装成册，不得出现散页、重页、掉页现象，不得采用活页夹"的规定；因缺页、装倒、折页以及临时修改、更换后页面的页码、签字、盖章等漏掉内容。

4)投标文件未按照招标文件的要求密封。

5)提供 U 盘方面的错误。招标文件规定须随投标文件提供同版电子标书 U 盘，而投标人没有提供；U 盘的投标单位标识错误、合同段编号错误；U 盘包装的信封错误，如有的要求单独放入一个密封袋中，加贴封条，并在封套封口处加盖投标人单位章，而投标人未遵照执行，或有的要求包封在第一信封中，而实际包封在第二信封中；U 盘不能正常读出。

6)投标文件正本、副本标识方面的错误。例如，投标文件的正本、副本区分方面有错误，即没有标明投标文件的正本和副本；投标文件正本为黑白复印件，不满足招标文件中"商务及技术文件所附各种复印件或影印件均为彩印件且清晰可辨"的要求；副本的内容与正本的内容不一致，且正本又不满足招标文件的要求。

(4)投标文件的递交、参加开标会议方面的错误　这方面的错误包括：

1)投标文件送达的地点错误。投标文件没有按时送达指定的开标地点，特别是二次招标项目，第二次开标的地点变了，而某投标人想当然地将第二次的投标文件送达了第

一次开标的地点而错过开标时间等；投标工程名称与招标文件指明的投标项目送达地点不一致。

2）送标时间错误。投标文件没有按照招标文件规定的时间送达，特别是延迟递交到指定开标地点的，将错失投标机会。

3）参加开标会议法定代表人员的错误。招标文件规定法定代表人或拟任的项目经理、总监必须参加开标会议而实际未参加，或虽去参加开标会议而没有提供身份证原件。

4）拒绝澄清的错误。开标记录确认人的身份不符合招标文件的要求；评标过程中招标人要求澄清而投标人拒绝澄清，如果某施工单位投标报价未计取10%的暂定金额，评标委员会要求其在限定时间内递交澄清函，超过时限后，该投标人仍未给予书面回复。

7.8　本章案例分析

投标文件因没有签名盖章而被废标

1. 案例背景

2019年8月27日，××市快速交通轨道3号线延长线××区间建筑电气及机电设备招标在某工程交易中心举行。在评标会上，评审专家发现某投标人的投标承诺书没有签名。于是评审专家查找投标文件的正本，发现也没有签名盖章。后来，评审专家还发现，这家公司的投标文件法人代表授权书、投标函等都没有签名盖章。因此，评审委员会在初审中依规否决了这家投标人。

2. 案例分析

《中华人民共和国招标投标法》和《中华人民共和国招标投标法实施条例》都没有规定投标文件是否需要签名盖章才算有效。但是，一般情况下地方政府的招标投标法实施细则和招标文件都会明确规定，未按照招标文件规定要求密封、签署、盖章的，应当在资格性、符合性检查时按照无效投标处理。

因此，在实际操作中，招标文件规定，要按规定进行签名盖章。从法律上说，法人代表授权书、投标函、承诺函等，如果没有盖章和签名，则无法确认是否代表投标人的行为，所以进行签名盖章是必要的。

但是，在一些招标过程中，招标文件规定投标文件的封面要签名盖章，甚至要盖骑缝章或每页都要盖章、签名，这种做法确实是不应该的和没有必要的。不过，投标人最好按照招标文件的要求签名盖章，以避免不必要的麻烦。

多家招标工程同时要原件

1. 案例背景

2018年3月3日，××市××污水处理工程招标在某市公共资源交易中心举行。某公司因为在报名时招标代理公司已经查看过资质原件，加之该公司在当天也要参与另外一个工程的投标，就没有携带资质原件，结果，业主代表认为该公司违反招标文件规定，该公司因没有携带资质原件而失去中标资格。

2. 案例分析

该招标案件中违法违规之处甚多。首先，业主代表仅为监督方，不能影响甚至干扰评标委员会的评标，更不能推翻评标委员会的意见。其次，该业主有歧视倾向，由于该公司以前也参加过该招标代理公司的投标，以前的惯例是招标代理公司在资格预审时查看资质原件，在正式投标时只需要在投标文件中附上复印件即可。

近年来，异地投标项目日益增多，但许多招标单位仍要求现场开标时必须携带获奖证书原件，否则不予加分甚至废标。施工企业的各种资质证书、获奖证书一般只有一份原件，如果一个企业在同一日期或相邻日期内遇上两个以上的异地投标，因时空距离只能选择其一，而其他项目只得放弃，尽管前期已投入很大的人力财力，也是无可奈何。因此，招标人或业主、招标代理机构的这些规定确实有不合理之处，不够人性化，应该改进。

近年来，各地对这种要求提供原件进行核查的做法进行了纠正，如有的地方明确规定，对于按规定可以采用"多证合一"的电子证照的，不能要求必须提供纸质证照。还有的地方规定，在评审时不能要求提供所有资料的原件以供核查，在中标签订合同时才可要求提供原件。

投标文件因缺投标保证金文件复印件而被废标

1. 案例背景

2017 年 11 月，××市××区××路路灯设备采购及安装招标项目在某市工程交易中心举行。评标委员会按程序审查、评审各投标人的投标文件时，发现某公司的投标文件正、副本都缺少投标保证金复印件，于是按相关规定，否决了该公司的评标资格。

2. 案例分析

在本案例中，评标会是在周一下午举行，而该投标人是在上周五通过银行汇出的投标保证金。按常理，上周五汇出的投标保证金，在这周一上午收到是没有问题的，但由于上周五下午银行停电，该投标人的投标保证金没有通过银行进入招标代理机构的账户。尽管该投标人手里提供了汇款凭证，但由于招标代理机构没有查到投标保证金到账，因此该公司失去了进一步评标的资格。

通过本案例可以得到的启示是，为确保意外事件发生，投标保证金的汇款时间要预留充足，以免因此失去中标资格。

投标文件因装订混乱而被废标

1. 案例背景

2019 年 12 月 13 日，××市××区××变电站安装工程项目招标在某招标代理公司举行。在评标时有专家发现，A 公司投标文件中投标货物价格明细表的表头中是 B 公司的名字，于是评标委员会以 A、B 两家公司存在串标嫌疑为由，依法对 A、B 两家公司的投标文件作废标处理。

2. 案例分析

因 A、B 两家公司的投标文件中公司名称混乱，评标委员会给予 A、B 两家公司废标的处理是非常正确的。之所以出现这样的问题，一种情况是，A、B 两家公司的投标文件是同一家打字社制作的，打字社给 A 公司做了投标文件后，为了偷懒采用了原来的表格，但漏改了表格内容。另外一种情况是，A、B 两家公司的投标文件是同一个人或同一批人做的，这些人也犯了和打字社同样的错误。不过，从本案来看，后一种情况的可能性更大，这属于典型的串通投标行为。《中华人民共和国招标投标法》中规定的串通招标投标行为的法律责任是：中标无效并处罚款，罚款数额为中标项目金额的千分之五以上千分之十以下；对投标人、招标人或直接责任人的违法行为规定了一系列的行政处罚，如停止一定时期内参加依法必须进行招标项目的投标资格。

思考与练习

1. 单项选择题

（1）以下不属于建设工程施工投标文件内容的是（　　）。

A. 投标函　　　　　　　　　　B. 商务标

C. 技术标　　　　　　　　　　D. 评标方法

（2）在工程量清单计价模式下，单位工程费汇总表不包括的项目是（　　）。

A. 措施项目清单计价合计　　　B. 直接费清单计价

C. 其他项目清单计价合计　　　D. 规费与税金

（3）措施项目组价的方法一般有两种，采用综合单价形式组价方法主要用于计算（　　）。

A. 临时设施费　　　　　　　　B. 二次搬运费

C. 安全施工费　　　　　　　　D. 施工排水费

（4）下列投标文件，将不会被评标委员会否决的是（　　）。

A. 投标文件未经投标单位盖章和单位负责人签字

B. 投标联合体没有提交共同投标协议

C. 投标人符合国家或者招标文件规定的资格条件

D. 投标文件没有对招标文件的实质性要求和条件作出响应

（5）下列属于主要材料价格表中材料费单价组成内容的是（　　）。

A. 一般的检验试验费

B. 新材料的试验费

C. 构件的破坏性试验费

D. 特殊要求材料的检验试验费

（6）在采用预算定额计价时，材料的加工及安装损耗费在（　　）中反映。

A. 材料单价　　　　　　　　　B. 材料定额消耗量

C. 人工单价　　　　　　　　　D. 机械单价

（7）投标保证金不得超过招标项目估算价的（　　）。

A. 1%　　　　　　　　　　　　B. 2%

C. 5%　　　　　　　　　　　　D. 10%

2. 多项选择题

（1）有下列情形之一的，评标委员会应当否决其投标（　　）。

A. 投标文件未经投标单位盖章和单位负责人签字

B. 联合体投标时投标联合体没有提交共同投标协议

C. 投标人不符合国家或者招标文件规定的资格条件

D. 同一投标人提交两个以上不同的投标文件或者投标报价，但招标文件要求提交备选投标的除外

（2）根据《建设工程工程量清单计价规范》的要求，综合单价包括（　　）。

A. 人工费　　　　　　　　　　B. 材料费

C. 机械使用费　　　　　　　　D. 间接费

E. 税金

（3）建设工程施工投标文件的组成内容包括（　　）。

A. 投标函　　　　　　　　　　B. 施工组织设计或者施工方案

C. 投标报价　　　　　　　　　D. 招标文件要求提供的其他材料

（4）开标时，投标文件出现下列情形，应按无效投标文件处理，不得进入评标（　　）。

A. 投标文件未按照招标文件的要求密封的

B. 投标文件逾期送达或者未送达指定地点的

C. 投标人未按照招标文件的要求提供投标保函或者投标保证金的

D. 投标联合体的投标文件未附联合体各方签订的共同投标协议的

（5）投标人在招标文件要求提交投标文件的截止时间前，可以（　　）已提交的投标文件。

A. 补充　　　　　　　　　　　B. 修改

C. 撤回　　　　　　　　　　　D. 澄清

3. 问答题

（1）合格投标人的条件是什么？

（2）《中华人民共和国招标投标法实施条例》对联合体投标有哪些新的规定？

（3）投标文件的编制要注意哪些方面？

（4）《中华人民共和国招标投标法实施条例》对投标保证金的提交有哪些具体的规定？

（5）投标人之间串通投标的行为有哪些？试举例说明。

（6）招标人与投标人串通投标的行为有哪些？试举例说明。

4. 案例分析题

某省山区公路建设工程，属于该省 2020 年重点工程项目，计划于 2020 年 9 月 28 日开工，由于工程复杂、技术难度高，该工程受到社会的普遍关注。建设方委托招标代理机构进行招标工作。2020 年 6 月 8 日，招标人通过招标代理机构发布招标公告，共有 A、B、C、D、E 5 家施工承包企业购买招标文件并认真准备投标。招标文件中规定，2020 年 7 月 18 日下午 4 时是投标截止时间，8 月 10 日发出中标通知书。在投标截止时间前，A、B、D、E 4 个投标人提交了投标文件，但投标人 C 的投标文件于 7 月 18 日下午 5 时才送达，原因是中途堵车。7 月 21 日，由当地招标投标监督管理办公室监督，招标人主持，在该省的公共资源交易中心进行了公开开标。评标时发现，投标人 E 的投标文件虽无法定代表人签字和委

托人授权书，但投标文件均已有项目经理签字并加盖了公章。

问题：投标人 C 和投标人 E 的投标文件是否有效？请分别说明理由。

思考与练习部分参考答案

1. 单项选择题

（1）D （2）D （3）D （4）C （5）A （6）B （7）B

2. 多项选择题

（1）ABCD （2）ABC （3）ABCD （4）ABCD （5）ABC

第8章

建筑工程的投标程序

本章将介绍建筑工程投标的一般程序和步骤，重点介绍投标过程中的踏勘现场、澄清等重要环节，并介绍投标过程中应注意的事项。其中，开标与评标环节在后续章节进行介绍，本章仅介绍投标的部分程序及注意事项。

8.1 投标的一般程序

一项建筑工程，特别是复杂的大型建筑工程，建设程序包括前期策划与可行性研究、立项、决策及各种评估、勘察与设计、施工及竣工验收、投入生产或交付等过程。其中，招标投标可在各阶段都使用或穿插于项目的各个阶段之中，如可行性研究招标投标、勘察与设计招标投标、施工招标投标、机电设备招标投标、材料与货物招标投标、监理及全过程咨询的招标投标等。一项建筑工程只有达到招标的条件才可以启动招标，如建设项目已正式列入国家、部门或地方年度固定资产投资计划或经有关部门批准，投资概算已经批准，资金已经落实等。本章将从建筑工程的各个环节，介绍建筑工程的投标程序。图8-1所示为招标投标的一般程序。

图8-1只是列出了建筑工程招标投标的一般程序，实际上，一项建筑工程的招标投标程序有可能比图8-1展示的更加复杂。例如，项目招标失败，还需要多次招标，需要发布招标失败公告或重新招标公告，重新审批等；开标、评标过程中有可能有述标环节、评标澄清环节；开标以后有可能因停电或评标专家不够等意外事件而封标；投标人组建联合体投标等。一旦出现上述情形，则实际招投标过程比图8-1所示要复杂得多。当然，也有实际招投标过程比图8-1所示更简单一些的情况，如招标工程比较简单，可能就没有资格预审环节，或某些招标项目没有踏勘现场和澄清答疑环节等。总之，图8-1仅列出了招标投标的一般环节，供投标参考，具体情况需要具体分析。

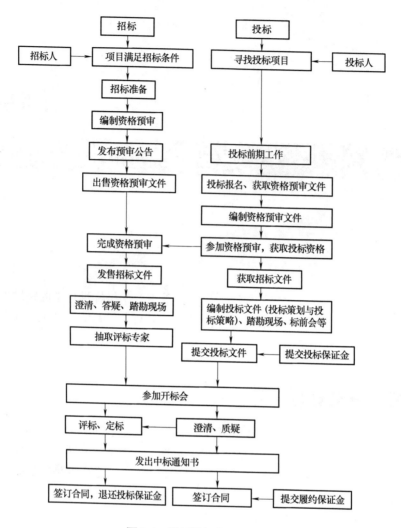

图 8-1 招标投标的一般程序

8.2 投标的过程及步骤

8.2.1 投标前的准备工作

对投标人来说，投标前应认真做好准备工作，应该清楚是谁在招标，是什么样的招标过程及方式，评标方法及评分细节是什么，有哪些潜在投标人来投标，自己投什么标段或标的，有什么优势或劣势等。

投标人要做到心里有数并仔细理解招标投标文件，紧跟招标投标流程，关注每个环节，注意信息收集。参与招标投标的人员要充分认识到个人的责任与企业的利益密切相关，自己所作选择的正确与否对公司的设备、工程质量、成本等影响极大。要充分认识到招标投标工作的严肃性，严格按照规定和流程、手续进行操作。各级参与人员，特别是非专业人员要充分发挥应有的作用。对所选厂家的资质、能力、产品质量、信誉等要了解细致、全面，确保所选厂家具有代表性。提前明确招标投标的内容和要求，作好各方面的准备，并保证厂家与招标单位相互信任。需与其他单位、分公司沟通的要及时联系。

投标人要及时了解招标投标的要求、内容、标准等。投标文件要尽量完善、详尽、准确及清晰易懂，关键性的内容要明确列出和易于查找，如工程总量、设备需求总量、设备要达到的国际和国内标准、质量保证措施、付款要求、评标标准等做到内容标准统一，使投标方便于操作，并便于招标人员开展工作。

作好以往招标投标的统计分析，应通过对以往招标投标结果的汇总和统计，作好价格、质量的预测，必要时做好标底；要通过统计与分析积累经验，在以后的招标投标中对什么样的厂家可以投什么样的标，什么样的产品在什么价格区间合理，做到心中有数。

8.2.2 踏勘现场

1. 法律法规对踏勘现场的规定

踏勘现场是指招标人组织投标人对项目实施现场的经济、地理、地质、气候等客观条件和环境进行的现场调查。踏勘现场可分为招标人组织踏勘现场与投标人自行踏勘现场。《中华人民共和国招标投标法》第二十一条规定，"招标人根据招标项目的具体情况，可以组织潜在投标人踏勘项目现场。"《中华人民共和国招标投标法实施条例》第二十八条规定："招标人不得组织单个或者部分潜在投标人踏勘项目现场。"《工程建设项目施工招标投标办法》第三十二条规定："招标人根据招标项目的具体情况，可以组织潜在投标人踏勘项目现场，向其介绍工程场地和相关环境的有关情况。潜在投标人依据招标人介绍情况作出的判断和决策，由投标人自行负责。"该办法第二十二条同时规定，招标代理机构应当在招标人委托的范围内，承担组织投标人踏勘现场事宜。

因此，从上述法律法规的规定来看，是否踏勘现场应由招标人决定，且应在招标文件中进行约定。《房屋建筑和市政基础设施工程施工招标投标管理办法》第十七条规定，是否踏勘现场应在招标文件的投标须知中列明。招标人也可以不组织踏勘现场，但一旦组织踏勘现场，则必须通知或组织全体潜在投标人参加，不能半遮半掩，要求或组织部分潜在投标人参加。

对于有的建筑工程项目，招标人为了便于投标人清楚了解项目风险，或便于投标人与招标人对接，会组织踏勘现场，甚至有的招标文件规定，投标文件中必须有招标人出具的踏勘现场证明书才有资格提交投标文件。可见，踏勘现场并不是招标项目中必需的或刚性的环节，但招标人若规定踏勘现场是必需的环节，则投标人必须高度重视。

2. 踏勘现场的目的与意义

踏勘现场在建筑工程的招标过程中是非常重要的环节，也与投标策略、投标文件的编制息息相关。如果不进行现场踏勘，潜在投标人对工程项目可能无直观认识，难以正确把握，可能导致投标报价准备不充分、报价不准确、无法发现招标文件中的问题等，若出现工程造价与投标价格出入较大的情形，施工企业将面临较大损失。通过对工程现场的仔细踏勘，可以对工程周边道路交通、用水、用电、运输、场地等施工条件进行充分了解，也能对工程周边地方材料、人工成本等进行了解，更能对招标人提供的图纸是否与工程现场情况相一致进行核实，若发现不符可及时向招标人要求澄清答疑，进而对施工企业编制投标文件、确定投标价格起着重大作用。有时候，潜在投标人还可以通过踏勘现场与招标人建立良好的关系，争取招标人的大力支持，有利于中标后工程建设的顺利开展。踏勘现场是潜在投标人的权利而不是义务，潜在投标人可以自主决定踏勘方式。参加招标人组织的踏勘现场可以将项目情况完全了解，这是踏勘现场的目的与意义。

3. 踏勘现场需要了解的内容

如果招标文件中已列明招标人将组织踏勘现场，则要认真对待。若投标人私下踏勘现场，可以看作投标人调研投标项目。在现实中，投标人往往并不重视现场踏勘，觉得可有可无，或者即使安排了人员进行现场实地踏勘，但员工也很有可能不清楚踏勘需要了解哪些事情，导致实地踏勘变成了走马观花。其实，踏勘现场对投标工作的影响是非常大的，只要掌握了方法和要点，不仅可以帮助投标人提高报价的准确性，更可以为后期中标后施工的顺利实施奠定基础。

那么，投标前期的踏勘现场需要了解哪些信息？又需要注意些什么呢？一般说来，踏勘现场应了解如下内容。

（1）了解工程项目是否达到招标文件规定的条件

1）要了解施工现场平面情况（即现场尺寸），方便制作施工现场平面布置图；了解招标清单列出的包干部分与现场相关联的程度等。

2）了解施工现场有无与招标文件描述不一致的地方，如施工现场自然地坪标高是否与招标图纸自然地坪标高一致或者高差是否很大；了解招标文件是否有漏项情况，如是否距水源地较近或者地下水位较浅，是否需要施工降水等。

3）了解招标文件列出的事宜或者招标文件未列出需要答疑的内容。

（2）了解项目本身及周边条件

1）要了解项目所在地的地理位置和地形地貌；了解项目所在地局部的气候条件，如气温、湿度、风力等；了解项目所在地的土质、地下水位、水文等情况；了解施工现场土方外运或者垃圾外运运至指定地点或者符合要求的地点运距多远；了解施工现场之外的桥梁、道路是否畅通，（大型）施工机械车辆能否安全通行等。

2）要了解项目本身的现场环境，如临时用地、临时设施搭建等，工程施工过程中临时使用的工棚、堆放材料的库房以及这些设施所占的地方等；了解施工现场有无附属设施（或障碍物）需要拆除，有无垃圾需要清理外运；了解施工现场基础开挖能否达到基础土方开挖放坡要求，是否需要基坑支护，基坑开挖是否需要对周边采取建筑防护和保护措施；了解施工办公场所和建筑工人居住场所是否需要在施工现场之外租赁等。

3）要了解项目的周边及外部条件。例如，施工现场的周边建筑情况，有无学校或者住宅小区；周边环境如何；供水、供电、供气及交通如何；是否需要临时征用土地；是否有拆迁纠纷；项目施工现场是否达到"三通一平"的条件。如果是外地项目，还需要考虑当地的人工、周转材料、机械租赁等价格行情等。

4. 踏勘现场的操作实务

对招标人来说，踏勘现场应一视同仁，不可以分批次组织潜在投标人踏勘现场。此外，应在信息公开原则的前提下，对投标人信息保密，如不可以使用签到表，不能现场点名，因为此时泄漏投标人的单位信息会导致有人可能会结盟或觉得中标无望中途退出等情况。现场踏勘结束后，针对潜在投标人提出的问题和招标文件中有待补充完善的内容，招标代理机构应及时将其形成书面的招标文件澄清与修改等。招标人或招标代理机构在发出招标文件的澄清或修改之前，澄清或修改的内容须经招标人事先审核确认并盖章。

对投标人来说，投标人完成投标前调查和现场勘察工作后，根据调查和考察的结果对是否参加此项工程的投标作出最终决策，此时尚可因某些不利于投标人因素的存在而不参加投标，但一旦提交投标文件，在投标截止日期与招标文件规定的投标有效期终止日期之间这段时间，投标人不能撤回投标文件，否则会被没收投标保证金。

投标人在现场考察时应注意如下几点：

1）现场考察人员的任务应各有侧重。

2）现场考察时口头提问要避免暴露本企业的真实意图，以防给其他投标人分析本企业报价水平和施工方案留下依据。

3）现场考察之前把需要搞清的问题整理清楚，做到心中有数，并有重点地勘察。

5. 踏勘现场案例

（1）案例一　某建筑工程施工项目为一商业类公共建筑项目，招标方式为公开招标，招标文件中对踏勘方式的约定是招标人不集中组织踏勘现场，投标人自行踏勘。招标文件提示各投标人应充分考虑因施工现场场地大小而采取的措施。招标清单文件中列明了投标报价应充分考虑土方运输及场地存放费用，并提请投标人投标报价时应充分考虑。

某施工投标单位对踏勘现场没有重视，后来成功中标该项目。中标及签订施工合同后顺利施工，但因为现场场地狭小无法堆放土方只能外运其他场地存放，外运量约为 40000m³，此部分内容产生的额外费用约为 60 万元，这部分费用因未仔细踏勘现场等因素无法向招标人（甲方）计取。另外，该施工项目还要额外再承担土方回填及运输费用。

在此项目中，中标单位因报价时未仔细踏勘现场造成的损失在 100 万元以上。

（2）案例二　招标项目为南方某三级甲等医院的总承包建设，投资总额约为 1.6 亿元。招标文件规定：招标人不组织统一集中踏勘现场，但投标人必须自行踏勘现场且应让招标人知道；投标文件必须附上招标人出具的已踏勘现场的证明材料，否则该投标文件将被拒绝。某投标人对此重要信息完全忽视，在后续的竞争中因不满足此条规定而失去中标机会。

从上述案例可以得到如下启示：投标前的踏勘现场非常重要，投标人踏勘现场时不应忽视一些细节性的信息，否则将会给投标人带来重大的损失，严重者甚至失去中标资格。

8.2.3　招标文件的澄清

一般组织踏勘现场后，招标人会组织答疑会议。这是由招标人以正式会议的形式口头解答投标人在踏勘现场中提出的各种问题，并在会议结束后以会议纪要的书面形式通知投标人。另外一种情况是，招标人或招标代理机构不组织踏勘现场，但招标人或招标代理机构主动发现了招标文件中的错误或疏漏，或者招标人的情况有所变化而需要澄清。还有一种情况是，投标人在阅读招标文件后发现了矛盾或不理解招标文件，需要招标人澄清。这时，招标人就要进行招标文件澄清。

1. 法律法规对澄清的规定

《中华人民共和国招标投标法》第二十三条规定："招标人对已发出的招标文件进行必要的澄清或者修改的，应当在招标文件要求提交投标文件截止时间至少十五日前，以书面形式通知所有招标文件收受人。该澄清或者修改的内容为招标文件的组成部分。"《中华人民共和国招标投标法实施条例》第二十一条规定："招标人可以对已发出的资格预审文件或者招标文件进行必要的澄清或者修改。澄清或者修改的内容可能影响资格预审申请文件或者投标文件编制的，招标人应当在提交资格预审申请文件截止时间至少3日前，或者投标截止时间至少15日前，以书面形式通知所有获取资格预审文件或者招标文件的潜在投标人；不足3日或者15日的，招标人应当顺延提交资格预审申请文件或者投标文件的截止时间。"《工程建设项目施工招标投标办法》第二十三条规定："投标人对招标文件有疑问需要澄清的，应当以书面形式向招标人提出。"

因此，如果招标人要澄清，一要注意澄清的时效或时间，须满足离投标截止时间不少于3日（资格预审文件）或15日（招标文件）的最低时间要求；二要注意澄清的形式，必须以书面形式发出；三要注意澄清须面向所有投标人或招标文件的收受人；四要注意澄清文件也是招标文件的一部分，如果有多次澄清或多份澄清文件，或者同一内容需要多次澄清的，应以最后一次的澄清为准。

2. 澄清或修改招标文件的注意事项

（1）把握澄清或修改的必要性　从澄清的内容上看，相关法律规定的要求是必要澄清的内容才澄清。但是，无论是《中华人民共和国招标投标法》还是《中华人民共和国招标投标法实施条例》，均未对哪些内容才属于必要的澄清内容作具体规定。因此，在实际操作中，相关人员往往很难准确界定。那么，什么必要的内容才需要澄清呢？所谓必要，就是招标文件中没有说清楚或前后矛盾，投标人不能确定以哪个说法为准，如数量、型号、规格、品牌等模糊不清，图纸与文字说明不一致；或者招标文件太简单，投标人无法根据招标文件进行投标价格、数量的计算。

招标文件的每一个部分、每一句话、每一个词语都应十分考究，以免"差之毫厘，谬以千里"，但实践中招标人经常对招标文件进行大量的澄清或修改，使招标文件的澄清成为"家常便饭"，笔者见过某招标文件有过连续5次澄清的记录。澄清过多显得招标工作很草率，对招标人的形象和招标工作的公信力都会造成负面影响。在招标实务中，要正确把握澄清的必要性分寸，避免澄清工作走极端。

第一种极端是事无巨细都进行澄清，投标人有一点疑问就发澄清公告。尽管这种做法可以使招标文件做得近乎"完美"，但是却牵扯了招标采购单位和投标人的很多精力，因而缺乏可操作性，招标投标双方极可能将时间花费在澄清或修改上，而导致对评标组织、技术方案编写等其他更为关键的工作研究不够。有的招标采购单位事无巨细，大到采购标的物的调整，小到投标文件的字体，凡需调整的一律采用澄清或修改的方式处理，有的招标采购单位对一些枝节性的内容通过正式方式进行澄清或修改，这是完全没有必要的。对不会实质影响投标或者不会引起个别投标人误解的，可以不必进行澄清，以免因细枝末节干扰招标工作。

第二种极端是漠视投标人的正当质疑，对明显有歧义的关键环节或所有投标人面临的共性问题拒绝澄清，或者对该澄清或修改的内容视而不见，该更正的不更正，该澄清的不澄清。还有的招标人认为招标文件只要一旦发售就不应该再变动，即使错了，也拒不承认错误或一错到底。这是一种不负责任的行为，甚至是严重的不作为。这样也会使投标人无所适从，只能靠投标人的自我揣摩或投标人之间以讹传讹，最终使招标人的招标需求得不到很好的实现，正常的招标秩序得不到很好的维护，严重影响招标人的声誉乃至招标项目的正常运作，甚至会影响政府的公信力。

（2）把握好澄清时间　相关法律法规和制度明确规定了投标人对招标文件的质疑和问询时间。招标人或招代理机构对已收受招标文件的投标人提出的质疑，要在开标前（一般也是投标截止时间）15 天内完成澄清。但是，相关法律又规定："自招标文件开始发出之日起至投标人提交投标文件截止之日止，最短不得少于二十日。"如果从招标文件开始发出之日起至投标人提交投标文件截止之日止刚好二十日，则招标人如需对招标文件作出澄清或修改，必须在招标文件开始发出之日起五日内作出，时间过于短暂。在工程招标中，由于招标时间紧迫，一般也就是取下限的 20 天时间，所以实际中澄清时间要及早把握，尽量将澄清时间提前，既要保证有足够的时间让投标人来发现问题，也要避免无休止的无谓纠缠，对个别问题可个别答复，对共性问题要向全体收受招标文件的投标人作出澄清或修改，否则要么会延长投标时间，要么会耽误招标工作。

（3）要以书面形式通知所有投标人　对于必要的澄清，规范的做法应是一面发布更正公告，一面以书面形式通知收受招标文件的供应商，实际工作中有的做法缺乏严谨性，有的以口头或电话形式告知，还有的不通知所有招标文件收受人，而是有选择地通知投标人。另外，在指定媒体上发布更正公告的也较少。还有一种观点认为，招标文件若已发售，那么变更时只要买了招标文件的投标人都同意就没问题了，无须采用什么方式。澄清或修改行为是否规范往往直接影响整个招标活动规范与否，招标人务必在思想上引起高度重视，一切依规范程序操作，该公开的不能有所保留，该采用书面形式的决不能用口头形式。

3. 澄清的操作实务

要减少澄清环节的失误和纠纷，最重要的是要尽量提高招标文件制作的规范化水准。招标人要力求准确描述招标需求、质量标准、售后服务、合同主要条款等对潜在投标人的投标行为可能产生实质性影响的内容，尽量从源头上减少澄清或修改。如果迫不得已要进行澄清，则要满足澄清的必要性、适时性、公开性、规范性等方面的要求。

1）必要性。澄清或修改的内容应是对投标人的投标行为有实质性影响的部分，如不及时作出澄清或修改可能影响公正招标、产生误导，甚至可能直接影响投标人中标与否，如资格条件、标的物、质量要求、售后服务、付款方式等合同主要条款等。相反，对一些次要、微小、非重要内容可以不进行澄清。招标人应对哪些属于必要性的内容作出较准确的界定，不能搞模糊操作。

2）适时性。澄清或修改的时间必须严格依照相关法律法规的规定执行。招标文件的内容需要更正的应及时更正，让投标人有足够的时间寻求相应的对策。澄清时间过早，则招标文件制作中的问题可能来不及发现和纠正。因为早期购买招标文件的投标人数量尚少，质疑相应也少，招标文件可能存在很多需要澄清或修改的内容，但由于时间关系而得不到彻底暴露，将存在着大量潜在的甚至严重的问题，甚至需要多次澄清。如果澄清时间太长，则为各投标人与招标人相互串通、违规操作提供了空间。对监管机构来说，澄清时间太长，招标人或许有充分的时间应个别或少数投标人的要求，对原本并不需澄清或修改的内容却作出调整，借以误导其他投标人或实行差别待遇，以达成保护某一个或少数投标人的利益，形成不平等竞争。因此，政府监管部门要注意澄清时间的滞后，从中发现问题。

3）公开性。对招标文件进行澄清或修改必须坚持公开操作，相关更正信息应首先及时地在指定的媒体上发布，不但要让已收受招标文件的投标人知晓，而且要让更多的潜在投标人和社会公众知晓，还要让其他关联方知晓，决不能作为秘不外宣的信息仅透露给有限范围内的投标人。

4）规范性。澄清或修改行为是否规范往往直接影响整个招标活动规范与否，招标人务必在思想上高度重视，一切依规范程序操作，该公开的不能有所保留，该采用书面形式的决不能用口头形式。投标人收到该修改文件后，招标人要明确告知投标人应当在×日内以书面形式给予确认，以避免纠纷。尤其要注意的是，是否需要作出正式的澄清或修改应以法律法规的规定为准，即使是已收受招标文件的全部投标人都认为无须作出正式更正，澄清或修改的程序也决不能省略。投标人对招标人提供的招标文件所作出的推论、解释和结论，招标人可以概不负责，招标人只需要对招标文件本身的问题进行澄清。招标文件的澄清、修改、补充等内容均以书面形式明确的内容为准。当招标文件与招标文件的澄清、修改、补充等在同一内容的表述上不一致时，应明确说明以最后发出的书面文件为准。

对招标人来说，招标文件的澄清与修改均为招标文件的组成部分，与招标文件具有同样的法律约束力。在发出澄清文件之前，应加盖招标人或招标代理机构的单位章。招标代理机构需发出多次招标文件澄清或修改的，应按时间顺序对其发出的招标文件澄清或修改进行编号，并明确以发出时间在后的招标文件澄清或修改文件为准。

在招标文件的澄清或修改过程中，不得指明澄清问题的来源，不得泄露已购买招标文件的潜在投标人的名称、数量以及可能影响公平竞争的有关招标投标的其他情况。招标文件的澄清或修改必须提供给所有获取招标文件的潜在投标人，招标代理机构应要求潜在投标人在收到澄清或修改后予以回函确认。

对投标人来说，投标人无权更改招标文件，只能针对招标文件提出疑问。投标人收到澄清文件后要及时签收。

8.2.4　述标

1. 述标的概念

述标是指投标人在评标过程中，按招标文件的要求向评标委员会描述投标的过程。在实践中，工程项目的述标以技术方案为主。并不是每一个招标都有述标过程，一般在重大、复杂项目的招标中，招标人为了综合考察投标人的技术方案或者是对项目经理有直观的考察要求，可能有述标环节。述标是评标过程中的重要环节，本书将此部分内容安排在投标过程中介绍。

需要注意的是，述标与唱标不同。唱标就是招标人或招标代理机构公布投标人有关投标信息的过程。开标时，招标人或招标代理机构公开宣读投标人的报价、工期、质量、项目经理等招标人有实质要求的内容。唱，意即大声地公布。唱标人可以是招标人，也可以是参加开标会的其他工作人员，但除投标人自己唱标外，其他人唱标的内容须经过投标人确认。

述标不是投标过程中的必要环节，但近年来，投标过程中的述标环节有增加的趋势。

2. 述标的目的与方式

通过述标，投标人可以现场阐述自身的优势条件、措施，同时通过答疑互动，弥补投标文件中表述不足的缺陷。述标时通过面对面的交流，投标人将自身的优势及对标的的理解向招标人进行阐述，因此，述标能弥补投标文件某些方面的不足。

至于述标的方式，有纯口头述标的，也有通过展示 PPT、动画、视频方式述标的，有与评委面对面的，也有不与评委见面的，还有投标人事先做好方案由招标人或招标代理机构代为播放述标的。

3. 述标的内容

述标应根据招标文件的要求，结合投标人自身的优势进行。述标的内容包括：

1）公司简介（行业定位、规模/注资、资质、荣誉、团队、优势/亮点）。

2）成功案例/业绩。

3）对本项目的理解及解决方案。

4）实施措施和服务承诺

4. 述标操作实务

述标环节有时占评分的比重比较高，是决定能否中标的关键因素之一。述标的操作实务中最核心的是要根据招标文件的规定和要求，做好"规定动作"；同时，要在有限的时间内，做好"自选动作"，其核心目标是要突出投标人自身的优势。

述标人要熟悉招标条款要求，尤其是评分标准的得分和扣分指标及权重。要避免述标环节与投标文件重复、重叠，也不能啰唆、词不达意或抓不住重点。

述标人要向评委展示投标人的技术实力、履约能力、诚信、业绩等亮点材料，尽量向主观评分倾斜。要表达出投标人对本项目的理解及解决方案，要根据项目特性，针对用户的需求有的放矢进行阐述，争取主观分，不要讲大话、虚话，而要逻辑充分、专业准确，狠抓重心、亮点、关键点。

例如，在建筑工程类的招标中，如果是货物类投标的述标，要强调性价比、售后服务、管理水平等；如果是工程类投标的述标，则应强调设计方案、施工实力、安全可靠、应急预案等；如果是服务类投标的述标，则要围绕标志、质量、措施、效果等进行分析和论述。下面以笔者 2021 年 6 月参与评审的某建筑工程招标项目的述标为例。该项目总金额为 6000 多万元，述标环节占技术分的 30%，而技术分又占总分的 40%。招标文件规定，述标人必须为项目经理，且不得超过 40 周岁。但某投标人却没有注意这些细节，使用了一位 1979 年 8月出生的人员作为项目经理，可想而知，这家投标单位最终难以中标。

如果是允许展示 PPT，务必要注意 PPT 的效果，切忌平淡、啰唆、口齿不清。工程类的述标最好安排男性主讲，货物类的述标最好安排女性主讲。

8.3　电子投标

近年来，建筑行业的改革如火如荼，招标投标行业的改革也进入了深水区，在国家和地方政府加快推进招标投标全流程电子化的大背景下，电子投标越来越普遍。《国务院办公厅转发国家发展改革委关于深化公共资源交易平台整合共享指导意见的通知》（国办函〔2019〕41 号）中对 2020 年公共资源电子化交易全面实施提出了明确目标：加强公共资源交易平台电子系统建设；交易系统为市场主体提供在线交易服务，服务系统为交易信息汇集、共享和发布提供在线服务，监管系统为行政监督部门、纪委监委、审计部门提供在线监督通道；抓紧解决公共资源交易平台电子档案、技术规范、信息安全等问题，统筹公共资源交易评标、评审专家资源，通过远程异地评标、评审等方式加快推动优质专家资源跨地区、跨行业共享；全国公共资源交易数据应当由全国公共资源交易平台按照有关规定统一发布。

电子投标具有诸多优点，实施电子招标投标的目的是规范招标投标活动，保护国家利益、社会公共利益和招标投标活动当事人的合法权益，在保证项目质量的同时，提高经济效益。

电子投标与纸质投标有相同之处，但也有其特殊之处。

8.3.1　电子投标的注册与登记

《电子招标投标办法》第二十四条规定："投标人应当在资格预审公告、招标公告或者投标邀请书载明的电子招标投标交易平台注册登记，如实递交有关信息，并经电子招标投标交易平台运营机构验证。"第二十五条规定："投标人应当通过资格预审公告、招标公告或者投标邀请书载明的电子招标投标交易平台递交数据电文形式的资格预审申请文件或者投标文件。"第二十六条规定："电子招标投标交易平台应当允许投标人离线编制投标文件，并且具备分段或者整体加密、解密功能。投标人应当按照招标文件和电子招标投标交易平台的要求编制并加密投标文件。投标人未按规定加密的投标文件，电子招标投标交易平台应当拒收并提示。"第二十七条规定："投标人应当在投标截止时间前完成投标文件的传输递交，并可以补充、修改或者撤回投标文件。投标截止时间前未完成投标文件传输的，视为撤回投标文件。投标截止时间后送达的投标文件，电子招标投标交易平台应当拒收。电子招标投标交易平台收到投标人送达的投标文件，应当即时向投标人发出确认回执通知，并妥善保存投标文件。在投标截止时间前，除投标人补充、修改或者撤回投标文件外，任何单位和个人不得解密、提取投标文件。"

8.3.2　电子投标操作实务

1. 电子投标中的容易违规之处

电子投标系统可以查询投标的 IP 地址或机器码。随着电子投标系统向智能化发展，电子投标平台可以自动筛查不同投标文件是否由同一台计算机制作，各环节全程留痕，所有资料自动归档、全程追溯。例如，投标文件雷同（如格式、字体、表格颜色等相同），投标文件中错误的地方相同，投标文件的装订形式、厚薄、封面等相类似甚至相同，售后服务条款雷同，均容易被投标平台或系统记录为违规。

以下行为会被电子投标系统标记为串标行为：

1）不同投标人投标报名的 IP 地址一致，或者 IP 地址在某一特定区域。

2）不同投标人的投标文件，由同一台计算机编制或同一台附属设备打印。

3）一个投标人的投标文件中装订了另一个投标人名称的文件材料，如出现了另一家公司的法定代表人或者授权代理人签名，加盖了另一家公司的公章等。

4）不同投标人的投标保证金由同一账户缴纳。

5）多个投标人使用同一人或者同一企业出具的投标保函。

6）投标文件中法人代表签字出自同一人之手。

2. 电子投标中防止串标的技术手段

（1）利用大数据方法对围标、串标的行为进行识别分析　建立针对投标文件的查重系统，如规定连续相同的字数超过多少个即定义为重复，利用大数据方法计算重复率，规定同一家单位投标文件的检测重复率不得超过百分之多少等。在评审阶段由系统展示各投标人投标文件的重复率，提醒评委对投标人是否存在围标、串标的行为进行核实。

在总公司层面建立投标人诚信库，各子公司或专业公司定期（如按月）上报招标实施过程中发现的投标失信行为，投标人一处失信，处处受限。

建立投标人电子文件上传信息库，利用技术手段主动收集和智能分析投标人的 IP 地址、MAC 地址、硬盘序列号等信息，如不同投标人的电子投标文件编制时的计算机硬件信息中存在一条及以上的计算机网卡 MAC 地址（如有）、CPU 序列号和硬盘序列号相同的，主动提醒评委进行核实。

（2）**加强与第三方权威机构的合作，实现资源共享**　积极探索与第三方权威机构（如社保局、天眼查、启信宝等）在基础信息共享方面的合作，通过技术手段规避信息缺失或不对称问题，重点解决基础信息不能共享互换、业务流程和应用相互脱节等关键问题。借助第三方权威机构提供的招标人、投标人、评委、招标代理机构之间的关联关系，核实参与招标活动的各方是否存在围标、串标的情况。

8.4　投标过程中应注意的事项

8.4.1　按时送达投标文件

逾期送达或者未按要求密封的投标文件将被拒收。在实践中，很多投标人往往因没有经验，或者没有考虑到各种突发事件或招标人、招标代理机构等各方面的原因，造成迟到或逾期送达投标文件而错失投标机会。

8.4.2　不要随便增减联合体成员

关于资格预审后联合体发生增减或者更换成员的问题，因为法律没有明确规定，实践中的处理方式各异，容易引发争议。招标人接受联合体投标并进行资格预审的，联合体应当在提交资格预审申请文件前组成。通过资格预审后联合体增减、更换成员的，其投标无效。联合体各方在同一招标项目中以自己名义单独投标或者参加其他联合体投标的，相关投标均无效。投标人组成联合体投标的，对此应予以重点关注。

8.4.3　不要使用虚假材料谋取中标

提供虚假的财务状况或者业绩，将承担相应的法律责任。随着我国诚信制度的逐步开展与完善，以诚信守信的"白名单"制度和失信造假的"黑名单"制度相结合的信用制度逐渐建立起来，国家有关部门加大了对造假和使用虚假材料谋取中标的查处力度。投标人不应使用伪造、变造的许可证件，不应提供虚假的财务状况或者业绩，项目负责人或者主要技术人员的简历、劳动关系证明，信用状况等，应禁止一切弄虚作假的行为。

8.4.4　与招标人有利害关系的不得投标

与招标人存在利害关系可能影响招标公正性的投标人不得参加投标。《中华人民共和国招标投标法实施条例》规定："与招标人存在利害关系可能影响招标公正性的法人、其他组织或者个人，不得参加投标，否则投标无效。"这一规定应当引起投标人的重视。在招标投标实践中，招标人的下属单位、关联企业等参与投标的情形广泛存在，与其他投标人之间形成了明显的不公平竞争，在对如何界定"利害关系"作出进一步规定或解释前，投标人应关注并谨慎对待该类投标。

此外，为了保证投标人之间的公平竞争，《中华人民共和国招标投标法实施条例》规定，存在控股、管理关系的不同单位（如母公司和其控股子公司）不得参加同一标段的投标。

根据《中华人民共和国公司法》的规定，控股股东是指其出资额或者持有股份的比例超过50%的股东，或者出资额、持有股份的比例虽不足50%，但其享有的表决权足以对股东会或股东大会的决议产生重大影响的股东。

根据《中华人民共和国招标投标法实施条例》的规定，单位负责人为同一人或者存在控股、管理关系的不同单位，不得参加同一标段投标或者未划分标段的同一招标项目投标。

需要说明的是，上述投标人可以参加同一招标项目的不同标段的投标。

8.4.5   注意投标的异常情况

在大数据时代，很容易识别各种违规行为，如中标率异常低、涉嫌围标串标的陪标专业户，或者中标率异常高、涉嫌操纵投标和出借资质的标王等的中标率奇低或奇高行为。监管部门利用海量数据和信息技术手段摸排线索，通过聚合度分析、雷同性分析、中标率分析等功能对涉嫌串通投标的线索进行分析研判，一旦发现异常，通过大数据分析系统，很容易运用算法指标精准分析交易异常，及时有效锁定涉嫌操纵招标投标、出借资质的标王和陪标专业户。

8.4.6   对投标报价应充分研究

我国现阶段的工程项目承发包价是在政府宏观调控指导下，由市场竞争形成的。工程招标投标中一般采用工程量清单计价模式编制招标标底和投标报价。《工程量清单计价规范》规定了工程量计算规则、工程项划分和编码、项目特征描述、计量单位等。招标人对工程量负责，投标人对投标报价承担风险。投标人应仔细研究招标文件对计价方式、承包方式、所采用的指导价格、现场条件、现场踏勘情况、可调价格因素、工程量偏差、漏项、工程变更调价方式和依据等的规定，分析施工现场情况、招标人对材料设备规格品质的要求、质量验收标准、工期要求、技术措施、地方政策性因素等对投标报价的影响，还要研究分析评标方法中对投标报价评审、计分排名的要求。对投标报价的研究分析是对招标文件阅读理解和投标文件编制最关键的一步，不仅决定着能否中标，更重要的是确定中标后能否获得利润和是否具备较强的抗风险能力。

投标人根据招标文件、企业的技术实力、企业定额和市场价格，对工程量清单进行成本计价核算，在考虑适当的利润后最终形成工程项目的投标报价，且投标报价不得低于企业成本。投标人参与投标的最终目的是获得合理利润。报价太低企业损失利润，报价太高将失去中标机会，投标报价的可行性研究是投标的重要一步。

现行工程量清单计价所采用的方式有两种：

（1）**方案法**   即用所编制的工程量、施工工艺、技术方案来计算。工程耗用的人工量、材料实用量、材料工艺损耗量、辅助材料耗用量和使用机械台班量，作为核算工程量清单耗用各项费用的依据。

（2）**定额法**　即以构成工程量的施工工艺技术定额作为核算工程量清单耗用各项费用的依据。

因此，投标价格在整个投标过程中是非常重要的一环，投标价格的定位应该考虑以下几点：

1）尽量通过各种渠道了解主要竞争对手的情况（包括产品的价格、关系等因素）。

2）正确估计己方的优势和劣势。

3）确定此次投标的目的和策略，是以赚钱为主还是以占领市场为主。

4）若需使用汇率变化比较大的货币，还应考虑汇率风险的问题。

总之，价格问题是一个非常复杂的问题，涉及的方面非常多，一定要慎之又慎。

8.4.7　对评标方法的理解研究

《中华人民共和国招标投标法》规定，招标文件应当包括评标标准。评标方法是招标文件的一部分。评标委员会应按照招标文件确定的评标标准和方法，对投标文件进行评审和比较，招标文件中没有载明的评标标准和方法不得作为评标的依据。

评标通常采用综合评分法、经评审的最低投标价法、二次平均法及其他法律允许的评标方法。

综合评分法是指对投标文件提出的工程质量、施工工期、投标价格、主要材料的品种和质量、施工组织设计或者施工方案、投标人企业信誉、技术力量、技术装备、经济财务状况、企业业绩、已完成工程质量情况、项目经理素质和业绩等因素，按招标文件中的各项要求和评价标准进行评审和比较，以评分方式进行评估。

经评审的最低投标价法是在投标文件能够满足招标文件实质性要求的投标人中，评审出投标价格最低的投标人，但投标价格不能低于企业成本。

8.5　本章案例分析

电子投标中 IP 地址相同引起的质疑

1. 案例背景

2021 年 6 月，某招标代理机构受招标人委托，组织某建筑工程的公开招标、开标及评标。该项目金额为 5800 多万元，采用电子招标方式招标。招标公告发布后，招标代理机构未收到质疑，项目如期开标。开标当天，前来参加开标活动的潜在投标人有 9 个，并分别按规定提交了 CA 数字证书。开评标结束后，A 公司得 90 分排名第一，B 公司得 85 分排名第二，C 公司得 80.5 分排名第三。后经招标人确认，排名第一的 A 公司获得了中标资格。

然而，在中标结果公示期间，当地监管部门收到某行业主管部门转来的检举调查督办函。该函称，在开标前一天，B 公司发现 A 公司与 C 公司参加投标的人员同住一家酒店、同进一家网吧，并且在参加开标活动当天同坐一起聊天，存在疑似围标串标行为。同时，该函还提供了 A、C 公司投标人员一同参与某些活动的现场照片。

当地监管部门收到上述调查督办函后，依法启动监管检查程序。监管部门协同有关部门通过调取开标现场录像视频、开标前一天网吧视频和酒店视频发现，A 公司与 C 公司投标人员前后入住同一家酒店，进入同一家网吧，开标现场同坐一排。另外，监管部门还调取了参加投标的 9 个投标人上传文件的 IP 地址以及投标文件制作机器码。经对比发现，A 公司和 C 公司上传投标文件的 IP 地址相同，时间为同一天的 15：30 和 16：56，但是文件制作机器码不同。随后，监管部门对 A、C 两家公司的法定代表人和参加当天开标活动的两名投标人员分别进行调查询问。

调查结果表明，A、C 两家公司的法定代表人互不认识，也不认识对方公司派去参加开标的人员，A、C 两家公司派去参加开标会的两名投标人员自称是老乡，因为当天所住酒店离开标地点比较近，所以两人恰巧住进了同一家酒店，并且是开标前一天上午在酒店大堂相遇才知道双方都是代表各自公司来参加开标的。由于投标文件需要电子上传，两人在当天下午没有工作任务，便相约去网吧玩游戏，顺便上传投标文件，期间两人均未谈论投标文件的内容。

2. 案例分析

近年来，随着电子投标的扩大，串标、围标的行为有了新的特征，尤其是随着大数据与人工智能的发展，电子投标中机器码、IP 地址相同乃至投标文件的内容和格式相同的行为，在很多地方会被认定为串标行为。

笔者认为，上述行为还是要遵循实事求是及相关法律法规的要求。以 IP 地址为例，有可能在一栋楼办公的几家公司，其 IP 地址相同，但确实不认识或虽然熟悉但没有参与串标。正如本案例中所查明的，两家或多家公司参加同一个项目的投标，共同进出同一地点，这均属于正常现象，纯属巧合。正如本案例所述，两家公司的投标人员共同进出网吧，是因为同为老乡，在离开标活动还有一段时间的情况下，两人共同出现在公共场所并且做与投标无关（未协商或改变投标文件的内容）的事情。再如，在开标现场，两人提交 CA 数字证书后，即使谈及投标文件的内容，也无法改变投标文件的实质性响应内容了。因此，以投标人员共同进出酒店、网吧等同一场所而认定两家公司有串通嫌疑，证据不足，缺乏事实依据和法律依据。

因此，在本案例中，经当地监管部门调查，A 公司、C 公司投标人员在同一网吧上传投标文件的行为虽然属实，但是这纯属巧合，两位投标人员未协商更改投标文件的内容等，A 公司、C 公司之间也不存在其他有意协商或串通行为。由此可以认定，A 公司和 C 公司之间客观上没有串通投标行为。当地监管部门本着实事求是的原则，没有歪曲事实，这种作风值得称赞。

但是，在实践中，还存在另外一种情况，如 IP 地址相同且确实参与了串标，则 IP 地址相同只是串标的证据及表象。在电子投标中，更多的情况是 IP 地址相同或投标的机器码相同，确实是参与了串标。换句话说，IP 地址相同，不一定是串标行为；但串标行为中却存在使用了同一机器、网络上传文件甚至多份投标文件来自于一人之手，这是实证证实了的。在本案中，多家投标人因在公共场所利用相同资源（如网吧、文印店、酒店等）上传投标文件导致投标文件上传 IP 地址相同，这纯属巧合。但仅凭投标文件上传 IP 地址相同就认定投标人之间存在串通行为，确实缺乏事实依据。

　　基于上述原因，有的地方政府在电子招标投标监管办法中就明确规定，如果电子投标中 IP 地址相同或机器码相同就可以直接认定为串标。此外，如果招标文件中也这么规定，则将 IP 地址相同认定为串标行为，并不缺乏法律依据。这种情况下，投标人只有严格注意 IP 地址或机器码雷同的情况，否则，一旦被监管部门处罚，将很难申诉推翻其处罚结果。

思考与练习

1. 单项选择题

（1）工程量清单漏项或设计变更引起新的工程量清单项目，其相关综合单价由（　　）提出，经业主或监理工程师确认后作为结算的依据。

　　A. 承包人　　　　　　B. 发包人　　　　　　C. 监理单位　　　　　　D. 建设单位

（2）招标人根据招标项目的具体情况，（　　）潜在投标人踏勘项目现场。

　　A. 必须组织　　　　　B. 可以组织　　　　　C. 不得组织　　　　　D. 推荐组织

（3）工程量清单漏项、设计变更引起新增工程量清单项目（　　）进行工程价款结算。

　　A. 应给承包人　　　　B. 不应给承包人　　　C. 应给招标人　　　　D. 不应给招标人

（4）述标环节是建筑工程项目投标过程中的（　　）。

　　A. 必要环节　　　　　B. 必然环节　　　　　C. 优先环节　　　　　D. 可能环节

（5）招标文件的澄清文件，具有（　　）招标文件的法律约束力。

　　A. 低于　　　　　　　B. 高于　　　　　　　C. 等同　　　　　　　D. 等同或高于

（6）招标文件的澄清文件，应该以（　　）发给全体潜在投标人。

　　A. 口头方式　　　　　　　　　　　　　　　B. 传真方式

　　C. 书面形式　　　　　　　　　　　　　　　D. 微信方式或电子邮件方式

（7）电子投标中，投标人未按规定加密的投标文件，电子招标投标交易平台应当（　　）。

　　A. 拒收　　　　　　　B. 拒收并提示　　　　C. 警告　　　　　　　D. 通报批评

（8）《电子招标投标办法》由（　　）负责解释。

　　A. 国务院办公厅　　　　　　　　　　　　　B. 住房和城乡建设部

　　C. 全国人大或常务委员会　　　　　　　　　D. 国家发展和改革委员会

2. 多项选择题

（1）招标人不得组织（　　）潜在投标人踏勘项目现场。

　　A. 单个　　　　　　　B. 部分　　　　　　　C. 全体或所有　　　　D. 本地

（2）根据《中华人民共和国招标投标法实施条例》的规定，投标人有下列情况不得参加同一标段投标或者未划分标段的同一招标项目投标（　　）。

　　A. 单位负责人为同一人　　　　　　　B. 存在控股关系的不同单位

　　C. 存在管理关系的不同单位　　　　　D. 存在合同往来的不同单位

（3）建设工程施工投标的程序包括（　　）。

　　A. 招标文件研究　　　B. 招标环境调查　　　C. 参加踏勘现场　　　D. 述标

（4）投标人参加依法必须进行招标的项目的投标，不受（ ）的限制或非法干涉。

A. 任何地区 B. 任何部门 C. 任何单位 D. 任何个人

（5）投标人踏勘现场，应从以下几方面了解（ ）。

A. 工程现场是否与招标文件描述的一致

B. 投标项目本身的条件及环境

C. 投标项目周边的条件及环境

D. 投标项目供电、供水、供气、交通、拆迁及其他重要情况

（6）述标环节应结合投标人自身的优势进行，其述标内容包括（ ）。

A. 本公司简介（行业定位、规模/注资、资质、荣誉、团队、优势/亮点）

B. 对本项目的理解及解决方案

C. 实施措施和服务承诺

D. 其他投标人的违规行为

（7）数据电文形式的（ ）等应当标准化、格式化，并符合有关法律法规以及国家有关部门颁发的标准文本的要求。

A. 资格预审公告 B. 招标公告 C. 资格预审文件 D. 招标文件

（8）招标人或者电子招标投标系统运营机构存在以下情形的，视为限制或者排斥潜在投标人，依照招标投标法第五十一条规定处罚（ ）。

A. 利用技术手段对享有相同权限的市场主体提供有差别的信息

B. 拒绝或者限制社会公众、市场主体免费注册并获取依法必须公开的招标投标信息

C. 违规设置注册登记、投标报名等前置条件

D. 故意对递交或者解密投标文件设置障碍

3. 问答题

（1）建筑工程的投标程序包含哪些步骤？

（2）对招标人和投标人来说，建筑工程的踏勘现场环节应分别注意哪些事项？

（3）投标人在述标环节中应注意哪些事项？

（4）投标过程中，对招标文件的理解要注意哪些方面？

（5）投标人进行建筑工程投标时，应注意哪些容易犯错或出现失误的环节？

4. 案例分析题

2021 年 7 月，某招标人雇佣应届毕业的建筑学院硕士研究生张三做招标顾问，其岗位职责是给招标人提供招标过程的建议及解决业主工程建设方面的有关问题。为此，张三提出了几点建议：

（1）施工项目的招标程序非常重要，应遵循如下程序：委托招标代理机构→招标申请→委托勘察和设计→办理立项手续→发布招标公告和发售招标文件→进行资格预审→招标答疑→现场勘察→投标文件投送截止→委托编标底→开标、评标→定标。

（2）施工招标的评标方法也很重要，应选择报价最低的施工单位来进行工程建设。

（3）应增加踏勘现场环节，可以暗中与投标人接触，以此考察投标人，并为某些投标人量身定做澄清文件。

问题：张三的建议是否正确？若不正确，请写出正确的建议。

思考与练习部分参考答案

1. 单项选择题

(1) A (2) B (3) A (4) D (5) C (6) C (7) B (8) D

2. 多项选择题

(1) AB (2) ABC (3) ABCD (4) ABCD (5) ABCD (6) ABC

(7) ABCD (8) ABCD

第9章

建筑工程的开标、评标与定标

本章将介绍开标、评标与定标的法律操作和实务，就开标过程的注意事项进行论述；重点介绍评标过程容易发生失误的环节，就评标过程的一些问题进行讲解；对定标环节容易发生模糊的地方也进行重点介绍。

9.1 开标前的工作

9.1.1 标前会议

建筑工程招标的标前会议也称为投标预备会或招标文件说明会，是招标人按投标须知规定的时间和地点召开的会议，也是招标投标前一次非常重要的会议，一般由参加现场考察的投标人参加标前会议。标前会议类似于澄清会议，澄清既可以以纸质材料发放或以公告的方式进行，也可以通过标前会议的方式进行。

如果招标公告发出后，在开标之前投标人的疑问比较多，而且不适合通过文字的形式加以说明（比如仅通过文字的形式不容易说明或效果不佳），招标人或招标代理机构可以召开标前会议，对投标人的疑问进行统一解答。与踏勘现场类似，标前会议并不是必需的环节。招标人可以根据招标项目的具体情况，组织潜在投标人现场考察或者召开开标前答疑会，但不得单独或者分别组织只有一个投标人参加的现场考察。《中华人民共和国招标投标法实施条例》规定："招标人不得组织单个或者部分潜在投标人踏勘项目现场。"可见，标前会议或踏勘现场并不是必需的程序。有关踏勘现场的内容已在前述章节进行过介绍。

9.1.2 做好评标的准备工作

在开标之前，应落实好相关准备工作，如招标人、监管机构、招标代理机构等的哪些人出席开标会，开标会主持人、唱标人、记录人等的落实等。要预计或核实有哪些投标人会参加开标会，要落实、校验开标、评标场所及其设备是否齐全与正常，要准备好开标、评标的文具、工具及开标会议资料、表格等。根据开标需要，这些书面、格式化的文件材料主要有：开标会场纪律，开标议程，监督人员和工作人员及参加开标的领导和来宾以及其他有关人员名单，开标仪式主持词，工作人员职责及注意事项，投标人注意事项等。如有领导参加并需要领导讲话，则还应为出席会议并讲话的领导草拟讲话稿。如有监督人员或者监证人员参加，则还应提前为他们准备监督或监证时所使用的相关文件材料。另外，还需要提前准备开标前到会人员的签到册，并为与会人员准备必要的书面文件、材料等。

要估计评标工作量，合理安排会议室、评标时间等。

9.1.3　提前抽取评标专家

评标委员会的专家成员，应当由招标人从建设行政主管部门及其他有关政府部门确定的专家名册或者工程招标代理机构的专家库内相关专业的专家名单中确定。确定专家成员一般应当采取随机抽取的方式。其中，政府投资项目的评标专家，必须从政府或者政府有关部门组建的评标专家库中抽取。政府投资项目的招标人或其委托的招标代理机构不遵守《评标专家和评标专家库管理暂行办法》第五条的规定，不从政府或者政府有关部门组建的评标专家库中抽取专家的，评标无效；情节严重的，由政府有关部门依法给予警告。

与投标人有利害关系的人员不得进入相关工程的评标委员会。评标委员会成员的名单在中标结果确定前应当保密。当前，全国各地在国家有关部委规定的基础上，一般均有自己抽取评标专家的详细规定，各地也有本区域范围内抽取专家的程序和保密办法。

9.2　开标

9.2.1　开标会议

1. 开标的一般规定

招标人或招标代理机构在预先规定的时间将各投标人的投标文件正式启封揭晓，就是开标。良好的开标制度与规则是招标成功的重要保证。

《中华人民共和国招标投标法》第三十五条规定："开标由招标人主持，邀请所有投标人参加。"第三十六条同时规定："开标时，由投标人或者其推选的代表检查投标文件的密封情况，也可以由招标人委托的公证机构检查并公证；经确认无误后，由工作人员当众拆封，宣读投标人名称、投标价格和投标文件的其他主要内容。招标人在招标文件要求提交投标文件的截止时间前收到的所有投标文件，开标时都应当当众予以拆封、宣读。开标过程应当记录，并存档备查。"

开标时，应当由投标人或者其推选的代表检查投标文件的密封情况，也可以由招标人委托的公证机构检查并公证；经确认无误后，由招标工作人员当众拆封，宣读投标人名称、投标价格、价格折扣、招标文件允许提供的备选投标方案和投标文件的其他主要内容。未宣读的投标价格、价格折扣和招标文件允许提供的备选投标方案等实质内容，评标时不予承认。

《中华人民共和国招标投标法实施条例》第四十四条规定："招标人应当按照招标文件规定的时间、地点开标。投标人少于 3 个的，不得开标；招标人应当重新招标。投标人对开标有异议的，应当在开标现场提出，招标人应当当场作出答复，并制作记录。"在这种情况下，投标人对开标过程的质疑或投诉，应先向招标人或招标代理机构当场提出。

2. 开标过程操作实务

（1）**应按招标文件中规定的日期、地点和程序进行** 按照规定，开标应当在招标文件确定的时间公开进行。在实践中，开标时间一般与招标公告中规定的投标截止时间相一致，或投标时间截止后马上宣布开标。招标文件规定的投标截止时间之后送达的投标文件应当拒收。

（2）**开标形式** 开标应采取公开的形式，即应该允许所有投标人或其代表出席。投标人代表必须持本人身份证参加开标会，如投标人代表非法定代表人，还应持法定代表人授权书。开标前，投标人须由法定代表人或其委托代理人（具有法定代表人签署的授权书）参加，并签到证明其出席开标会议，否则视为该投标人自动退出投标。

（3）**应检查投标文件的密封性** 《中华人民共和国招标投标法》第三十六条规定："开标时，由投标人或者其推选的代表检查投标文件的密封情况，也可以由招标人委托的公证机构检查并公证；经确认无误后，由工作人员当众拆封。"《中华人民共和国招标投标法实施条例》第三十六条规定："招标人应当如实记载投标文件的送达时间和密封情况，并存档备查。"还有其他类似的规定，如《房屋建筑和市政基础设施工程施工招标投标管理办法》第二十七条规定："投标人应当在招标文件要求提交投标文件的截止时间前，将投标文件密封送达投标地点。招标人收到投标文件后，应当向投标人出具标明签收人和签收时间的凭证，并妥善保存投标文件。在开标前，任何单位和个人均不得开启投标文件。"

（4）**应作好开标记录** 开标时，应宣读投标人名称、投标价格和投标文件的其他主要内容。开标现场没有开封和开标时没有宣读的投标文件，均不能进入评标环节。开标后，应及时作好签名确认。表9-1列出了一份开标记录表，供读者参考。

表9-1 建筑工程开标记录表

序号	投标单位名称	投标保证金/投标保函	投标价格	工期	质量承诺	密封是否完好	投标文件（1正×副）	投标人代表签字确认
1								
2								
⋮								

3. 开标会议的一般程序

开标会议的一般程序和发言的主要内容见表9-2。

表9-2 开标会议的一般程序和发言的主要内容

序号	程序内容	主持人讲话提要（参考）
1	宣布开标会议开始	今天，由我代表××主持××开标会议，现在我宣布开标会议正式开始
2	宣布开标会议纪律	宣读开标会议纪律
3	介绍与会人员，宣布唱标、记录人员名单	1. 介绍出席本次开标会议的各有关部门的领导 2. 介绍参加投标的单位 3. 本次开标会议由××招投标管理中心的××唱标，××记录

（续）

序号	程序内容	主持人讲话提要（参考）
4	介绍工程基本情况及评标办法	主要介绍工程概况、建筑面积、建设地点、质量要求、工期要求、评标办法及其他需要说明的情况
5	检查投标文件的密封情况并签字确认	请投标人或其推选的代表或招标人委托的公证员检查投标文件的密封情况，并在检查结束后到记录人员处签字确认
6	资格预审（可选）	进入资格预审程序，请各投标人不要离开开标现场，随时接受招标人的质询
7	公布资格预审结果	合格的有……，不合格的有……，原因是……
8	唱标	下面进行唱标，由工作人员当众拆封，宣读投标人名称、授权受托人、项目经理、投标报价和投标文件的其他主要内容
9	宣读标底（如有标底）	宣读本工程的标底
10	宣布开标会议结束	开标会议结束，进入评标程序，请各投标人原地休息

4. 某建筑工程招标开标会议举例

下面，举例说明开标会议的流程及内容。

各位领导、各位代表、上午好！

××工程招标在××举行开标会议。投标文件提交截止时间已到，共收到××份投标文件。招标人将拒绝接收在此时间之后送达的投标文件。

根据××工程招标文件的规定，开标会议于2021年××月××日××时整在××准时召开。受招标人××委托，××公司对本项目招标实施全过程代理。同时，××对本项目招标进行依法监督。在此，我们对各位领导对本项目给予的支持表示衷心的感谢！开标会议正式开始。

（1）宣布开标会议纪律

1）请与会各方代表暂时关闭通信工具或设置为振动状态，会议进行过程中请勿接打电话。

2）会议进行过程中，请勿在会场内随意走动、大声喧哗，遵守工作人员安排。

3）会议结束前请勿提前退出会场，任何单位和个人不得扰乱会场秩序。

4）如对开标过程有异议，请于唱标结束后举手示意，待允许后方可发言，或者以书面形式向招标人陈述。

（2）介绍参加会议的领导和各方代表

1）招标人代表：××。

2）招标监督机构代表：××。

3）投标人代表：××。

（3）检查投标文件的密封情况和唱标

1）请投标人代表检查投标文件的密封情况。

2）投标人对投标文件的密封情况有无异议？如有异议，请举手示意。

3）在投标截止时间之前，本次开标会议共收到投标文件××套，招标人、监标人及各投标人对投标文件的密封情况均无异议，投标文件密封符合招标文件要求，密封完好。

4）唱标开始。唱标顺序按照先投后开、后投先开的原则进行。

5）唱标完毕。请各投标人检查本单位投标文件主要内容的记录情况，并在开标记录上签字，请记录人、唱标人、监标人分别在开标记录上签字。

6）各投标人对开标过程有无异议？如果有，请举手示意。投标人对开标过程均无异议，开标完毕。

7）开标会议至此结束。会议结束后，将进入评标程序，请各投标人准备好原件在会场外等候验证。评标结果将在××予以公示。谢谢大家！

9.2.2　电子开标

电子开标不需要投标人到达开标现场。2019年以来，国家发展和改革委员会多次发布通知，要求加快推进招标投标全流程电子化，在各行业领域全面推广电子招标投标，实现全流程电子化，扭转电子和纸质招标投标双轨并行的局面；全面推行在线投标、开标，依托电子招标投标交易平台，尽快实现所有依法必须进行招标项目的在线投标、开标，推进招标投标行政监督电子化。

1. 电子开标的基本流程

电子开标，只是把开标的流程从线下搬到线上。《电子招标投标办法》第二十九条规定："电子开标应当按照招标文件确定的时间，在电子招标投标交易平台上公开进行，所有投标人均应当准时在线参加开标。"第三十条规定："开标时，电子招标投标交易平台自动提取所有投标文件，提示招标人和投标人按招标文件规定方式按时在线解密。解密全部完成后，应当向所有投标人公布投标人名称、投标价格和招标文件规定的其他内容。"

各地的电子开标流程略有不同，基本流程如下：

1）招标人或招标代理机构在公共资源交易平台指定开标主持人。主持人只能根据公共资源交易平台事先设定的流程和权限操作电子开标。

2）参加电子开标的投标人通过互联网在线签到，各地的签到方式有微信、QQ、视频会议、在线会议或二维码扫描注册等方式。

3）到达开标时间，交易平台按照事先设定的开标功能，自动提取投标文件。

4）交易平台自动检测投标文件的数量。投标文件少于3个时，系统进行提示，主持人根据实际情况和相关规定，决定继续开标或终止开标。

5）主持人按招标文件规定的解密方式发出指令，要求招标人和（或）投标人准时并在约定时间内同步完成在线解密。

6）开标解密完成后，交易平台向投标人展示已解密投标文件的开标记录信息。

7）投标人对开标过程有异议的，可通过交易平台即时提出。

8）交易平台生成开标记录，参加开标的投标人在线电子签名确认。

9）开标记录经电子签名确认后，向各投标人公布。

2. 电子开标的注意事项

电子开标有一定的特殊性，应注意电子开标的特别之处。

（1）**投标文件的解密问题**　为了防止投标文件泄密，招标文件一般要求投标文件做成规定格式并加密。由于系统不兼容或网络问题，或者投标人忘记解压密码等特殊情况，投标文件有时无法读取或解密。因投标人原因造成投标文件未解密的，视为撤销其投标文件；因投标人之外的原因造成投标文件未解密的，视为撤回其投标文件，投标人有权要求责任方赔偿因此遭受的直接损失。部分投标文件未解密的，其他投标文件的开标可以继续进行。

招标人可以在招标文件中明确投标文件解密失败的补救方案，投标文件应按照招标文件的要求作出响应。

（2）电子开标应及时生成开标记录　《电子招标投标办法》第三十二条规定："除依法应当保密的外，电子招标投标交易平台应当生成开标记录并向社会公众公布。"传统的交易措施或监管、签名、存档等法律法规条文也许并不满足当前电子化交易的实际需要。公共资源交易的电子开标，应坚持统一的公共资源交易平台由政府推动建立，要以整合共享信息数据资源为重点，将各种政务大数据、政务平台数据和信用体系数据整合起来，以信息化建设为支撑，坚持和加快公共资源交易的数据和信息共享。这既能防止信息孤岛和重复建设，又能提高信息共享效益和效率。

（3）电子开标应加强软硬件建设　电子开标对硬件的要求更高，平时一定要多维护、检查开标的计算机、网络、监控及直播设备。对公共资源交易电子化平台的设计、建设和管理，国家发展和改革委员会规定了相应的标准，如《公共资源交易平台系统数据规范（V2.0）》（发改办法规〔2018〕1156号）。

电子开标要求在硬件和设施方面应能满足公共资源交易、行政监管、资料存档、信息发布等各方面的要求。这些要求包括但不限于以下各点：

1）具备必要的、功能齐备的场所和设施，以及满足交易需要的电子交易系统。电子交易系统是主要组成部分，分为基础设施、硬件系统、软件系统、网络带宽四大部分。电子交易系统要有一定的扩展性和冗余性，在满足当日交易需求的前提下，还应有较高的网速和响应速度。

2）基础设施。基础设施分为机房建设、空调通风设备、UPS、信息操作员值班设施等几部分。为尽量保证电子交易系统运行的稳定性，还应在防尘、防潮、防水、保温、空调设备上进行投资建设。

3）硬件系统。硬件系统主要包括网络设备、服务器、机柜、光纤、交换机、显示终端、硬件防火墙、电子门牌、招标投标自助一体机、解密一体机、门禁一体机、电子签名系统等，这是公共资源交易系统电子化的硬件设施。

4）软件方面的要求。软件方面的要求包括服务器操作系统、分布式数据库系统、数据库文件备份恢复工具、服务器防病毒软件、电子交易系统软件或平台（远程异地评标系统、监控系统和政务外网系统等）、电子开标系统、专家语音抽取系统、门禁系统等。同样，软件也应功能强大、界面友好、容易操作，有一定的冗余和较快的响应速度。如果是扩建项目，要能与现有的系统相衔接，并且要考虑以后的扩展和扩充。

5）运行维护的要求。电子开标对系统的稳定性、安全性和运行效率要求非常高，不允许系统出现任何故障。要克服公共资源交易电子平台的"重系统开发，轻系统维护"的错误思想，特别是要改变将公共资源交易系统（平台）仅当作普通电子政务系统（平台）对待的思想。电子交易平台的系统维护、升级工作非常繁重，质量要求非常严格。在实际工作中，系统维护的经费经常严重不足，极大影响了电子交易平台的及时更新、升级和日常维护，甚至影响到整个平台运行的稳定性。

9.2.3　开标时特殊情况的处理

开标时经常会遇到一些特殊情况，如出现开标时停电、网络故障、评标专家不齐需要封标等，此时必须按照法律法规及政策文件的要求，及时采取补救措施。

1）因投标人逾期送达投标文件，投标文件密封、标识不符合招标文件要求等产生纠纷时，应按照法律法规的规定处理，并作好记录。遇到比较重大、复杂的情况时，应及时向上级部门反映，并作好记录。例如，若投标人员围堵开标室，应及时做好解释工作，宣讲相关法律法规和现场管理有关规定；若开标现场存在年龄偏高、情绪激动、容易引起身体不适等状况的人员，要有应急预案等。

2）投标人携带的投标（响应）文件不全。投标截止前，投标人先到达开标现场，只携带部分投标文件，并表示剩余的投标文件稍后送达，可能会迟于投标截止时间，请求办理接收或签到遭到拒绝产生纠纷时，可以只接收在投标截止时间前送达的投标文件，同时应如实作好记录。

下面以某案例为例介绍开标特殊情况的处理。某工程招标，招标文件规定，提交投标文件的截止时间及开标时间为某日中午 12 点整。当时有 6 个投标人出席，共提交了 37 份投标文件，其中有一个出席者同时代表两个投标人。招标人通知此投标人代表，他只能投一份投标文件，所以应撤回一份投标文件。另一名投标人送达投标文件晚了 10 分钟，原因是因门口保安阻拦而迟到。后来保安向他表达了歉意，并出面证实了他迟到的原因，但招标人仍拒绝接收他送达的投标文件。针对以上两种情况，招标人的做法是否正确？

同一投标人只能单独或作为合伙人投一份投标文件，不可以委托别人代为提交投标文件并出席开标会。在开标过程中是需要投标人代表签名核对的，而投标人代表是需要法定代表人授权的。所以，对于第一种情况，招标人不允许该投标人投两份投标文件的做法是对的。不过，如果某投标人只是顺带帮别的投标人交一份投标文件，而交了投标文件后并不立即开标，这种是允许的。这种顺带提交投标文件，相当于做了快递员的工作。

至于第二种情况，在预定提交投标文件截止时间及开标时间已过的情况下，不论由于何种原因，招标人都可以拒收提交的投标文件。理由是开标时间已到，部分投标文件的内容可能已宣读，迟交投标文件的投标人就有可能作有利于自己的修改。《中华人民共和国招标投标法》第二十八条规定："在招标文件要求提交投标文件的截止时间后送达的投标文件，招标人应当拒收。"所以，第二种情况下，招标人的做法也是对的。对于该投标人因投标文件被拒绝而造成的损失，理论上可以找保安补偿，但现实中很难达成目的。这件事的启示是，投标人应预留充足的时间提交投标文件，以免因塞车或各种可能突发的情况而失去投标机会。

9.3　评标

9.3.1　评标委员会的组建

评标由招标人依法组建的评标委员会负责。依法必须进行招标的项目，其评标委员会由招标人的代表和有关技术、经济等方面的专家组成，成员人数为五人以上单数，其中技术、经济等方面的专家不得少于成员总数的三分之二。评标专家应当从事相关领域工作满八年并具有高级职称或者具有同等专业水平，由招标人从国务院有关部门或者省、自治区、直辖市人民政府有关部门提供的专家名册或者招标代理机构的专家库内的相关专业的专家名单中确定；一般招标项目可以采取随机抽取方式，特殊招标项目可以由招标人直接确定。与投标人有利害关系的人不得进入相关项目的评标委员会；已经进入的应当更换。评标委员会成员的名单在中标结果确定前应当保密。

招标人就招标文件征询过意见的专家，不得再作为评标专家参加评标。有的地方规定，招标人不得以专家身份参与本部门或者本单位招标项目的评标；也有的地方规定，招标人可以派一名代表作为专家评委，但不得超过一名且不能作为评标委员会的组长。招标代理机构工作人员不得参加由本机构代理的招标项目的评标。评标委员会成员名单原则上应在开标前确定，并在招标结果确定前保密。

《中华人民共和国招标投标法实施条例》第七十条中有"依法必须进行招标的项目的招标人不按照规定组建评标委员会"，其中"规定"除法律、法规的规定，是否包括规范性文件、招标文件的规定？如何理解该条中"规定"的范围呢？为此，国家发展和改革委员会明确答复，该条中的"规定"指的是对依法组建评标委员会的法定要求，主要包括《中华人民共和国招标投标法》《中华人民共和国招标投标法实施条例》，以及《评标委员会和评标方法暂行规定》等部门规章、行政规范性文件，并不包括招标文件中的规定。

1. 评标专家库

评标专家库由省级（含，下同）以上人民政府有关部门或者依法成立的招标代理机构依照《中华人民共和国招标投标法》《中华人民共和国招标投标法实施条例》以及国家统一的评标专家专业分类标准和管理办法的规定自主组建。《中华人民共和国招标投标法实施条例》规定："国家实行统一的评标专家专业分类标准和管理办法。具体标准和办法由国务院发展改革部门会同国务院有关部门制定。省级人民政府和国务院有关部门应当组建综合评标专家库。"

按照《评标专家和评标专家库管理暂行办法》第八条的规定，评标专家库应当具备下列条件：

1）具有符合《评标专家和评标专家库管理暂行办法》第七条规定条件的评标专家，专家总数不得少于 500 人。

2）有满足评标需要的专业分类。

3）有满足异地抽取、随机抽取评标专家需要的必要设施和条件。

4）有负责日常维护管理的专门机构和人员。

目前，各地已建立并完善省级层面的专家库。

2. 评标专家的抽取

除《中华人民共和国招标投标法》第三十七条第三款规定的特殊招标项目外，依法必须进行招标的项目，其评标委员会的专家成员应当从评标专家库内相关专业的专家名单中以随机抽取方式确定。任何单位和个人不得以明示、暗示等任何方式指定或者变相指定参加评标委员会的专家成员。而所谓特殊招标项目，是指技术复杂、专业性强或者国家有特殊要求，采取随机抽取方式确定的专家难以保证胜任评标工作的项目。

依法必须进行招标的项目的招标人非因《中华人民共和国招标投标法》和《中华人民

共和国招标投标法实施条例》规定的事由，不得更换依法确定的评标委员会成员。评标委员会成员与投标人有利害关系的，应当主动回避。

有关行政监督部门应当按照规定的职责分工，对评标委员会成员的确定方式、评标专家的抽取和评标活动进行监督。行政监督部门的工作人员不得担任本部门负责监督项目的评标委员会成员。

3. 评标专家的更换

评标过程中，评标委员会成员有回避事由、擅离职守或者因健康等原因不能继续评标的，应当及时更换。被更换的评标委员会成员作出的评审结论无效，由更换后的评标委员会成员重新进行评审。评标委员会成员不得私下接触投标人，不得收受投标人给予的财物或者其他好处，不得向招标人征询确定中标人的意向，不得接受任何单位或者个人明示或者暗示提出的倾向或者排斥特定投标人的要求，不得有其他不客观、不公正履行职务的行为。

4. 评标专家的回避

一些地方政府对评标委员会的组建还有细化规定。例如，一些地方规定评审委员会专家（不含招标人代表）与评审项目有以下情形之一的，应当主动提出回避：

1）近三年内曾在参加该招标项目的单位中任职（包括一般工作）或担任顾问的。

2）配偶或直系亲属在参加该招标项目的单位中任职或担任顾问的。

3）配偶或直系亲属参加同一项目评审工作的。

4）与参加该招标项目的单位发生过法律纠纷的。

5）评审委员会中，同一任职单位评审专家超过二名的。

6）任职单位与招标人或参加该招标项目的投标人存在行政隶属关系的。

这些规定就是为了保证评标专家能够客观、公正地履行职责。

9.3.2 评标程序

评标过程是招标投标程序的重要组成部分，评标是项关键性的而又十分细致的工作，它直接关系到招标人能否得到最有利的投标。

招标人应当向评标委员会提供评标所必需的信息，但不得明示或者暗示其倾向或者排斥特定投标人。招标人应当根据项目规模和技术复杂程度等因素合理确定评标时间。超过三分之一的评标委员会成员认为评标时间不够的，招标人应当适当延长。

评标委员会成员应当依照相关法律法规和招标文件规定的评标标准和方法，客观、公正地对投标文件提出评审意见。招标文件没有规定的评标标准和方法不得作为评标的依据。

1. 评标内容

（1）*资格审查或符合性审查* 评标委员会审查投标文件是否符合招标文件要求，并作出评价。

1）基本要求。主要考察投标人是否符合相关法律法规和招标文件的规定，即考察投标人是否具备下列条件：

①具有独立承担民事责任的能力。

②具有良好的商业信誉和健全的财务会计制度。

③具有履行合同所必需的设备和专业技术能力。

④有依法缴纳税收和社会保障资金的良好记录。

⑤参加政府采购活动前三年内，在经营活动中没有重大违法记录。

⑥法律、行政法规规定的其他条件。

2）项目要求。有些招标项目设有注册资金的门槛（现在一般不允许这么做），有相应的设备生产或经营许可证、资质证书等与本项目有关的要求等。

此阶段主要审查投标文件是否完整，有无计算上的错误，是否提交了投标保证金，文件签署是否合格，投标文件的总体编排是否有序等。

（2）**技术评审** 技术评审的目的在于确认备选的中标人完成本招标项目的技术能力以及其所提供的方案的可靠性。与资格评审不同的是，技术评审的重点在于评审投标人将怎样实施本招标项目。

技术评审的主要内容有：

1）投标文件是否包括了招标文件所要求提交的各项技术文件，它们同招标文件中的技术说明和图纸是否一致。

2）实施进度计划是否符合业主或招标人的时间要求，这一计划是否科学和严谨。

3）投标人准备用哪些措施来保证实施进度。

4）如何控制和保证质量，这些措施是否可行。

5）如果投标人在正式投标时已列出拟与之合作或分包的公司名称，则这些合作伙伴或分包公司是否具有足够的能力和经验保证项目的实施和顺利完成。

6）投标人对招标项目在技术上有何种保留或建议，这些保留是否影响技术性能和质量，其建议的可行性和技术经济价值如何。

总之，评标内容与招标文件中规定的条款和内容相一致。除对投标报价进行比较外，还应考虑其他有关因素，经综合考虑后，选取其中报价最低的投标。因此，通常并非以投标报价最低作为选取标准，而是将各种因素转换成货币值进行综合比较，并选取成本最经济的投标。

（3）**商务与经济评审** 商务评审的目的在于从成本、财务和经济分析等方面评定投标报价的合理性和可靠性，并估量授标给各投标人后的不同经济效果。参加商务评审的人员通常要有成本、财务方面的专家，有时还要有估价以及经济管理方面的专家。

商务评审的主要内容如下：

1）将投标报价与标底价进行对比分析，评价该报价是否可靠合理。

2）投标报价的构成是否合理。

3）分析投标文件中所附资金流量表的合理性及所列数字的依据。

4）审查所有保函是否被接受。

5）进一步评审投标人的财务实力和资信程度。

6）投标人对支付条件有何要求，或给业主或采购人以何种优惠条件。

7）分析投标人提出的财务和付款方面建议的合理性。

关于价格的评审，招标文件一般这么规定：投标文件中开标一览表（报价表）内容与投标文件中明细表内容不一致的，以开标一览表（报价表）为准；投标文件的大写金额和小写金额不一致的，以大写金额为准；总价金额与按单价汇总金额不一致的，以单价金额计算结果为准；单价金额小数点有明显错位的，应以总价为准，并修改单价；对不同文字文本投标文件的解释发生异议的，以中文文本为准。

2. 关于实质性响应

评标委员会对投标人的投标文件进行评审，其中一点就是看投标文件是否实质性响应招标文件。所谓实质性响应，是指投标文件与招标文件要求的全部条款、条件和规格相符，没有重大偏离。对关键条文的偏离、保留或反对（如对关键技术指标、投标保证金、付款方式、售后服务、质量保证、交货日期、设备数量的偏离）可以认为是实质上的偏离。

3. 评标过程中的澄清

《中华人民共和国招标投标法》第三十九条规定："评标委员会可以要求投标人对投标文件中含义不明确的内容作必要的澄清或者说明，但是澄清或者说明不得超出投标文件的范围或者改变投标文件的实质性内容。"

评标过程中的澄清是投标人的澄清，和招标过程中招标人对招标文件的澄清是两码事。在评标过程中，投标人的澄清要注意以下几点：

（1）**澄清内容和范围的把握**　相关法律法规明确规定，只对投标文件中含义不明确的内容作必要的澄清或者说明，或同类问题表述不一致或者有明显文字和计算错误的内容可以进行澄清。如果投标文件前后矛盾，评标委员会无法认定以哪个为准，或者投标文件正本和副本不一致，又或者副本看不清楚，投标人可以进行澄清。但是，在评标过程中投标人再补交文件（如业绩复印件），这是不允许的。

（2）**投标人不能主动澄清**　投标人不能主动澄清自己的投标文件。澄清是评标委员会的权力或要求，除非评标委员会要求澄清外，投标人不能主动澄清，否则就是补交投标文件。

（3）**澄清要采用书面形式**　投标人澄清时，一定要采用书面形式。但是，书面形式未必一定要亲自在现场签署。在实践中，开标、评标时，投标人可能不在现场，若有需要澄清的内容可以采取发传真的形式补交澄清文件。

9.3.3　电子评标

1. 电子评标的优点

电子评标是电子招标投标的重要环节。电子招标投标则是以网络技术为基础，把传统招标、投标、评标、签订合同等业务过程全部实现数字化、网络化、高度集成化的新型招标投标方式，同时具备数据库管理、信息查询分析等功能，是一种真正意义上的全流程、全方位、无纸化的创新型招标方式。

电子评标有以下优点：

1）电子评标能节省大量的社会运行成本和时间，如投标文件打印、装订、运输等费用。投标人无须实地购买纸质招标文件，无须制作纸质投标文件，无须实地提交纸质投标文件，涉及的招标文件购买费、投标文件印刷费、投标人员差旅费均可以减免。投标人的时间限制、地域阻隔被全面打破。

2）评标专家的评审效率会显著提高。建筑工程评标中，由于工程量清单招标评标方法的全面推行，使评标项目和分值构成更加细致化，评标工作更加科学化、合理化。但是，使用纸质投标文件评标时，会面临复杂烦琐的清标和查错工作，使评委工作量巨大，手工评分难度加大，评标时间增长，很大程度上影响了评标效率和实效性。电子评标方式有效解决了以上问题，使评委从复杂烦琐的查错工作中解脱出来，最大限度地降低了评委评标的工作量，提高了评标的效率和质量。电子评标的信息搜索功能便于专家精准打分，加快了评审速度，提升了评审质量。

3）电子评标时，评标系统会自动生成评标报告，合并相关报表和文件，自动签章。一旦评审完成，评标报告自动生成。评标系统提供通过模板自动生成评标报告的功能，也支持线下编辑评标报告后再上传系统。

4）监管部门风险防控力度加强。投标、评标环节纳入全流程痕迹化管理，在电子平台下有迹可循、有据可查、过程可追溯，对任何违规行为都可进行实时管控。

2. 电子评标操作实务

《电子招标投标办法》第三十三条规定："电子评标应当在有效监控和保密的环境下在线进行。根据国家规定应当进入依法设立的招标投标交易场所的招标项目，评标委员会成员应当在依法设立的招标投标交易场所登录招标项目所使用的电子招标投标交易平台进行评标。评标中需要投标人对投标文件澄清或者说明的，招标人和投标人应当通过电子招标投标交易平台交换数据电文。"第三十四条规定："评标委员会完成评标后，应当通过电子招标投标交易平台向招标人提交数据电文形式的评标报告。"

要提高电子评标的效率，需要有良好的评标系统和平台，如评审内容的超链接及自动跳转功能等。随着电子评标的普及，也需要投标人在电子投标文件的制作上进行提升和改善。目前，电子投标文件的制作问题正逐渐凸显，许多投标人因不熟悉电子投标文件的制作，无法把控电子投标文件的关键点，导致建筑工程项目投标被废标、没能按时提交电子投标文件等情况发生，使得本应到手的项目意外流失。

9.3.4　评标过程举例

下面以某建筑工程项目招标为例，介绍评标过程的全貌。

1. 评审内容

评标委员会开始评标工作之前，必须首先认真研读招标文件，招标人或其委托的招标代理机构应当向评标委员会提供评标所需的重要信息和数据，以及评标工作组关于工程情况和评标工作的说明，协助评标委员会了解和熟悉招标项目的如下内容：

1）招标项目的规模、标准和工程特点。

2）招标文件规定的评标标准、评标方法。

3）招标文件规定的主要技术要求、质量标准及其他与评标有关的内容。

本建筑工程招标项目评审的主要内容为初步评审、技术文件评审和经济评审。

2. 评审程序

第一阶段进行技术文件（含部分商务）的评审，第二阶段进行报价文件的评审。

（1）**初步评审**　评标委员会首先对投标文件的技术文件（含部分商务）进行初步评审，只有通过初步评审才能进入详细评审。

通过初步评审的主要条件为：

1）投标文件按照招标文件规定的格式、内容填写，字迹清晰可辨。

①投标文件按招标文件规定填报了工期、项目经理等，且有法定代表人或其授权的代理人亲笔签字，盖有法人章。

②投标文件附录的所有数据均符合招标文件规定（表格不能少，若无则填无）。

③投标文件附表齐全完整，内容均按规定填写。

④按规定提供了拟投入主要人员（以资格预审时强制性条件中列明的人员为准）的证件复印件，证件清晰可辨、有效。

⑤投标文件按招标文件规定的形式装订，并标明连续页码。

2）投标文件（正本）上法定代表人或其授权代理人的签字（含小签）齐全，符合招标文件规定。

投标文件、投标文件附录、投标担保、授权书、投标文件附表、施工组织设计的内容必须逐页签字。

3）法人发生合法变更或重组的，与申请资格预审时比较，其资格没有实质性下降。

①通过资格预审后法人名称变更的，应提供相关部门的合法批件及营业执照和资质证书的副本变更记录复印件。

②资格没有实质性下降是指投标文件仍然满足资格预审中的强制性条件（经验、人员、设备、财务等）。

4）按照招标文件规定的格式、时效和内容提供了投标担保。

①投标担保为无条件式投标担保。

②投标担保的受益人名称与招标人规定的受益人一致。

③投标担保金额符合招标文件规定的金额。

④投标担保有效期为投标文件有效期加 30 天。

⑤投标担保为银行汇票，出具汇票的银行级别必须满足投标人须知资料表的规定。

5）投标人法定代表人的授权代理人，其授权书符合招标文件规定，并符合下列要求：

①授权人和被授权人均在授权书上亲笔签名，不得用签名章代替。

②附有公证机关出具的加盖钢印的公证书。

③公证书出具的时间与授权书出具的时间同日或在其之后。

6）以联合体形式投标时，提交了联合体协议书副本，且与通过资格预审时的联合体协议书正本完全一致。

7）有分包计划的提交了分包协议，且分包内容符合规定。

8）投标文件载明的招标项目完成期限不得超过规定的时限。

9）工程质量目标必须满足招标文件要求。

10）投标文件不应附有招标人不能接受的条件。

投标文件不符合以上条件之一的，评标委员会应当认为其存有重大偏差，并对该投标文件作废标处理。

（2）**详细评审** 评标委员会还应对通过初步评审的投标文件的技术文件（含部分商务）从合同条件、技术能力以及投标人以往施工履约信誉等方面进行详细评审，并按通过或不通过对技术文件进行评价。

1）对合同条件进行详细评审的主要内容包括：

①投标人应接受招标文件规定的风险划分原则，不得提出新的风险划分办法。

②投标人不得增加业主的责任范围，或减少投标人的义务。

③投标人不得提出不同的工程验收、计量、支付办法。

④投标人对合同纠纷、事故处理办法不得提出异议。

⑤投标人在投标活动中不得有欺诈行为。

⑥投标人不得对合同条款有重要保留。

投标文件如有不符合以上条件之一的，属重大偏差，评标委员会应对其作废标处理。

2）对财务能力、技术能力、管理水平和以往施工履约信誉评审的主要内容包括：

①相对资格预审时，其财务能力具有实质性降低，且不能满足最低要求。

②承诺的质量检验标准低于国家强制性标准要求。

③生产措施存在重大安全隐患。

④关键工程技术方案不可行。

⑤施工业绩、履约信誉证明材料存在虚假。

在评审过程中，发现投标人有以上情况之一的，三分之二以上（含）评委认为不通过的，应对其作废标处理。

（3）报价文件的评审　评标委员会对通过技术文件（含部分商务）评审的投标文件进行报价文件的评审。

首先对报价文件按下列1）、2）、3）、4）款进行初步评审（符合性审查），若不符合1）、2）、3）、4）款之一的，评标委员会应当认为其存在重大偏差，并对该投标文件作废标处理。

1）投标文件报价单按招标文件规定填报了补遗书编号、投标报价等，且有法人代表人或其授权代理人的亲笔签字，盖有法人章。

2）工程量清单逐页有法人代表人或其授权代理人的亲笔签字。

3）投标人提交的调价函符合招标文件要求（如有）。

4）一份投标文件中应只有一个投标报价，在招标文件没有规定的情况下，不得提交选择性报价。

（4）评标价的评审

1）招标人开标宣布的投标人报价，当以数字表示的金额与文字表示的金额有差异时，以文字表示的金额为准。经投标人确认且符合招标文件要求的最终报价即为投标人的评标价。

2）投标人开标时确认的最终报价，经评标委员会校核，若有算术上和累加运算上的差错，按以下原则进行处理：

①投标人的最终投标价（文字表示的金额）一经开标宣布，无论何种原因，不准修正。

②当算术性差错绝对值累计在1%投标价以内时，在投标价不变和注意报价平衡的前提下，允许投标人对相关单价、合价、总额价和暂定金（必须符合招标文件的要求）予以修正。

3）当算术性差错绝对值累计在1%投标价（含）以上时，则为无效标。

4）要求投标人对上述处理结果进行书面确认。若投标人不接受，则其投标文件不予评审。

5）评标委员会对报价各细目单价构成和各章合计价构成是否合理以及有无严重不平衡报价进行评审。

6）当经开标宣布的最低报价与次低报价相差10%（含）以上时，最低报价将被视为低于成本竞标，作废标处理。

7）投标人的报价应在招标人设定的投标控制价上限以内，投标价超出投标控制价上限的，视为超出招标人的支付能力，作废标处理。

（5）**评标基准价的确定**　评标基准价的确定方式为：将所有被宣读的投标报价去掉一个最低值和一个最高值后的算术平均值下降若干百分点（从1、2、3、4、5五个值中确定连续的三个值在现场随机抽取确定），作为评标基准价。

若发现投标人以他人的名义投标、串通投标、以行贿手段谋取中标或者以其他弄虚作假方式投标的，则其投标作废标处理。

（6）**综合评价**　本项目采用综合评分法，即对通过初步评审和详细评审的投标文件，将其投标报价得分和资质与信誉得分之和由高到低进行排序，依次推荐前3名投标人为中标候选人。

本项目按投标人的投标报价和资质与信誉两大部分进行评分，投标报价占80分，资质与信誉占20分。

具体评分内容及分值如下：

1）投标报价（80分）。投标人投标报价得分的计算方法如下：

①投标人的评标价等于评标基准价的得80分。

②投标人的评标价低于评标基准价，且在评标基准价至评标基准价的95%之间的，每下浮一个百分点扣2分，在评标基准价的95%以下的，每下浮一个百分点扣3分，中间值按比例内插，扣到0分为止。

③投标人的评标价高于评标基准价，且在评标基准价至评标基准价的105%（含）之间的，每上浮一个百分点扣3分，在评标基准价的105%以上的，每上浮一个百分点扣4分，中间值按比例内插，扣到0分为止。

2）资质与信誉（20分）。资质与信誉得分的计算方法如下：

①施工企业主项资质为招标同类工程资质的得5分，为施工一级的另外加2分，为施工特级的另外加3分，其他每项资质加1分。此项总得分最高不超过10分。

②取得ISO9001证书的加2分，取得工商行政部门颁发的"守合同重信誉"证书的加1分，每年度或每次加1分，累计不超过3分。此项总得分最高不超过5分。

③投标人有同类工程业绩的，1000万以上的每项可加1分，1000万以下的每项加0.5分。此项总得分最高不超过5分。

④在近24个月内的招标投标活动中，有劣迹行为被省级或以上单位（部门）书面通报，并在处罚期内或通报中未明确处罚期限，在资格审查时隐瞒不报的扣4分，如实填报的扣2分。

⑤在近12个月内的工程建设过程中，因质量问题被省级或以上单位（部门）书面通报，在资格审查时隐瞒不报的扣4分，如实填报的扣2分。

⑥凡在近24个月内，在工程建设领域中发生过行贿受贿行为的（以县级及以上法院书面判决书为准）扣4分。

⑦投标人在投标时，未经招标人同意，项目经理和技术负责人与通过资格预审时相比较，擅自调整其中一人的，则扣5分；若两人皆调整的，则投标无效。

9.3.5　评标无效的几种情形

《中华人民共和国招标投标法实施条例》对评标无效的情形作了总结和细化，有下列情形之一的，评标委员会应当否决其投标：

　　1）投标文件未经投标单位盖章和单位负责人签字。

　　2）投标联合体没有提交共同投标协议。

　　3）投标人不符合国家或者招标文件规定的资格条件。

　　4）同一投标人提交两个以上不同的投标文件或者投标报价，但招标文件要求提交备选投标的除外。

　　5）投标报价低于成本或者高于招标文件设定的最高投标限价。

　　6）投标文件没有对招标文件的实质性要求和条件作出响应。

　　7）投标人有串通投标、弄虚作假、行贿等违法行为。

9.3.6　评标案例分析

评审中发表倾向性见解受警告

1. 案例背景

2018 年 12 月 15 日，××市地铁公司（招标人）在该市公共资源交易中心举行评标会。××市地铁公司以公开招标的方式招标地铁×号线调度、传输、信号和电话系统及其安装项目。这是一个招标金额过亿的大工程，吸引了国内众多的厂商和合资公司参加投标。××市地铁公司对此次招标非常重视，派出了纪检、监察的同志出席评标会。按相关规定，此次评标在该省的工程综合评标专家库中公开随机抽取了 5 名评标专家。此外，招标人派出了两名业主评委，一共 7 名评委组成了评标委员会。

按评标程序，在评标之前，招标人代表兼业主评委（在本案例中同时也是评标专家之一）介绍了此次招标的范围、细节和性能需求。招标人代表在进行项目介绍时，不是客观介绍工程情况和技术问题，而是有意无意地发表倾向性、诱导性的介绍，如×号线地铁工程要求高，希望采用合资公司的技术和产品，然后话锋一转，说××公司的产品质量很好。招标人代表见其他几个专家似乎没有领会意图，最后竟然赤裸裸地表示，××市地铁公司前几条地铁线的传输、调度等工程就是××公司中标完成的，为了和以前的设备兼容，减少维修、维护工作量，希望此次招标也能采用××公司的产品。见招标人代表如此明目张胆地违法违规，某评标专家立即对其发出严厉警告，表示要退出评标委员会；另外一位评审专家则表示，如果再这么介绍下去，他就不在评标报告上签字。

当时，招标人代表面红耳赤，非常尴尬。招标代理机构的工作人员赶快起来打圆场，招标人派驻的纪检、监察同志也提醒招标人代表不要再按这个思路进行介绍了。在其他评标专家和监督人员的协调下，评标才得以继续进行。

通过此案例，有两个问题值得思考：

1）业主（招标人）该如何对评标委员会进行项目介绍？

2）在评标实践中，该如何防止业主"绑架"、诱导专家的评审？

2. 案例分析

1）业主介绍情况必须客观。我国的评标法律法规和各地评标细则都规定：任何人不得在评标时发表对评标结果有诱导性、倾向性和提示性的见解。在本案例中，7 名专家中业主占了 2 名，如果再发表一点暗示和提示，则评标的公正性根本无从谈起。笔者认为，业主发表倾向性、暗示性的介绍，一种情况是无心之过，不懂得法律法规的相关要求，发言时言不由衷，不自觉地发表了不符合规定的不当言论；另一种情况是业主私下和某些投标人有接触，受到了某些不正当的影响。在评标实践中，要防止个别业主"绑架"、诱导专家的独立客观评审，对评标现场进行录音、录像是比较好的办法。笔者曾经评审过一个示范标，除睡觉和上厕所外，评审、吃饭过程中的言论都全程录音和录像，这就对评标的全过程进行了留痕、留证据，对评标过程中的不当言论有极大的阻碍效果。目前，有些地方甚至把评审过程进行现场直播，允许投标人观看，不过，由于阻力较大，没有得到推广。但至少应给予投标人尤其是未中标的投标人翻看评审过程录音录像的权利和便利条件，这样评标过程就会公正得多。

2）作为评标专家，应该遵守评标工作纪律，客观、公正地对投标文件提出评审意见。2021 年，《关于建立健全招标投标领域优化营商环境长效机制的通知》（发改法规〔2021〕240 号）要求，要在全国范围内全面推行"双随机一公开"的监管模式。各地招标投标行政监督部门要在依法必须招标项目的事中事后监管方面，全面推行"双随机一公开"模式，紧盯招标公告、招标文件、资格审查、开标评标定标、异议答复、招标投标情况书面报告、招标代理等关键环节、载体，严厉打击违法违规行为。要合理确定抽查对象、比例、频次，向社会公布后执行；对问题易发多发环节以及发生过违法违规行为的主体，可采取增加抽查频次、开展专项检查等方式进行重点监管；确实不具备"双随机"条件的，可按照"双随机"理念，暂采用"单随机"工作方式。抽查检查结果通过有关行政监督部门网站及时向社会公开，接受社会监督，并同步归集至本级公共资源交易平台、招标投标公共服务平台和信用信息共享平台。

3）习惯性操作应予以反思。近年来，随着我国对反腐采取高压态势，建筑工程招标过程中的监管越来越严厉。以前可能不算违规或严重违规的情况，在现在也属于严重违规了。各地在逐步强化评标专家的监管要求，强化专家履职行为监管，修订完善评标专家档案管理办法，全面实施评标专家考核和退出机制，组织开展日常考评和年度考评，对存在违法违规行为的评标专家，及时依法依规严肃处理。

如本案例中，业主认为××公司的产品质量好，且以前用的就是该公司的产品，为了兼容和维修方便，提出要采用和以前一样的系统。看似理由很充分，但既然公开招标，就要按法律、按程序、按规定进行认真评审。任何规避、利用制度漏洞的做法都是不允许的。在本案例中，业主专家如果没有被潜规则，那么他的发言说明他是不称职的评审专家；如果业主私下和投标人接触，接受了投标人的贿赂和馈赠，则已经违法了。

评标专家不专业险出事

1. 案例背景

2020 年，××市××区某仓库改造工程施工在该市公共资源交易中心公开招标。该项目总造价约 1000 万元，购买了招标文件的投标人共 10 个。2020 年 8 月 3 日，在该市公共资源交易中心公开开标，共有 7 家投标单位在投标截止时间前提交了投标文件，开标情况正常。在评标过程中，评标委员会发现有两家投标单位的投标文件有问题，其法人授权委托书（即授权投标人进行投标的授权书）的有效期为 30 天，而投标有效期为 60 天，两者的时间不同。

评标委员会中有几位专家认为其不满足招标文件中"投标文件必须满足招标文件规定的投标有效期"的要求，评标专家以此为由，要将这两家投标单位的投标文件定为不合格投标文件，否决其投标。该市公共资源交易中心工作人员虽然刚工作不久，但刚刚接受过见证人员（即工作人员）上岗的培训，而该情况正好与见证人员考试试题中的一个案例分析题目的情况相同，于是见证人当即向评标委员会解释了投标有效期和法人授权委托书有效期的概念。评标专家在听完见证人员解释后仍有质疑，并声称自己以前也遇到过这样的情况，而且都是按废标处理的。见证人员在无法说服评标专家的情况下，只好把考试试题及答案拿给评标专家看，专家仔细阅读后才搞清楚这两个概念的不同之处，最后判定这两家投标单位的投标文件有效。

2. 案例分析

稍有法律知识和评标经验的专家都知道，法人授权委托书有效期是指法人依法授权给被授权人代表该公司参加项目投标的有效期，只要在该授权时限内，被授权人即可以代表投标人（投标公司）进行决策、签字等。而投标有效期是指投标文件提交截止日后投标文件的有效期，只要在该时限内投标文件所作的承诺均为有效。若投标有效期长，而法人授权委托书有效期短于投标有效期，仅表示被授权人在委托授权时限外签字或被授权无效。这种情况下，若法定代表人本人亲自对投标文件的相关资料签字，只要没有超出投标有效期，该投标文件或投标资料就是有效的。

可见，两者是不同的概念。只要响应招标文件的规定（招标文件的规定也是 60 天，已响应），二者的时限不同是正常的、合法的。由此案例可以看出，个别评标专家由于其专业限制或是其对招标投标法律以及其中的一些概念理解是有限的或者是有偏差的，从而可能导致评标过程中一些误判的情况出现。作为一名公共资源交易中心的见证人员，保证招标投标活动公平、公正地进行是正常的工作，也是他们的责任，他们指出专家的过失，并没有干涉专家独立评审。

通过此案例可知，评标专家也应更加专业并不断学习，应该非常熟悉招标投标交易相关法律法规的规定，清晰掌握每个概念的含义，以便在评标过程中能客观、公正、正确地评审，从而维护各投标人的合法权益，保证招标投标交易活动的公平和公正。否则，由于评委的误判甚至一个小小的疏忽就可能改变评标结果，这样不仅给当事人带来损失，而且也影响到了招标投标交易活动的正常进行。同时，这个案例也说明，公共资源交易中心定期举办业务培训是十分必要的，通过举办一些类似的业务培训，对提高工作人员的业务水平是大有帮助的。

9.4　定标

9.4.1　定标的概念

所谓定标，就是通过评标委员会的评审，将某个招标项目的中标结果通过某种方式确定下来或将招标项目授予某个投标人的过程（确定中标人）。定标一般是和评标联系在一起的，但有的建筑工程招标中，评标由评标委员会负责，而定标由定标委员会负责，在这种评定分离的情况下，评标和定标是两个不同的环节。但是，有时候招标人或业主将定标权委托给评标委员会，招标人按照评标委员会推荐的结果直接确定评标结果排名第一的中标候选人为中标人（招标人也可以授权评标委员会直接确定中标人），则是将评标、定标合二为一。不管是哪种情况，严格来讲，评标和定标是招标过程中不同的两个环节，也是最为关键的两个环节。

9.4.2　定标的法律规定

《中华人民共和国招标投标法》第四十五条规定："中标人确定后，招标人应当向中标人发出中标通知书，并同时将中标结果通知所有未中标的投标人。"《中华人民共和国招标投标法实施条例》第五十三条规定："评标完成后，评标委员会应当向招标人提交书面评标报告和中标候选人名单。中标候选人应当不超过3个，并标明排序。评标报告应当由评标委员会全体成员签字。对评标结果有不同意见的评标委员会成员应当以书面形式说明其不同意见和理由，评标报告应当注明该不同意见。评标委员会成员拒绝在评标报告上签字又不书面说明其不同意见和理由的，视为同意评标结果。"

评标后要编写评标报告，各地方的建设行政主管部门或监管部门一般有评标报告模板。评标报告是评标委员会根据全体评标成员签字的原始评标记录和评标结果编写的报告，其主要内容包括：

1）招标公告刊登的媒体名称、开标日期和地点。
2）购买招标文件的投标人名单和评标委员会成员名单。
3）评标标准和方法。
4）开标记录和评标情况及说明，包括投标无效投标人名单及原因。
5）评标结果和中标候选人排序表。
6）评标委员会的授标建议。

依法必须进行招标的项目，招标人应当自收到评标报告之日起3日内公示中标候选人，公示期不得少于3日。投标人或者其他利害关系人对依法必须进行招标的项目的评标结果有异议的，应当在中标候选人公示期间提出。招标人应当自收到异议之日起3日内作出答复；作出答复前，应当暂停招标投标活动。

9.4.3　评定分离及其操作

评定分离是指将招标投标程序中的评标委员会评标与招标人定标作为相对独立的两个环节进行分离。事实上，在现行的招标投标制度中，评标和定标本来就是分离的。评定分离这一概念实则强调改变评标专家对评标和定标的决定性作用，从而突出招标人的定标权。国家层面并没有规定定标的办法，只有评标的办法。

1. 评定分离的发展及变化

评定分离最早在我国的深圳、珠海等经济特区政府采购中有探索和尝试。2012年，深圳市开始在招标投标领域尝试评定分离模式的探索，2015年正式出台《关于建设工程招标投标改革的若干规定》（深府〔2015〕73号），引发了全社会对评定分离模式的探讨和憧憬，还权于招标人的呼声此起彼伏。后来，这种做法被内地某些地方政府在工程招标中所效仿和推广。有意思的是，深圳市在实施评定分离的过程中，由于招标人或业主的权力过大，加之在定标的过程中有时不够透明，有大量的招标项目受到投标人投诉，例如比较极端的情况是评标委员会评出来的排名第一到第三的中标候选人均没有中标。后来，深圳市又废除了评定分离的做法。

近年来，内地有些地方进一步扩大了招标人自主权，比如江苏、四川、湖南等省份，按照扩大招标人自主权、平衡评标专家权力、夯实招标人责任的原则，实现招标人责任和权利的统一。实践中，评标由招标人从评标专家库中随机抽取专家组建的评标委员会完成，定标由招标人自行组建的定标委员会完成。2017 年 3 月 7 日，江苏省建设工程招标投标办公室印发《评定分离操作导则》（苏建招办〔2017〕3 号），对房建和市政工程招标投标实行评定分离。评标委员会择优推荐中标候选人名单，中标候选人不得少于 3 个，不宜超过 7 个，具体数量应在招标文件中明确。2018 年 1 月 25 日，四川省政府办公厅印发《关于促进建筑业持续健康发展的实施意见》（川办发〔2018〕9 号），提出深化建筑业"放管服"改革和深化招标投标制度改革，全面落实招标人主体责任，规范招标人招标行为，在部分市（州）开展中标候选人评定机制创新试点，采用随机抽取方式从符合条件的投标人中确定中标候选人。2018 年 7 月 20 日，湖南长沙举行新闻发布会，颁布并解读该市新制定的招标投标管理新政——评定分离，即采用综合评分法进行评标的项目，推行评定分离办法。评标委员会根据招标文件的规定，向招标人推荐不超过 3 名不排序的中标候选人，由招标人在交易中心当场采用抽签方式确定中标候选人排序。

2. 评定分离的定标方法

评定分离法中，定标方法没有全国层面的统一办法，各地有自己的操作细则。一般来说，有以下几种定标方法：

（1）**价格竞争定标法**　按照招标文件规定的价格竞争方法确定中标人。

（2）**票决定标法**　由招标人组建定标委员会，以直接票决或者逐轮票决等方式确定中标人。

（3）**票决抽签定标法**　由招标人组建定标委员会，从进入票决程序的投标人中，以投票表决方式确定不少于 3 名投标人，以随机抽签方式确定中标人。

（4）**集体议事法**　由招标人组建定标委员会进行集体商议，定标委员会成员各自发表意见，由定标委员会组长最终确定中标人。所有参加会议的定标委员会成员的意见应当作书面记录，并由定标委员会成员签字确认。采用集体议事法定标的，定标委员会组长应当由招标人的法定代表人或者主要负责人担任。

（5）**抽签法**　由招标人采用抽签方式确定中标候选人排序。

由上述方法可见，相对于评标和定标合二为一的做法，评定分离中的评标不排序、定标采用抽签法等形式更加不符合国家法律法规的规定。评定分离虽然在某些方面有一定的合理性和正面效果，但评定分离却存在着逻辑上的矛盾。如果评标结果是公正合理的，那么为什么要通过定标来进行强力修正？这种修正的合理性又体现在什么地方？如果评标结果是不公正、不合理的，那既然后面有一个定标小组凭经验和主观意志进行强力修正，评委评标的意义又何在呢？定标小组直接确定中标人岂不是效率更高、更称心如意吗？为什么社会上会存在评定分离这种需求？又为什么会认为评标结果有诸多的不合理？

评定分离改变了由评标专家推荐确定中标人的传统做法，充分体现了招标投标的市场本质，让评标专家做专业性的事务。但笔者认为，试图通过评定分离来遏制评标专家权力而让招标人确定中标人，其打击腐败、防止串标的效果可能会适得其反，因为相比评标专家，招标人的权力更不容易被监督，更容易内定中标人或暗箱操作。相信经过一段时间的推广和探索后，后面的改革方向又将转向限制招标人绝对权力的道路上来。

9.4.4   定标操作实务

凡授权评委会定标时，招标人不得以任何理由否定中标结果。在定标环节要注意以下三个基本原则，即非授权不确定中标人原则、不得恶意否决原则、结果公开原则。

1. 非授权不确定中标人原则

确定中标人是招标人的权利，如果没有得到招标人的事先授权，评标委员会无权确定中标人。不过，招标人一般会根据评标委员会的推荐结果，选取排名第一的中标候选人作为中标人。《中华人民共和国招标投标法实施条例》第五十五条规定："国有资金占控股或者主导地位的依法必须进行招标的项目，招标人应当确定排名第一的中标候选人为中标人。"也就是说，在这种情况下，必须将评标排名第一的中标候选人确定为中标人。

如果排名第一的中标候选人放弃中标、因不可抗力不能履行合同、不按照招标文件要求提交履约保证金，或者被查实存在影响中标结果的违法行为等或者其他不符合中标条件的情形，招标人可以按照评标委员会提出的中标候选人名单排序依次替补其他中标候选人为中标人，当然也可以重新招标。

2. 不得恶意否决原则

定标时，要严格按评标报告确定的顺序选择中标人，不得恶意否决排序靠前投标人的中标资格。招标人确定中标人时必须充分尊重评标报告的结论，并发布中标公告，同时报监管部门备案审查。对于特殊招标项目，如确实需要进行资格后审，招标人在后期资格审查和考察论证中必须以招标文件为依据，不得背离，更不得以所谓新的标准来否决或刁难中标人。凡招标人拒绝与中标人签订合同的，应出具书面证明材料并报主管部门备案。

3. 结果公开原则

评标和定标（中标）结果须在政府招标信息发布指定媒体上公开，接受社会各方监督，公布的信息内容要详细具体。对于中标公示的内容，《中华人民共和国招标投标法》和《中华人民共和国招标投标法实施条例》均没有进行相应的规定。不过，国家发展和改革委员会于 2018 年 1 月 1 日实施的《招标公告和公示信息发布管理办法》第六条规定，依法必须招标项目的中标候选人公示应当载明以下内容：

1）中标候选人排序、名称、投标报价、质量、工期（交货期），以及评标情况。
2）中标候选人按照招标文件要求承诺的项目负责人姓名及其相关证书名称和编号。
3）中标候选人响应招标文件要求的资格能力条件。
4）提出异议的渠道和方式。
5）招标文件规定公示的其他内容。

9.4.5   定标案例分析

第一中标候选人资料造假是废标还是顺延？

1. 案例背景

××招标代理有限公司代理某建筑工程招标项目，招标代理公司在招标项目中标候选人名单公示期间接到落选投标人之一 A 公司的质疑文件，质疑该招标项目中第一中标候选人 F 公司在投标期间有弄虚作假行为。后经招标代理公司核实，确认第一中标候选人 F 公司确实存在弄虚作假行为，于是评标委员会依法取消了该公司的中标资格，顺延由第二中标候选人为中标人。但此时招标人有异议，因为第二中标候选人的报价比第一中标候选人高了许多，招标人原本对此次招标的价格挺满意的，却由于中标人的违规行为使中标价格高了很多，很不情愿，要求第一中标候选人弥补其损失，至少要将第一、第二中标候选人的两个中标价中的差价弥补上。

这就给招标代理公司出了难题：招标人的要求是否合理？有没有法律依据？如果应该赔偿损失，直接扣除第一中标候选人的投标保证金来弥补招标人的损失行不行？遇到第一候选中标人因自身违规的原因而取消其中标资格的情况，是废标呢还是顺延第二中标候选人中标？这种情况应该如何适用法律？

2. 案例分析

1）招标人的要求没有法律依据。在本案例中，评标委员会取消了第一中标候选人的中标资格，顺延由第二中标候选人为中标人，只要后者的投标报价没有超出招标人的预算，招标人就应该接受评标委员会的决定，与第二中标候选人签订中标合同。招标人没有任何资格和权力要求评标委员会更改中标结果，更没有权力要求不中标的投标人赔偿损失，不过可以没收其投标保证金。招标人有定标权，在本案例中，招标人可以接受评标委员会的推荐结果（递补第二中标候选人），或直接否决所有投标而重新招标。

笔者认为，此案如果造成了损失，也应该是国家的损失，招标人如果认为它的权益受到损失，可以通过法律途径来解决。对于投标人提供虚假材料谋取中标的，《中华人民共和国招标投标法实施条例》第六十八条规定：投标人以他人名义投标或者以其他方式弄虚作假骗取中标的，中标无效；情节严重的，由有关行政监督部门取消其 1 年至 3 年内参加依法必须进行招标的项目的投标资格；弄虚作假骗取中标情节特别严重的，由工商行政管理机关吊销营业执照。

2）顺延中标人的做法法律法规是允许的。在本案例中，由第二中标候选人取代第一中标候选的中标资格，即直接顺延中标资格的做法并非不妥当。《中华人民共和国招标投标法实施条例》第五十五条规定："排名第一的中标候选人放弃中标、因不可抗力不能履行合同、不按照招标文件要求提交履约保证金，或者被查实存在影响中标结果的违法行为等情形，不符合中标条件的，招标人可以按照评标委员会提出的中标候选人名单排序依次确定其他中标候选人为中标人，也可以重新招标。"

在本案例中，第一中标候选人并不是因不可抗力，也不是不能履行合同，只是因为自己存在弄虚作假的违法行为而被取消了中标资格。既然投标人弄虚作假都能中标，就意味着评标过程或多或少地存在一些问题，相关投标人的造假行为也很可能会影响整个排序，因此重新评标是最好的选择。如果此案进入投诉阶段，结果又会不一样，因为招标监督管理部门如果认定存在违法行为，就可以直接废标。在实践中，大多数招标代理机构会与招标人协商，建议招标人从时间、财力、项目本身考虑，采取直接递补的做法。

投标人弄虚作假，评标专家在评标过程中该如何应对？

弄虚作假是招标投标活动中严厉禁止的行为。评标专家在评标过程中应当尽职尽责地评审投标文件，最大可能地分析、识别出弄虚作假行为。

1. 案例背景

××省××市河道整治工程施工项目招标，招标内容为修建一段河堤及相应边坡治理。该建设项目委托招标代理机构采用公开招标方式选定中标人，招标控制价为3000万元。项目在当地公共资源交易中心正常开标，共有9个投标人提交了投标文件。开标前，招标代理机构按照程序，通过交易中心的服务终端，在省级综合评标专家库里抽取了5名水利类的技术、经济专家组成评标委员会进行评标。截至评标前，所有招标程序均无异常。

评标过程中，评标专家A提出：招标文件要求投标人拟投入的项目管理机构中，施工员应当具有注册土木工程师（岩土）执业资格，并注册在投标人单位（以下简称该要求）。该要求是合格投标人资格条件之一，不满足该要求的投标文件将被认定为未响应招标文件的实质性要求，应予以否决。另外，9个投标人提供的注册土木工程师（岩土）注册证书，从其编号来看，存在疑问，比如有的编号以AY开头，有的编号以YA开头，有的编号中年份位与注册年份不一致，疑似虚假证件，应予核实。

评标专家B认为，评标委员会不是证件真伪的鉴定机构，评标专家基于各自的知识，不能够也无权进行证件真伪的鉴定，只要投标人提供了证件，就应当予以认可。评标专家C认为，投标人已经作出了不提供虚假信息的承诺，并承担一切弄虚作假的后果，评标专家不需对其证件真伪作任何判断。评标专家D认为，投标人在投标文件中不仅提供了注册证书的复印件，而且按照招标文件要求提供了注册机构网站上的注册信息截图，其真实性无须怀疑。评标专家E认为，根据招标文件的要求，投标人在提交投标文件时，由招标代理机构现场查验人员资质证件原件，并上网核实注册信息，因此证件真伪的判断责任不在评标委员会。评标专家A坚持认为：虽然招标文件规定了招标代理机构负责核查证件原件的工作，但是作为评标专家，应当对投标文件进行独立的评审，如果出现明显的虚假信息而没有发现，评标专家仍然要承担相应责任，该责任不因招标代理机构的工作而减轻；同时，在既有的评标资料中，没有招标代理机构的核查记录，至少应当询问招标代理机构的核查结果。

经过讨论，评标专家们同意了评标专家A的这一观点，向招标代理机构发出澄清函，要求招标代理机构说明证件核查结果。招标代理机构回复称，已经按照招标文件的要求进行了证件核查，所有信息均属实。回复函经招标代理机构项目负责人、招标人代表、交易中心监督人员签字后送达评标委员会。评标专家A不采信该回复，其他评标专家认为应予采信。在作出自行承担不利后果的承诺后，评标专家A再次向招标代理机构发出澄清，要求招标代理机构向评标委员会提供人员注册信息的网络查询截图，并列明了9个投标人的名称及其对应的注册土木工程师（岩土）的姓名。经招标代理机构查证，有8个投标人提供的注册土木工程师（岩土）查询不到注册信息，且查询不到这8个投标人有任何其他注册土木工程师（岩土）注册。进一步查询表明，8个投标人的项目管理机构人员均存在其他不同程度的虚假信息。评标委员会随即对这8个投标人作出了否决投标处理。

评标结束后，招标人代表对评标委员会的发现和坚持给予了肯定和感谢，并表示从来没有想到过会有这么严重的弄虚作假现象。

2. 案例分析

（1）**评标专家是否可以质疑证件的真伪** 对评标专家在评标过程中是否可以质疑证件真伪的争论一直存在。一种观点认为，评标专家应当审慎地评审投标文件的每一部分（包括投标人提供的证件），如果发现疑问，有权提出质疑，要求投标人予以澄清。另外一种意见认为，投标人已经作出了承担一切弄虚作假责任的承诺，故其提供的全部文件（包括证件）均应视为真实的，评标委员会不是鉴定机构，无权作出证件真伪的结论，评标专家也就无权质疑证件的真伪。

　　两种说法看似均有道理，但仔细推敲，后一种说法实则混淆了质疑和鉴定的概念，有推卸评标责任之嫌。评标专家应在自己的专业范围内，谨慎、客观、公正地进行项目评审。仔细评审投标文件，是评标专家的法定责任，一切可能影响评标结果公平、公正的因素，均应当经过评标专家的评审。虚假材料的使用可能造成不符合投标资格的投标人被判为合格，进而可能影响评标结果，因此评标专家有责任对证件的真伪进行评审，有责任就疑似虚假的证件要求投标人予以澄清。

　　评标委员会确实不是鉴定机构，确实不能对证件的真伪作出结论，法律也没有赋予评标专家鉴定真伪的职责，但这并不影响评标委员会提出质疑的权利。质疑和鉴定是两个不同的概念。质疑不是判是或者判否，而是证实或者证伪的方向，即鉴定的方向。对于合理的怀疑，或者合理的不确信，虽然不能证伪，但是可以要求投标人予以澄清或者决定不予采信。在本案例中，评标专家 A 就是基于不确信，并坚持澄清，才发现了如此严重的弄虚作假。本案例中的评标委员会也并未作出投标人证件造假的结论，而是以这些投标人提供的证件信息未能经招标文件规定的方法予以查证，不符合招标文件实质性要求为由，予以否决投标。

　　（2）如果虚假信息未被发现，评标专家是否承担责任　　毋庸置疑，评标专家应当承担责任。评标专家若评审错误，是要受到处罚的。之所以出现这种错误，一是故意判错，例如与招标人、招标代理机构或投标人等有不正当的利益勾兑行为，二是基于评标专家的视野和专业知识判断失误，并没有主观故意。但是，主观故意判错与知识不够判断失误的后果是不同的。评标专家有"其他不客观、不公正履行职务的行为"，由有关行政监督部门责令改正；情节严重的，禁止其在一定期限内参加依法必须进行招标的项目的评标；情节特别严重的，取消其担任评标委员会成员的资格。在实践中，大多数评标专家对投标文件宁可从宽，也不从严，害怕一旦判错投标人的材料会受到投标人的质疑和投诉，这是评标专家判断从宽的重要原因。笔者认为，专家要有专业知识，对于常识性的、比较容易判断的造假应理直气壮地提出并作出判断，对于比较有"技术含量"的造假资料，应大胆怀疑和合理质疑，秉着谨慎、客观、认真的精神去评审项目。

　　在本案例中，即便招标代理机构提供了证明材料，对于合理存疑的部分，评标专家依然有权提出质疑，要求招标代理机构进一步证明，否则，就是评标专家履责不到位。招标人事后对评标委员会的肯定，也是对全体评标专家认真履责行为的认可。

9.5　本章案例分析

1. 案例背景

　　××市××区政府委托招标代理机构就区政府体育场建筑设备及户外电子显示屏进行公开招标。2019 年 8 月 5 日，区政府如期举行开标和评标会议。区政府作为业主单位，对此次招标极为重视，派出了纪委的一名工作人员进行现场监督。在开标会后，评审专家进入全封闭的评审会场，招标人首先介绍了项目的基本情况，招标代理机构宣读了评标纪律，然后评标专家开始认真阅读招标文件和投标文件。

评标会上，有专家提出：业主在招标文件中列出的设备参数互相矛盾，需要修改；另外，一些设备的参数太保守，是属于好几年前的产品，现在的同类产品无论是性能还是技术指标，要远高于招标文件列出的条件，而且这些设备的价格跟此次招标文件所列的价格严重不符。这名专家的观点引起了其他专家的共鸣，另外的几名专家也热烈讨论起来，大家一致同意这名专家的观点。在评标现场的招标人代表看到专家这么说，就提出"花财政的钱，要尽量节约，希望花最少的钱买最好的设备"，要求专家提出一个解决办法。专家说，招标文件已经写明了，恐怕没有办法改正了，除非废除此次招标，修改招标文件重新进行招标。招标人代表马上说，这是民心工程，项目在10月份就要竣工投入使用，重新招标已经来不及了。这时，招标代理机构提出一条"妙计"，提议把所有的投标人代表叫来，现场跟他们说一下招标文件中的新参数，只要他们同意按新参数提供设备进行投标，应该没有问题，既不会耽误工期，也能使招标人招到最好的产品。现场的招标人和纪委的工作人员经过简短商量，采纳了招标代理机构的"妙计"。对于这条"妙计"，专家也没有表示异议。于是，招标代理机构负责人把所有的投标人代表叫在一起，向他们提出修改设备参数的要求，投标人代表全部同意这样做。招标代理机构、招标人、专家都很满意，招标如期进行。经过紧张评审，A公司如愿以偿中标。

但是，中标公告发出第二天，招标代理机构就收到了B公司的质疑投诉，质疑此次招标严重违规。原来，未中标的B公司后来咨询了公司的法律顾问，法律顾问认为这是违规的，遂授意B公司进行投诉。

此次招标最终被B公司投诉到××市监管部门，监管部门经查实后废除了此次招标结果，勒令重新招标，并发出通报批评。通过此案例，有几个问题值得我们思考：一是临时改变设备参数是否可行？二是招标人、投标人和评审专家同时同意是否就可以改变评审方法和程序？三是投标人在评标时全部签字同意改变评标程序，是否就不能反悔了？

2. 案例分析

（1）临时改变设备参数应公示　在本案例中，招标人没有仔细计算设备参数，也没有认真调研设备价格，仅依据过去几年的设备参数进行招标，而现在的设备更新换代很快，招标文件所列的设备参数落后于现状也就不足为怪了。专家提出目前的新情况，以及招标文件的矛盾之处，招标人提出修改参数是可以理解的。但是，修改招标设备的参数实际上是实质性地改变了招标文件，是对招标文件的澄清。《中华人民共和国招标投标法》第十九条规定："招标人应当根据招标项目的特点和需要编制招标文件。"第二十三条规定："招标人对已发出的招标文件进行必要的澄清或者修改的，应当在招标文件要求提交投标文件截止时间至少十五日前，以书面形式通知所有招标文件收受人。该澄清或者修改的内容为招标文件的组成部分。"因此，尽管招标人提出的只是一些设备某些参数的更正，实质上是改变了招标文件，这需要在媒体上发布公告公示，并且需要满足一定的时间要求。

按照规定，招标文件存在不合理条款的，招标公告时间及程序不符合规定的，应予废标，并责成招标单位依法重新招标。在本案例中，招标文件所列的设备参数矛盾，致使所有投标人的设备无法满足，最好的做法是否决所有人的投标并重新招标。

（2）不能随意改变评标程序　在本案例中，经专家议论后，招标人从节省财政资金的角度出发，临时提出改变招标文件的参数和招标程序，虽然监督的纪委工作人员表示同意，招标人、投标人和评审专家都没有异议，但这也是违反规定的。本次招标，参与投标的投标人超过三个，满足正常开标的条件，所以不能临时随意改变评标程序，哪怕出发点是好的。公开招标的本质是公开、公平、公正和程序合法。招标投标是非常严肃的行为，招标投标的程序一定要符合法律法规的要求。既然没有法律、法规规定可以改变评标方法，就不能改变招标文件规定的评审方法和程序。

（3）签字后能否反悔　在本案例中，招标人和招标代理机构为了防止各投标人反悔和投诉，要求各投标人签字同意更改招标文件，同意更改设备参数，同意更改评标程序，看似天衣无缝，实则留下了隐患。各投标人的想法各异，有签字后真的不投诉的，也有签字后一旦不中标就矢口否认的。那么，就算各投标人签字后不反悔，是否就可行和合法呢？答案是否定的。

笔者认为，招标投标是非常严肃的程序，受到各方关注和有关部门的严格监管是趋势，不能存在侥幸心理。另外，还有一些人，包括评审专家，认为事情合理又不是违规很严重的行为，何况对业主和国家有利，只是不怎么符合程序，是一些小问题，主张不要那么死板。这种想法是非常错误的，作为评标专家，心中一定要有法律和法规的约束，坚持程序正义，恪守公平、公正的理念，以客观、公正、认真和谨慎的态度去评标。

思考与练习

1. 单项选择题

（1）对于建筑工程招标项目，当投标截止时间到达时投标人少于3个的，招标人应当采取的方式是（　　）。

A. 重新招标　　　　　　　　　　B. 直接定标

C. 继续开标　　　　　　　　　　D. 停止开标或评审

（2）标前会议也称为投标预备会，是招标人按投标须知规定的时间和地点召开的会议，关于标前会议的说法中，错误的是（　　）。

A. 会议纪要应以书面形式发给获得投标文件的投标人

B. 会议纪要形成招标文件的补充文件

C. 澄清文件与招标文件具有同等法律效力

D. 会议纪要必须要说明相关问题的来源

（3）下列行为中，表明投标人已参与投标竞争的是（　　）。

A. 资格预审通过　　　　　　　　B. 购买招标文件

C. 编写投标文件　　　　　　　　D. 提交投标文件

（4）下列关于招标公告发布媒介的说法中，不符合《招标公告和公示信息发布管理办法》规定的是（　　）。

A. 应当在中国招标投标公共服务平台或者项目所在地省级电子招标投标公共服务平台发布

B. 省级电子招标投标公共服务平台应当与中国招标投标公共服务平台对接

C. 可以不按规定同步交互招标公告和公示信息

D. 对依法必须招标项目的招标公告和公示信息，发布媒介应当与相应的公共资源交易平台实现信息共享

（5）下列关于投标有效期的说法中，错误的是（　　）。

A. 招标人有权收回拒绝延长投标有效期的投标人的投标保证金

B. 投标有效期从投标人提交投标文件的截止之日起计算

C. 投标有效期内，投标文件对投标人有法律约束力

D. 投标有效期的设定应保证招标人有足够的时间完成评标和与中标人签订合同

（6）下列关于投标人对投标文件修改的说法中，正确的是（　　）。

A. 投标人提交投标文件后不得修改其投标文件

B. 投标人可以利用评标过程中对投标文件澄清的机会修改其投标文件，且修改内容应当作为投标文件的组成部分

C. 投标人对投标文件的修改，可以使用单独的文件进行密封、签署并提交

D. 投标人修改投标文件的，招标人有权接受较原投标文件更为优惠的修改并拒绝对招标人不利的修改

（7）下列关于投标文件密封的说法中，错误的是（　　）。

A. 投标文件的密封可以在公证机关的见证下进行

B. 投标文件未按照招标文件要求密封的，招标人有权不予退还该投标人的投标保证金

C. 招标人可以在法律规定的基础上，对密封和标记增加要求

D. 投标文件未密封的不得进入开标

（8）根据《中华人民共和国招标投标法》的规定，下列关于开标程序的说法中，错误的是（　　）。

A. 开标时间和提交投标文件截止时间应为同一时间

B. 开标时间修改，应以书面形式通知所有招标文件的收受人

C. 投标文件的密封情况可以由投标人或其推选的代表检查

D. 招标人应委托招标代理机构当众拆封收到的所有投标文件

（9）关于建筑工程招标项目的唱标，下列说法中正确的是（　　）。

A. 唱标时未宣读的价格折扣，评标时可以允许适当地考虑

B. 如果开标一览表的价格与投标文件中明细表的价格不一致，以投标明细表为准

C. 对于投标人在投标截止时间之前提交的价格折扣，唱标时应该宣读价格折扣

D. 所有投标文件，无论是否过了投标截止时间，开标时都应当众予以拆封、宣读

（10）采用综合评分法评审的建筑工程招标项目，中标候选人评审得分相同时，其排名应（　　）顺序排列。

A. 按照招标文件的规定

B. 按照技术指标优劣

C. 由评标委员会综合考虑投标情况自定

D. 按照投标报价得分由高到低

2. 多项选择题

（1）下列关于工程建设项目评标委员会的说法中，正确的是（　　）。

A. 评标应当由招标人组建的评标委员会负责

B. 评标委员会成员组成必须为 5 人以上单数

C. 与投标人有利害关系的人已经进入评标委员会的，应当更换

D. 评标委员会应当根据招标文件确定的评标标准和方法评标

（2）根据《工程建设项目货物招标投标办法》的规定，编制招标文件应当（　　）。

A. 招标文件规定的各项技术规格应当符合国家技术法规的规定

B. 招标文件中规定的各项技术规格均不得要求或标明某一特定的专利技术、商标、名称、设计、原产地或供应者等

C. 不得含有倾向或者排斥潜在投标人的其他内容

D. 如果必须引用某一供应者的技术规格才能准确或清楚地说明拟招标货物的技术规格时，则应当在参照后面加上"或相当于"的字样

（3）下列关于工程建设项目招标文件的澄清和修改的说法中，正确的是（　　）。

A. 招标人和投标人均可要求对投标文件进行澄清和修改

B. 招标人对招标文件的澄清和修改应在提交投标文件截止时间至少 15 日前进行

C. 项目招标人对招标文件的澄清和修改应在指定媒体上发布更正公告

D. 项目招标人对招标文件的修改应当在开标前 15 日前进行

（4）下列关于联合体投标工程建设项目的说法中，正确的是（　　）。

A. 联合体投标应当以一个投标人的身份共同投标

B. 联合体各方必须签订共同投标协议且需附在投标文件中提交

C. 联合体各方签订共同投标协议后不得再以自己的名义单独投标

D. 联合体的投标保证金应当由联合体的牵头人提交

（5）关于依法必须招标的工程建设项目，下列说法中正确的是（　　）。

A. 联合体中标的，联合体各方应当共同与招标人签订合同

B. 评标和定标应当在开标日后 30 个工作日内完成

C. 联合体中标的，各方不得组成新的联合体或参加其他联合体在其他项目中投标

D. 招标人应当确定评标委员会推荐的排名第一的中标候选人为中标人

（6）按照《房屋建筑和市政基础设施工程施工招标投标管理办法》的规定，对于依法必须进行招标的项目，下列有关评标专家的说法中正确的是（　　）。

A. 应当由招标人从建设行政主管部门及其他有关政府部门确定的专家名册或者工程招标代理机构的专家库内相关专业的专家名单中确定

B. 确定专家成员一般应当采取随机抽取的方式

C. 与投标人有利害关系的人不得进入相关工程的评标委员会

D. 评标委员会成员的名单在中标结果确定前应当保密

（7）下列关于开标的说法中，正确的有（　　）。

A. 开标应当在招标文件确定的提交投标文件截止时间的同一时间公开进行

B. 招标人应当按照招标文件规定的时间、地点开标

C. 开标由招标人主持，邀请所有投标人参加

D. 开标过程应当记录，并存档备查

3. 问答题

（1）开标时应注意哪些环节？

（2）招标投标相关法律法规对评标时澄清的规定是什么？

（3）评标无效的几种情形是什么？

（4）在定标环节，招标人对评标委员会的建议应采取什么样的处理措施？

（5）招标投标相关法律法规对招标人开标前组织的踏勘现场有什么规定？

4. 案例分析题

某市商住楼施工工程招标，招标方式采取公开招标。项目投资约为1600万元。于2021年8月25日上午9点在该市的公共资源交易中心209室进行了开标，评标地点在407室。开标、评标过程都正常。在出具评标报告并且评标委员会成员都签完名的情况后，该中心的工作人员发现有一个严重的错误。评标报告里的第一中标人不是按照本项目的定标原则评出的，本项目的定标原则是，选定投标报价低于且最接近平均参考价（所有有效标的平均值）者作为中标单位。评标委员会忽略了低于平均参考价的要求，选择了一家高于但最接近平均参考价的投标人为第一中标候选人，导致结果错误。工作人员发现问题后马上向评标委员会说明了情况。

请分析此次评标中评标委员会的过错和责任，应如何进行补救和处理。

思考与练习部分参考答案

1. 单项选择题

（1）A　（2）B　（3）D　（4）C　（5）A　（6）C　（7）B　（8）D　（9）C

（10）A

2. 多项选择题

（1）ABCD　（2）ABCD　（3）BC　（4）ABC　（5）AD　（6）ABCD　（7）ABCD

第10章

建筑工程的中标公示及中标合同

本章将介绍中标公示的程序及内容，合同的概念、主要条款，合同订立的基本程序、基本原则、基本形式，以及建设合同订立当事人的权利、义务与违约责任等方面的基本知识，重点介绍建设工程勘察设计合同、建设工程施工合同、工程建设监理委托合同及与工程建设相关的其他合同的订立、履行与违约责任等方面的内容，同时还将介绍建设工程合同的示范文本。

需要指出的是，除建设工程合同外，工程建设过程中还会涉及很多其他的合同，如设备、材料的合同，工程监理的合同等，只要是通过招标投标中标来签订的，都属于本章的论述范围。

10.1 中标公示

10.1.1 中标候选人公示

1. 中标候选人公示的规定

按照法律规定，中标人的投标应当符合以下两种情况：一是能够最大限度地满足招标文件中规定的各项综合评价标准；二是能够满足招标文件的实质性要求，并且经评审的投标价格最低，但是投标价格低于成本的除外。

评标委员会完成评标后，应当向招标人提出书面评标报告，并推荐合格的中标候选人。招标人根据评标委员会提出的书面评标报告和推荐的中标候选人确定中标人。招标人也可以授权评标委员会直接确定中标人。一般情况下，除非是评定分离的招标，否则招标人均应根据评标委员会的推荐结果确定中标人。国有资金占控股或者主导地位的依法必须进行招标的项目，招标人应当确定排名第一的中标候选人为中标人。排名第一的中标候选人放弃中标、因不可抗力不能履行合同、不按照招标文件要求提交履约保证金，或者被查实存在影响中标结果的违法行为等情形，不符合中标条件的，招标人可以按照评标委员会提出的中标候选人名单排序依次确定其他中标候选人为中标人，也可以重新招标。

依法必须进行招标的项目，招标人应当自收到评标报告之日起 3 日内公示中标候选人，公示期不得少于 3 日。投标人或者其他利害关系人对依法必须进行招标的项目的评标结果有异议的，应当在中标候选人公示期间提出。招标人应当自收到异议之日起 3 日内作出答复；作出答复前，应当暂停招标投标活动。

为适应"互联网+"的招标趋势，强化信息开放共享，国家层面已不再指定"三报一网"作为中标公告的发布媒介，依法必须进行招标的项目的公告和公示信息应当在中国招标投标公共服务平台或者项目所在地省级电子招标投标公共服务平台发布。其他媒介可以依法全文转载依法必须进行招标的项目的招标公告和公示信息，但不得改变其内容，同时必须注明信息来源。

2. 中标候选人公示的内容

依法必须进行招标的项目的中标结果公示应当载明中标人名称。目前，社会上希望在招标投标的公示方面做到规范化、透明化，因此也一直都在按照国家的法律法规进行相关公示，但国家层面的规定中有一些条款规定的公示内容太过笼统，公示信息不足将影响投标人及公众的知情权，可公示过多又担心侵犯中标人的商业秘密。根据《招标公告和公示信息发布管理办法》（国家发展和改革委员会令第 10 号）第六条的规定，依法必须招标项目的中标候选人公示应当载明以下内容：

1）中标候选人排序、名称、投标报价、质量、工期（交货期），以及评标情况。
2）中标候选人按照招标文件要求承诺的项目负责人姓名及其相关证书名称和编号。
3）中标候选人响应招标文件要求的资格能力条件。
4）提出异议的渠道和方式。
5）招标文件规定公示的其他内容。

规定公示中应有中标人响应招标文件要求的资格能力条件，那么这些资格能力条件具体包括哪些文件呢？是否包括用于证明业绩的合同复印件？是否包括技术人员的职业证书等相关文件？若需要将用以响应招标文件要求的资格能力条件中的业绩合同复印件进行公示，是否会对投标人的商业秘密构成侵害？除了公布总分、排序、报价等基本内容，是否需要将评标委员会评分的每一小项的分数都予以公示？

为此，国家发展和改革委员会在其官网进行了公开答复。中标候选人响应招标文件要求的资格能力条件具体包括哪些文件要视具体招标项目要求而定，目前无法通过立法作出统一规定，实践中以各地的公示办法或细则为准。在某些地方，有可能需要公开过往的相关业绩，但《招标公告和公示信息发布管理办法》只要求公开中标候选人响应招标文件要求的资格能力条件，未要求公开证明业绩的合同复印件等证明文件。

至于是否需要公示评标委员会评分的每一小项的分数，目前各地做法各不相同，国家层面没有统一规定。但招标人从提高招标投标活动透明度、接受社会监督的角度出发自愿公开的，可以在中标候选人公示中公布相关内容，但评标委员会成员的名单应当保密。

10.1.2 中标结果公示与中标通知书

《中华人民共和国招标投标法》第四十五条规定："中标人确定后，招标人应当向中标人发出中标通知书，并同时将中标结果通知所有未中标的投标人。中标通知书对招标人和中标人具有法律效力。中标通知书发出后，招标人改变中标结果的，或者中标人放弃中标项目的，应当依法承担法律责任。"

公示无异议后，招标人应向中标人发出中标通知书，同时以书面形式通知所有未中标的投标人。中标人按照相关规定缴纳招标代理服务费（也有的地方已取消招标代理服务费或招标人自招）后，领取中标通知书。

如果中标结果公示后中标人因各种原因已无力承担中标项目，则需要评标委员会重新审查（尽管这种可能性很小）。《中华人民共和国招标投标法实施条例》第五十六条规定："中标候选人的经营、财务状况发生较大变化或者存在违法行为，招标人认为可能影响其履约能力的，应当在发出中标通知书前由原评标委员会按照招标文件规定的标准和方法审查确认。"

在实践中，常见的是招标代理机构规定，中标人自招标代理机构在网上发布中标结果公示之日起超过××日仍未能缴交招标代理服务费的，视为中标人自动放弃包括中标权在内的本次招标中所拥有的全部权利。

10.1.3　中标候选人公示与中标结果公示的区别

在招标投标过程中，经评标后，招标人发布中标候选人公示，公示结束后发布中标结果公示。那么，中标候选人公示与中标结果公示的区别在什么地方？各具备哪些法律效力？

为此，国家发展和改革委员会进行了明确答复。根据《中华人民共和国招标投标法实施条例》第五十四条的规定，依法必须进行招标的项目，招标人应当自收到评标报告之日起 3 日内公示中标候选人，公示期不得少于 3 日。投标人或者其他利害关系人对依法必须进行招标的项目的评标结果有异议的，应当在中标候选人公示期间提出。招标人应当自收到异议之日起 3 日内作出答复，作出答复前，应当暂停招标投标活动。

中标结果公示的性质为告知性公示，即向社会公布中标结果。中标候选人公示与中标结果公示均是为了更好地发挥社会监督作用的制度。两者的区别包含两个方面：一是向社会公开相关信息的时间点不同，中标候选人公示在最终结果确定之前，中标结果公示在最终结果确定之后；二是中标候选人公示期间，投标人或者其他利害关系人可以依法提出异议，中标结果公示后则不能再提出异议。

10.1.4　中标人的法律义务

1. 履行合同

中标人应当按照招标文件的要求和投标文件中的承诺，与招标人签订合同，履行合同约定的义务，完成所中标的建筑工程项目。中标人无正当理由不与招标人订立合同，在签订合同时向招标人提出附加条件，或者不按照招标文件要求提交履约保证金的，取消其中标资格，投标保证金不予退还。对依法必须进行招标的项目的中标人，由有关行政监督部门责令改正，可以处中标项目金额 10‰以下的罚款。

在实践中，也不乏中标人主动放弃中标资格或被依法取消中标资格的事例，例如，中标人在投标时提供了虚假文件骗取中标害怕被举报查处，或者对工程估计不足继续履行合同会亏本，或者缺乏履行合同的条件等。如果由于中标人本身原因不能签订合同和放弃中标的，常见的处罚是没收其投标保证金，并将其纳入投标黑名单，禁止在一定时期内再投标。

2. 不得再次转包分包

中标人不得向他人转让中标项目，也不得将中标项目肢解后分别向他人转让。按照法律规定，中标人如按照合同约定或者经招标人同意，可以将中标项目的部分非主体、非关键性工作分包给他人完成。一般法律规定不允许将30%以上的工程量或合同金额再次分包，而转包是法律法规严格禁止的。接受分包的人应当具备相应的资格条件，并不得再次分包。此外，中标人应当就分包项目向招标人负责，接受分包的人就分包项目承担连带责任。《中华人民共和国招标投标法实施条例》第七十六条规定："中标人将中标项目转让给他人的，将中标项目肢解后分别转让给他人的，违反招标投标法和本条例规定将中标项目的部分主体、关键性工作分包给他人的，或者分包人再次分包的，转让、分包无效，处转让、分包项目金额5‰以上10‰以下的罚款；有违法所得的，并处没收违法所得；可以责令停业整顿；情节严重的，由工商行政管理机关吊销营业执照。"

3. 提交履约保证金

招标文件要求中标人提交履约保证金的，中标人应当按照招标文件的要求提交。履约保证金不得超过中标合同金额的10%。履约保证金是中标以后才提交的，与投标保证金的性质不同。在实践中，有的招标人要求投标人在提交投标文件时就同时提交履约保证金，这是对法律的误解。另外，也有的招标人滥用招标人的优势地位来限制潜在投标人，希望在提交投标文件阶段用高额的履约保证金门槛吓退某些潜在投标人。

10.1.5　中标结果公示内容不合法导致投诉案例

1. 案例背景

受招标人××市教育局的委托，某招标代理公司就××中学教学大楼基建项目进行公开招标。2020年9月27日，招标代理公司在有关媒体上发布招标公告。根据招标公告，项目起始时间为2020年9月27日，投标截止时间及开标时间为2020年10月18日上午9点30分（北京时间），中标结果公布方式为书面通知及在项目所在省的公共资源交易网上公示。2020年10月29日，招标代理公司发布中标结果公示。中标结果公示内容包括招标代理公司的名称、地址和联系方式，招标项目的名称、用途、数量、简要技术要求，中标人的名称、地址和中标金额，招标项目联系人的姓名和电话。

中标结果公示发出后，投标人A公司的投标代表给招标代理公司的项目经理打来电话，对评标过程的公正性提出了质疑。由于评标过程有监管部门工作人员现场监督，公证人员现场公证，整个过程也没发现任何异常。因此，招标代理公司的项目经理自信地解释道："我认为我们的这次招标是非常公正、公平的。您若认为不公正，可以出示证据向我们反映，也可以向××局去投诉，我们是支持投标人维护自己权利的……"

令招标代理公司的项目经理没想到的是，虽然没有任何证据，但A公司的投标代表还是向当地监管部门提出了投诉。投诉内容为：此次招标中，B公司的中标太牵强，无法令人信服。同时，A公司要求对招标代理公司和在此次招标活动中中标的B公司的投标资格是否符合招标文件要求进行调查并给予明确答复，并且还要求对招标代理公司发布的中标结果公示的内容进行审核，要求××市教育局就该次招标是否符合有关法律法规给予答复。2020年11月7日，当地监管部门开始受理此起投诉，在调查中并没有发现此次招标的开评标过程有什么违规之处。通过专家论证，也证实B公司具备相应资格，是最佳中标人。按照常理，招标代理公司应该是没有问题的，但监管部门却对招标代理公司处以 1000 元的罚款。这到底是为什么呢？

2. 案例分析

A 公司的投诉内容部分合理，试分析如下。

1）招标代理公司所发布的中标结果公示内容不合法。监管部门在调查了开评标过程后，又审查了中标结果公示。《招标公告和公示信息发布管理办法》第十一条规定："招标人或其招标代理机构应当对其提供的招标公告和公示信息的真实性、准确性、合法性负责。"基于此，最后认定"原评标程序合法、过程有效，维持评标结果"，责成招标代理公司补登此项目的部分公示内容。

2）小细节也应该引起足够重视。对于上述招标项目，虽然当地监管部门只指出了一个"不大"的问题，但笔者认为上述招标中瑕疵不止一处。根据相关法律法规的规定，招标代理公司所发布的中标结果公示遗漏了招标人的名称、地址、联系方式，招标项目合同履行日期，定标日期（注明招标文件编号），本项目招标公告日期等重要信息。这些信息原本是中标结果公示中需要注意的小细节，但既然法律已经明确提出了要求，招标代理公司就应该给予足够的重视，依法去操作。在本案例中，A 公司的诉求虽然只有部分合理和正确，但监管部门对 A 公司的这部分合理诉求也必须作出回应，招标代理公司也因此付出了代价。

10.2　合同的概念、签订步骤与订立原则

10.2.1　合同的概念

合同又称契约，是指当事人之间确立的一定权利义务关系的协议。广义的合同泛指一切能发生某种权利义务关系的协议。2020 年 5 月 28 日，第十三届全国人民代表大会第三次会议表决通过《中华人民共和国民法典》，《中华人民共和国合同法》同时废止。合同是指双方或多方当事人（自然人或法人）关于建立、变更、消灭民事法律关系的协议。合同一经成立即具有法律效力，在双方当事人之间就发生了权利义务关系，或者使原有的民事法律关系发生变更或消灭。当事人一方或双方未按合同履行义务，就要依照合同或法律承担违约责任。

10.2.2　合同的签订步骤

签订合同一般要经过要约和承诺两个步骤。

1. 要约

要约是指当事人一方向他方提出订立合同的要求或建议。提出要约的一方称为要约人。在要约里，要约人除表示欲签订合同的愿望外，还必须明确提出足以决定合同内容的基本条款。要约可以向特定的人提出，亦可向不特定的人提出。要约人可以规定要约承诺期限，即要约的有效期限。在要约的有效期限内，要约人受其要约的约束，即有与接受要约者订立合同的义务；出卖特定物的要约人，不得再向第三人提出同样的要约或订立同样的合同。要约没有规定承诺期限的，可按通常合理的时间确定。对于超过承诺期限或已被撤销的要约，要

约人则不受其拘束。

2. 承诺

承诺是指当事人一方对他方提出的要约表示完全同意。同意要约的一方称为要约受领人或受要约人。受要约人对要约表示承诺，其合同即告成立，受要约人就要承担履行合同的义务。对要约内容的扩张、限制或变更的承诺，一般可视为拒绝要约而为新的要约，对方承诺新要约，合同即成立。

10.2.3　合同的订立原则

合同的订立原则如下：

1) 合同当事人的法律地位平等，一方不得将自己的意志强加给另一方。

2) 当事人依法享有自愿订立合同的权利，任何单位和个人不得非法干预。

3) 当事人应当遵循公平原则确定各方的权利和义务。

4) 当事人行使权利、履行义务应当遵循诚实守信的原则。

5) 当事人订立、履行合同，应当遵循法律、行政法规，尊重社会公德，不得干扰社会经济秩序，损害社会公共利益。

10.3　建筑工程合同的签订

10.3.1　建筑工程合同的订立依据

《中华人民共和国建筑法》第十五条规定："建筑工程的发包单位与承包单位应当依法订立书面合同，明确双方的权利和义务。发包单位和承包单位应当全面履行合同约定的义务。不按照合同约定履行义务的，依法承担违约责任。"建筑工程合同按发包方式分为招标发包和直接发包两种形式，本书主要介绍招标方式的建筑工程合同。

建筑工程实行公开招标的，发包单位应当依照法定程序和方式，发布招标公告，提供载有招标工程的主要技术要求、主要的合同条款、评标的标准和方法以及开标、评标、定标的程序等内容的招标文件。

建筑工程实行招标发包的，发包单位应当将建筑工程发包给依法中标的承包单位。《中华人民共和国招标投标法》第四十六条规定："招标人和中标人应当自中标通知书发出之日起三十日内，按照招标文件和中标人的投标文件订立书面合同。招标人和中标人不得再行订立背离合同实质性内容的其他协议。"《中华人民共和国招标投标法实施条例》第五十七条也有类似的规定："招标人和中标人应当依照招标投标法和本条例的规定签订书面合同，合同的标的、价款、质量、履行期限等主要条款应当与招标文件和中标人的投标文件的内容一致。招标人和中标人不得再行订立背离合同实质性内容的其他协议。"

可见，建筑工程合同的签订必须满足建筑法以及招标投标法及其实施条例的规定。

如果招标人和中标人不按照招标文件和中标人的投标文件订立合同，合同的主要条款与招标文件、中标人的投标文件的内容不一致，或者招标人、中标人订立背离合同实质性内容的协议的，由有关行政监督部门责令改正，可以处中标项目金额5‰以上10‰以下的罚款。

10.3.2　建筑工程合同的特征及有效性条件

建筑工程合同的特征有合同标的的特殊性、合同主体的特殊性、合同形式的要式性、国家管理性等几个方面。

建筑工程合同要有效，必须具备以下条件：

1）承包人具有相应的资质等级。

2）双方的意思表示真实。

3）合同不违反法律和社会公共利益。

4）合同标的须确定和可能。

有下列行为之一者，签订的建筑工程合同无效：

1）一方以欺诈、胁迫的手段订立合同，损害国家利益。

2）恶意串通，损害国家、集体或者第三人利益。

3）以合法形式掩盖非法目的。

4）损害社会公共利益。

5）违反法律、行政法规的强制性规定。

但是，有两种情况是例外的：一种是承包人超越资质等级许可的业务范围签订建设工程施工合同，在建设工程竣工前取得相应资质等级，当事人请求按照无效合同处理的，不予支持；另外一种是具有劳务作业法定资质的承包人与总承包人、分包人签订的劳务分包合同，当事人以转包建设工程违反法律规定为由请求确认无效的，不予支持。

通过招标投标过程，由评标委员会评审并经过公示，在此基础上，招标人和中标人双方都在招标文件和投标文件的范围内活动，是双方意思的真实表示，所以中标合同是有法律效力的。

10.3.3　建筑工程合同的签订程序

订立合同的程序是指订立合同的当事人，经过平等协商，就合同的内容取得一致意见的过程。签订合同一般要经过要约与承诺两个步骤，而建筑工程合同的签订有其特殊性，需要经过要约邀请、要约和承诺三个步骤。

要约邀请是指当事人一方邀请不特定的另一方向自己提出要约的意思表示。在建筑工程合同签订的过程中，招标人（业主）发布招标公告或投标邀请书的行为就是一种要约邀请行为，其目的就是在于邀请承包方投标。

要约是指当事人一方向另一方提出合同条件，希望另一方订立合同的意思表示。在建筑工程合同签订过程中，中标人向招标人提交投标文件的投标行为就是一种要约行为。投标文件中应包含建筑工程合同具备的主要条款，如工程造价、工程质量、工程工期等内容。作为要约的投标对承包方具有法律约束力，表现在承包方在投标生效后无权修改或撤回投标文件，以及一旦中标就要与招标人签订合同，否则就要承担相应的法律责任。

招标人和投标人之间的权利和义务，应当按照平等、自愿的原则以合同方式约定。招标人可以委托招标代理机构代表其与投标人签订建筑工程合同。由招标代理机构以招标人名义签订合同的，应当提交招标人的授权委托书，作为合同附件。

　　承诺是指要约人完全同意要约的意思表示。它是要约人愿意按照要约的内容与要约人订立合同的允诺。投标人的投标文件就是对招标要约的承诺。承诺的内容必须要与要约完全一致（当然也可以高于或优于招标文件），不得有任何修改，否则将视为拒绝要约或反要约。在招标投标过程中，招标人经过开标、评标和定标过程，最后发出中标通知书，即受到法律的约束，不得随意变更或解除。

　　当中标结果公示期过后，招标人与中标人在协商一致的基础上由合约各方签订一份内容完备、逻辑周密、含义清晰，同时又保证责、权、利关系平衡的合同，从而最大限度地减少合同执行中的漏洞、不确定性和争端，保证合同的顺利实施。

　　下列文件是合同的一部分，包括中标人提交的投标函和报价一览表、资格声明函、中标通知书、其他相关投标文件。

　　中标合同的签订、执行与验收是整个招标工作的重要环节，招标投标双方必须按照合同的约定，全面履行合同，任何一方悔约，都要承担相应的赔偿责任。建筑工程是现代工程技术、管理理论和项目建设实践相结合的产物。建筑工程管理的过程也就是合同管理的过程，即从招标投标开始直至合同履行完毕（包括合同的前期规划、合同谈判、合同签订、合同执行、合同变更、合同索赔等）的一个完整的动态管理过程。

10. 3. 4　建筑工程合同的签订原则

　　合同依法成立后，当事人双方必须严格按照合同约定的标的、数量、质量、价款、履行期限、履行地点、履行方式等所有条款全面完成各自承担的合同义务。建筑工程合同签订时，必须遵循《中华人民共和国民法典》所规定的基本原则，如平等原则、自由原则、公平原则和诚信原则等，并不得损害社会利益和公共利益。

1. 平等原则

　　平等原则是指合同的当事人，不论其是自然人还是法人，也不论其经济实力强弱、地位高低，在法律上的地位一律平等，任何一方都不得把自己的意志强加给对方，同时，法律也给双方提供平等的法律保护和约束。建筑工程的招标、评标都是公开的过程，双方已知晓法律的条款，这是公平的基础。

2. 自由原则

　　自由原则是指合同的当事人在法律允许的范围内享有完全的自由，招标人和中标人都可以按自己的意愿签订合同，任何机关、个人、组织都不能非法干预、阻碍或强迫对方签订合同或放弃签订合同。当然，如果中标人故意不签订合同，招标人可以选择排名第二的中标候选人，并没收中标人的投标保证金，还可进一步采取措施，如将中标人纳入不守诚信的黑名单中。

3. 公平原则

　　公平原则是指以利益均衡作为价值判断标准，它具体表现为合同的当事人应有同等的进行交易活动的机会，当事人所享有的权利与其所承担的义务应大致相对，所承担的违约责任与其所造成的实际损害也应大致相当。例如，某些建筑工程合同规定，提前一天完工，奖励多少钱，相反，工程滞后一天，则需要承担罚款，这就是公平原则的体现。

4. 诚信原则

　　诚信原则是指合同当事人在行使权利和履行义务时，都要本着诚实、信用的原则，不得规避法律或合同规定的义务，也不得隐瞒或欺诈对方。合同双方当事人本着诚实、信用的态度来履行自己的合同义务，欺诈行为和不守信用行为都是法律所不允许的。根据《中华人民共和国民法典》第四百九十七条的规定，格式条款合同应满足以下要求：

1）意思表示真实。

2）不违反法律、行政法规的强制性规定，不违背公序良俗。

10.4　建设工程施工合同示范文本

10.4.1　建设工程施工合同示范文本的发布

建设工程合同包括勘察设计、施工、监理及咨询等不同种类，其中建设工程施工合同是最主要和最重要的建设工程合同。

在签订建设工程施工合同之前，招标人还应审查中标人是否具有承担施工合同规定的资质等级证书，是否经工商行政管理机关审查注册，是否依法经营、独立核算，是否具有承担该工程施工的能力，以及目前的财务情况和社会信誉是否良好等，否则，可依法取消该中标人的中标资格。招标文件一般会附上合同授予、合同条款及格式等内容。

目前，我国的建设工程施工合同有全国统一的合同模板。为规范建筑市场秩序，维护建设工程施工合同当事人的合法权益，2017 年 9 月 22 日，住房和城乡建设部、国家工商行政管理总局对《建设工程施工合同（示范文本）》（GF-2013-0201）进行了修订，联合发布了《建设工程施工合同（示范文本）》（GF-2017-0201）供全国参考使用，并自 2017 年 10 月 1 日起执行，《建设工程施工合同（示范文本）》（GF-2013-0201）同时废止。

10.4.2　建设工程施工合同示范文本的组成及主要条款

建设工程施工合同示范文本由合同协议书、通用合同条款和专用合同条款三部分组成。

1. 合同协议书

合同协议书共计 13 条，主要包括工程概况、合同工期、质量标准、签约合同价和合同价格形式、项目经理、合同文件构成、承诺以及合同生效条件等重要内容，集中约定了合同当事人基本的合同权利义务。

2. 通用合同条款

通用合同条款是合同当事人根据《中华人民共和国建筑法》《中华人民共和国合同法》（已废止，现被《中华人民共和国民法典》取代）等法律法规的规定，就工程建设的实施及相关事项，对合同当事人的权利义务作出的原则性约定。

通用合同条款共计 20 条，具体条款分别为一般约定、发包人、承包人、监理人、工程质量、安全文明施工与环境保护、工期和进度、材料与设备、试验与检验、变更、价格调整、合同价格、计量与支付、验收和工程试车、竣工结算、缺陷责任与保修、违约、不可抗力、保险、索赔和争议解决。前述条款安排既考虑了现行法律法规对工程建设的有关要求，也考虑了建设工程施工管理的特殊需要。

3. 专用合同条款

专用合同条款是对通用合同条款原则性约定的细化、完善、补充、修改或另行约定的条款。合同当事人可以根据不同建设工程的特点及具体情况，通过双方的谈判、协商对相应的专用合同条款进行修改补充。在使用专用合同条款时，应注意以下事项：

1) 专用合同条款的编号应与相应的通用合同条款的编号一致。

2) 合同当事人可以通过对专用合同条款的修改，满足具体建设工程的特殊要求，避免直接修改通用合同条款。

3) 在专用合同条款中有横道线的地方，合同当事人可针对相应的通用合同条款进行细化、完善、补充、修改或另行约定；如无细化、完善、补充、修改或另行约定，则填写"无"或画"/"。

10.4.3　建设工程施工合同示范文本的性质及适用范围

值得注意的是，建设工程施工合同示范文本为非强制性使用文本，可在全国范围内参照使用，但不强制统一使用。建设工程施工合同示范文本适用于房屋建筑工程、土木工程、线路管道和设备安装工程、装修工程等建设工程的施工承发包活动，合同当事人可结合建设工程的具体情况，根据建设工程施工合同示范文本订立合同，并按照法律法规的规定和合同约定承担相应的法律责任及合同权利义务。

10.5　建设工程其他合同的示范文本

10.5.1　建设工程勘察合同示范文本

为规范工程勘察市场秩序，维护工程勘察合同当事人的合法权益，2016 年 9 月 12 日，住房和城乡建设部、国家工商行政管理总局制定了《建设工程勘察合同（示范文本）》（GF-2016-0203），自 2016 年 12 月 1 日起执行，《关于印发〈建设工程勘察设计合同管理办法〉和〈建设工程勘察合同〉、〈建设工程设计合同〉文本的通知》（建设〔2000〕50 号）同时废止。

1. 建设工程勘察合同示范文本的组成

建设工程勘察合同示范文本由合同协议书、通用合同条款和专用合同条款三部分组成。

（1）**合同协议书**　合同协议书共计 12 条，主要包括工程概况、勘察范围和阶段、技术要求及工作量、合同工期、质量标准、合同价款、合同文件构成、承诺、词语定义、签订时间、签订地点、合同生效和合同份数等内容，集中约定了合同当事人基本的合同权利义务。

（2）**通用合同条款**　通用合同条款是合同当事人根据《中华人民共和国合同法》（已废止，现被《中华人民共和国民法典》取代）、《中华人民共和国建筑法》《中华人民共和国招标投标法》等相关法律法规的规定，就工程勘察的实施及相关事项对合同当事人的权利义务作出的原则性约定。

通用合同条款共计 17 条，具体包括一般约定、发包人、勘察人、工期、成果资料、后期服务、合同价款与支付、变更与调整、知识产权、不可抗力、合同生效与终止、合同解除、责任与保险、违约、索赔、争议解决及补充条款等。上述条款安排既考虑了现行法律法规对工程建设的有关要求，也考虑了工程勘察管理的特殊需要。

（3）**专用合同条款**　专用合同条款是对通用合同条款原则性约定的细化、完善、补充、修改或另行约定的条款。合同当事人可以根据不同建设工程的特点及具体情况，通过双方的谈判、协商对相应的专用合同条款进行修改补充。在使用专用合同条款时，应注意以下事项：

1）专用合同条款的编号应与相应的通用合同条款的编号一致。

2）合同当事人可以通过对专用合同条款的修改，满足具体项目工程勘察的特殊要求，避免直接修改通用合同条款。

3）在专用合同条款中有横道线的地方，合同当事人可针对相应的通用合同条款进行细化、完善、补充、修改或另行约定；如无细化、完善、补充、修改或另行约定，则填写"无"或画"/"。

2. 建设工程勘察合同示范文本的性质和适用范围

建设工程勘察合同示范文本为非强制性使用文本，合同当事人可结合工程具体情况，根据示范文本订立合同，并按照法律法规和合同约定履行相应的权利义务，承担相应的法律责任。

建设工程勘察合同示范文本适用于岩土工程勘察、岩土工程设计、岩土工程物探/测试/检测/监测、水文地质勘察及工程测量等工程勘察活动。

10.5.2　建设工程设计合同示范文本

为规范工程设计市场秩序，维护工程设计合同当事人的合法权益，住房和城乡建设部、国家工商行政管理总局制定了《建设工程设计合同示范文本（房屋建筑工程）》（GF-2015-0209）、《建设工程设计合同示范文本（专业建设工程）》（GF-2015-0210），自2015年7月1日起执行，《建设工程设计合同（一）（民用建设工程设计合同）》（GF-2000-0209）、《建设工程设计合同（二）（专业建设工程设计合同）》（GF-2000-0210）同时废止。

《建设工程设计合同示范文本（房屋建筑工程）》（GF-2015-0209）适用于建设用地规划许可证范围内的建筑物构筑物设计、室外工程设计、民用建筑修建的地下工程设计及住宅小区、工厂厂前区、工厂生活区、小区规划设计及单体设计等，以及所包含的相关专业的设计内容（总平面布置、竖向设计、各类管网管线设计、景观设计、室内外环境设计及建筑装饰、道路、消防、智能、安保、通信、防雷、人防、供配电、照明、废水治理、空调设施、抗震加固等）等工程设计活动。

《建设工程设计合同示范文本（专业建设工程）》（GF-2015-0210）则适用于房屋建筑工程以外各行业建设工程项目的主体工程和配套工程（含厂/矿区内的自备电站、道路、专用铁路、通信、各种管网管线和配套的建筑物等全部配套）以及与主体工程、配套工程相关的工艺、土木、建筑、环境保护、水土保持、消防、安全、卫生、节能、防雷、抗震、照明工程等工程设计活动。

房屋建筑工程以外的各行业建设工程统称为专业建设工程，具体包括煤炭、化工石化医药、石油天然气（海洋石油）、电力、冶金、军工、机械、商物粮、核工业、电子通信广电、轻纺、建材、铁道、公路、水运、民航、市政、农林、水利、海洋等工程。

10.5.3　建设工程监理合同示范文本

为规范建设工程监理活动，维护建设工程监理合同当事人的合法权益，2012年3月27日，住房和城乡建设部、国家工商行政管理总局对《建设工程委托监理合同（示范文本）》（GF-2000-2002）进行了修订，制定了《建设工程监理合同（示范文本）》（GF-2012-0202），自颁布之日起执行，《建设工程委托监理合同（示范文本）》（GF-2000-2002）同时废止。

10.6　建筑工程合同不按规定订立的处理方法

一般说来，建筑工程合同条款是对招标文件、投标文件的再次确认，因此建筑工程合同要确认招标文件和投标文件的核心内容和重要条款，即合同的标的、价款、质量、履行期限等主要条款应当与招标文件和中标人的投标文件的内容一致。为规范和统一建筑工程合同，国家发布了各种建筑工程合同的示范文本。其中，通用合同条款规定一些通用性的内容，如名词解释、术语、定义、保险、索赔等；专用合同条款则特别针对该工程的某些特性、内容和事项进行约束。不论是哪种建筑工程合同，只要是通过招标投标订立的建筑工程合同，则必须取其招标文件、投标文件的内容作为建筑工程合同的内容。其中，招标文件是对所有投标人进行的约定，即只要是参与该招标项目的投标人均应遵守招标文件的约定。有人甚至把招标文件比作各投标人都应遵循的"宪法"，由此可见招标文件的重要性。中标文件是中标人对该工程的承诺，有时招标文件与中标文件的约定并不一致，建筑工程合同的内容应取招标文件和中标文件中对中标人更严格或对招标人更有利或更优惠的条款来执行。

1. 招标人不按规定订立建筑工程合同的处理

《中华人民共和国招标投标法》第五十九条规定："招标人与中标人不按照招标文件和中标人的投标文件订立合同的，或者招标人、中标人订立背离合同实质性内容的协议的，责令改正；可以处中标项目金额千分之五以上千分之十以下的罚款。"第六十条规定："中标人不按照与招标人订立的合同履行义务，情节严重的，取消其二年至五年内参加依法必须进行招标的项目的投标资格并予以公告，直至由工商行政管理机关吊销营业执照。"《中华人民共和国招标投标法实施条例》第五十七条规定："招标人和中标人应当依照招标投标法和本条例的规定签订书面合同，合同的标的、价款、质量、履行期限等主要条款应当与招标文件和中标人的投标文件的内容一致。招标人和中标人不得再行订立背离合同实质性内容的其他协议。"

通过以上分析可以知道，建筑工程施工合同要服从招标文件和投标文件的约定，但是，在实际签订合同时合同条款与招标文件条款也许并不一致，那么这种情况该如何处理呢？

通过招标的建筑工程，其合同可以对招标文件进行补充和细化，在不影响招标文件实质性内容的情况下，双方可以通过协商修改某些内容。因为签订合同的时间在编制招标文件之后，如果编制招标文件时间比较提前，签订合同的时间甚至会滞后编制招标文件时间半年乃至一年之久。这时，社会环境、外界条件可能已发生了比较大的变化，那么签订合同时，对招标文件进行局部修改，在不影响实质性内容的条件下，不能简单地看作建筑工程合同违背了招标文件的约束。在这种情况下，可以参照执行当地政府的规定执行。例如，有的地方规定，建筑工程合同金额变更在 10% 以内，只要业主同意，报政府有关建筑行政主管部门备案即可，建筑合同金额变更超过 10% 但在 30% 以内，由当地财政局和审计局同意并备案，超过 100% 的，要人大会议同意才可以。

在实际签订合同时，也可以根据实际情况，在相关部门履行审批手续的前提下，是可以对招标文件进行补充的。

如果合同违背招标文件，但只是一些无关紧要的条款，如招标文件要求设备验收在安装调试完成后 5 个正常工作日进行，在签订合同时招标人要求 10 个工作日内完成，或招标文件要求业主提供 5 份图纸，现在要求提供 8 份，这是可以协商的，没有大的问题。一般说来，建筑工程合同的修改如果有利中标人，涉及违反公平竞争原则的肯定不行，这是对其他未中标人的不公平，例如提高中标合同价、放宽工期要求、降低质量标准、提高预付款额度、减少质保金等。如果招标人在与中标人签订合同时，大幅修改招标文件中的内容和条款，严重损害中标人的利益，这也是不行的。中标人可以与招标人协商，如果协商不成，可以提出投诉、仲裁乃至诉讼。

值得一提的是，在实践中，招标代理机构应做好招标人与中标人签订合同的协调工作。由于招标人处于主动地位，容易将招标以外的一些条件强加给中标人，以致产生不平等的协议。另一方面，有时中标人也找各种理由拒绝或拖延签订合同。上述问题如果没有一个中间人从中协调是很难解决的。由于招标代理机构是招标的组织者，承担此角色最为适宜。

2. 中标人不按规定订立建筑工程合同的处理

一般情况下，中标人会与招标人签订建筑工程合同。但是，在某些情况下，中标人也会故意或宁愿赔偿或被处罚也不愿意与招标人签订合同，例如中标人弄虚作假谋取中标，而实际上又无承担该建筑工程的能力，或中标人有重大内部危机或财务压力，或中标人承担该工程会造成巨额经济损失等。在这些情况下，中标人就有可能不按规定与招标人签订建筑工程合同。

《中华人民共和国招标投标法》第六十条规定："中标人不履行与招标人订立的合同的，履约保证金不予退还，给招标人造成的损失超过履约保证金数额的，还应当对超过部分予以赔偿；没有提交履约保证金的，应当对招标人的损失承担赔偿责任。"

当然，更多的情况是中标人违法转包和分包中标的建筑工程。《住房和城乡建设部办公厅关于 2020 年度建筑工程施工转包违法分包等违法违规行为查处情况的通报》（建办市〔2021〕10 号）的通报结果显示：2020 年，全国各地住房和城乡建设主管部门共排查建设项目 333573 个，涉及建设单位 242541 家、施工单位 267926 家，共排查出 9725 个项目存在各类建筑市场违法违规行为。其中，存在违法发包行为的项目 461 个，占违法项目总数的 4.8%；存在转包行为的项目 298 个，占违法项目总数的 3.0%；存在违法分包行为的项目 455 个，占违法项目总数的 4.7%；存在挂靠行为的项目 104 个，占违法项目总数的 1.0%。从企业的角度统计，2020 年全国共查处有违法违规行为的建设单位 3562 家；有违法违规行为的施工企业 7332 家，其中有转包行为的企业 302 家，有违法分包行为的企业 453 家，有挂靠行为的企业 69 家，有出借资质行为的企业 51 家，有其他违法行为的企业 6457 家。

为了应对各种纠纷或者避免纠纷发生，最好的办法是成立合同管理机构，尽量规范合同的执行，特别是大型的建筑工程。招标人、中标人应有专门的合同管理部门，合同管理部门应参与对供应、施工、招标投标等合同从准备标书一直到合同执行结束的全过程的合同管理工作。根据合同性质的不同，合同管理部门将与技术、采购等部门相互协作，分别负责合同的商务和技术两大部分的管理工作。进度投资控制部门、公司审计部门、财务部门等分别根据公司程序规定的管理权限，参与标书的编写审查、潜在承包商的资格评定、招标投标、合同谈判、合同款支付、合同变更的确定和支付、承包商索赔处理、重大争议的处理，分别从各自的职能角度对合同管理部门进行监督。

10.7 售后服务与项目验收

10.7.1 售后服务与质量保证

中标人是要提供售后服务和质量保证的，招标人一般也会要求中标人提供质量保证金，或者在项目质保期过后才能结算全部的工程款项。中标人应提供合同中所承诺的售后服务和质量保证，除非发生不可抗力。不可抗力是指战争、严重火灾、洪水、台风、地震等，或其他双方认定的不可抗力事件。如果签约双方中任何一方由于不可抗力影响合同执行时，发生不可抗力的一方应尽快将事故通知另一方。在此情况下，双方应通过友好协商尽快解决该合同的执行问题。

签约双方在履约期间若发生争执和分歧，应通过友好协商解决，若经协商不能达成协议时，可向合同签订地或招标人所在地人民法院提起诉讼。诉讼受理期间，双方应继续执行合同其余部分。

10.7.2 项目验收与结算

1. 项目验收

合同执行完毕后，中标人应提出项目验收，招标人应组织有关技术专家和使用单位对合同的履约结果进行验收，以确定建筑工程项目是否符合合同约定的规格、技术、质量要求。验收结果不符合合同约定的，应当通知中标人进行整改，并需在规定期限内达到合同约定的要求。验收结束后，各方代表应在验收报告上签署验收意见，以作为支付工程款的必要条件。

对工程质量的要求，应按照国家标准（即 GB 50300—2013《建筑工程施工质量验收统一标准》），坚持"验评分离、强化验收、完善手段、过程控制"的指导思想，制定合理的抽样检验方案，标准中强制性的条文必须严格执行。

招标文件中对工程质量的要求应执行现行的国家标准（应为"合格"），不合格不予竣工验收。

但投标时往往会发生投标企业所报质量标准为"优良"或"××奖"，或招标人也要求其招标工程的质量为"优良"，遇到这种情况时招标代理机构应与招标人讨论和协商。首先，应说明现行国家标准的要求，然后决定是否参照比国家标准高的企业标准，如果同意达到中标人企业标准合格率百分之多少作为"优良"评定标准或参照原国家标准的"优良"评定标准时，合同中就应加以约定和明确说明。

在实践中，大量事实说明，中标人在投标时承诺的达到国家级的"鲁班奖"、"詹天佑大奖"以及各省的奖项（如北京的"长城杯"、上海的"白玉兰杯"、山东的"泰山杯"等，或"省优""样板工程"等），招标人不能太当回事，也不能将其作为评标加分的理由。竣工验收后能评上奖项更好，可以证明投标人的管理能力、技术水平和协调能力比较强，但是，万一评不上也不必太失望。当然，有特别要求的除外。

项目验收合格后，中标人要向招标人递交有关合同管理的报表和报告，将相关资料、报告、手册、文件归档，移交给招标人保管。

2. 结算

项目竣工后，就可以进行工程结算了。结算时，应审核是否已按合同约定的条款执行。除专用合同条款的约定期限外，一般可按照通用合同条款执行。

在实践中，一般建筑工程的结算价格与合同价格会有一定的出入，特别是单价包干的建筑工程，几乎会毫无例外地增加结算价格。

对于政府投资的工程项目，竣工结算应严格按照国家法律、法规和国家、省、市政府文件规定执行，招标人应当自竣工结算完成之日起十五个工作日内将竣工结算价与概算、预算价（或最高限价）、中标价在项目审批部门门户网站和指定网络媒介上公开，方便社会监督。

10.7.3　建筑工程结算价格的执行标准

在工程招标中，如果合同结算价格与中标文件一致当然比较理想。但是，在实践中，工程结算金额在按合同结算时会与招标文件所规定的金额有一定的差距，有的差距还比较大。例如某项建筑工程在结算时，中标人（施工单位）与审计单位有不同的意见，审计单位认为应按"中标文件"来执行，中标人则拿出合同，认为应按"合同"来执行。那么，是应按照合同还是应按照中标文件执行呢？

在建筑工程招标中，特别是按综合单价包干的建筑工程中，工程结算一般与合同价乃至招标文件或中标文件有较大的差距，有的甚至远远超过招标文件中的价格和中标价格。但是，有一些建设工程项目，其结算价格超过预算价或招标价是需要审批甚至需要人大批准的，因此，会造成结算困难。例如，××省的××建筑工程项目，其结算价超过招标价几个亿，几乎是预算价格的 3 倍，而该项目是政府投资项目，政府的预算都要人大批准，该项目已经过几次追加预算，财政部门再也不同意追加资金了。

按照《中华人民共和国民法典》的规定，建筑合同对合同各方是有最高法律效力的，因此，从这方面讲，建筑工程结算时应该按合同执行。建筑工程合同是对招标文件、中标文件的细化和补充，是中标人和招标人双方同意后签订的，所以结算时应该按合同执行。如果合同执行中遇到问题或发生争执，也应首先按合同规定解决。所以，合同双方都必须十分重视招标投标阶段的合同签订。

但是，在实践中，很多人却把招标文件当作效力很高的合同文件来看，而且合同文件也包括招标文件和中标文件的条款，甚至有人认为执行招标文件也就是执行合同，所以应该按招标文件规定的价格进行结算。

那么，结算时是按招标文件、中标文件还是建筑合同执行呢？如果以此问题走司法程序，结果会如何？

合同来源于招标文件和中标文件的一部分，合同是对招标文件、中标文件的具体细化、补充、调整和完善，但招标文件和中标文件都没有细化结算的方式。先有招标文件和中标文件，后有合同，签订合同最重要的依据是招标文件和中标文件，除非有特殊规定或要求，合同是不能违反招标文件和中标文件的。因此，合同中的详细内容应该在招标文件和中标文件的范围之内。

如果合同与招标文件、中标文件有本质的差异，对项目的其他投标人来说是有失公平的，这样的合同已经违反了《中华人民共和国招标投标法》的规定。那么，结算金额是否还执行合同条款就值得商榷了。当然，合同条款是否违法要由司法部门来认定。何况，在实践中，合同结算价款远超招标文件和中标文件的条件，必然会引起审计部门和财政部门的审核，中标人未必能按时拿到工程款项乃至进行正常结算。因此，如果按照合同，工程结算款没有超过招标文件的限价和中标文件的承诺，则可以按合同价或实际价格结算。

在实践中，目前已有一些地方政府注意到了这个问题，如有的地方规定，工程款结算方法按招标文件规定的方法计算，材料运费按有关文件规定的方法计算，材料价按实际施工时间的建材信息价计算。

10.7.4 招标文件中工程量清单有漏项时合同的执行方法

招标时，如果招标文件中的工程量清单有漏项，则应按合同条款进行工程量变更。在合同执行期，工程量清单的内容发生变化（包括缺项、漏项和其他变化），都是用变更的办法处理。因为招标文件中对工程量清单中的各项目，都应明确说明该项目的内容、工序、使用的规范、材料的标准、项目质量标准、计量方式等，这些都是投标人的投标报价条件，也是合同执行期监理工程师给中标人结算的条件。工程量清单的任何变化，都改变了报价条件，因此应进行变更处理。尤其值得一提的是，如果工程量增加后，合同价格已超过了原招标限价的规定，也要执行新的价格。在实践中，也有因为招标人的图纸或工程量清单不准确，而造成结算价格大幅超过招标限价的事例，还有招标人和中标人勾结起来，通过在招标文件中漏项减少中标价格，而在实际结算时追加财政预算套取国家财政资金的事例。

一般在合同中都应规定变更的范围和内容，以 FIDIC（国际咨询工程师联合会）编制的 2017 年第 2 版《土木工程施工合同条件》为例，其中规定的变更的范围和内容如下：

1）合同中包括的任何工作内容的数量的改变（但此类改变不一定构成变更）。

2）任何工作内容的质量或其他特性的改变。

3）任何部分工程的标高、位置和尺寸的改变。

4）任何工作的删减，但要交他人实施的工作除外。

5）永久工程所需的任何附加工作、生产设备、材料或服务，包括任何有关的竣工检验、钻孔和其他试验和勘探工作。

6）实施工程的顺序或时间安排的改变。

只要监理工程师认为必要，以上的变更承包人是不能拒绝的。变更以后应该依据合同的规定对中标人进行合理的补偿。

10.7.5　建筑工程合同执行完毕后履约保证金的退还

一般的建筑工程招标，在发出中标通知书后、签订合同之前，招标人或招标代理机构会要求中标人交纳一笔钱作为合同保证金或履约保证金。在实践中，履约保证金一般为合同总价的 10%。如果中标人不能履行合同中的条款，造成违约，则招标人有权用履约保证金补偿其直接损失。

有的招标文件规定，投标单位在确定中标后，其投标保证金自动转为履约保证金，不再另外提交履约保证金。在招标项目验收合格后，可以将履约保证金退还给中标人，实践中这一般在验收合格后 7~30 个工作日内完成。但是，招标人超过规定的比例收取投标保证金、履约保证金或者不按照规定退还投标保证金及银行同期存款利息的，由有关行政监督部门责令改正，可以处 5 万元以下的罚款；给他人造成损失的，依法承担赔偿责任。

10.8　本章案例分析

某中标人自动放弃中标资格

1. 案例背景

某省重点工程××体育馆建筑设备招标，委托××招标代理公司负责全部招标工作。招标项目在有关媒体发布招标公告后，共有 6 个投标人前来投标。经过评审专家的认真评审，最后 A 公司以微弱优势中标。中标结果公示 10 天后，××招标代理公司通知 A 公司来领取中标通知书。但令人奇怪的是，A 公司并没有来领取中标通知书，反而向××招标代理公司提出了质疑，主动提出放弃中标资格，要求撤销中标通知书。那么，这又是为什么呢？

2. 案例分析

（1）中标后无独家授权证书　原来，招标文件规定，该次建筑工程招标的设备共有 30 项，单个建筑设备在 10 万元以上的，以及建筑设备总价在 30 万元以上的，必须提供该建筑设备制造商的授权证书。A 公司虽然在投标文件中附上了制造商的授权证书，并通过了专家的评审，但是，该授权证书属于伪造。该建筑设备制造商在南方地区只有一家授权销售商（即拥有独家授权证书），而该授权证书刚好被另外一家参与投标该项目的 B 公司获得。B 公司没有中标，但曾公开宣称，A 公司的授权证书是假的，A 公司没有授权证书，本项目只有 B 公司才有资格中标。A 公司害怕被 B 公司举报后受到处罚，经过思考后提出放弃中标资格，要求撤销中标通知书，于是就出现了上述一幕。

（2）A 公司的行为违反了哪些规定　A 公司的行为属于以其他方式弄虚作假骗取中标，根据《中华人民共和国招标投标法实施条例》第六十八条的规定，此次中标无效，并可以处中标项目金额千分之五以上千分之十以下的罚款，对投标人直接负责投标的主管人员和其他直接责任人员处单位罚款数额百分之五以上百分之十以下的罚款。投标人伪造、变造资格、资质证书或者其他许可证件骗取中标，属于《中华人民共和国招标投标法》第五十四条规定的情节严重行为，由有关行政监督部门取消其 1 年至 3 年内参加依法必须进行招标的项目的投标资格。

《中华人民共和国招标投标法实施条例》第五十五条规定："排名第一的中标候选人放弃中标、因不可抗力不能履行合同、不按照招标文件要求提交履约保证金，或者被查实存在影响中标结果的违法行为等情形，不符合中标条件的，招标人可以按照评标委员会提出的中标候选人名单排序依次确定其他中标候选人为中标人，也可以重新招标。"因此，招标人可以选排名第二的公司替补中标，也可以选择废除本次招标结果，重新招标。

（3）A公司的策略是否适当   A公司的策略是即使投标保证金不要了，也不愿意把事情闹大，这是A公司的如意算盘。因为如果A公司不中标，就是B公司中标（B公司排名第二），这样B公司也就不会投诉A公司了。如果B公司投诉，将会由监管部门将A公司列入不良行为记录名单，禁止其在1年至3年内参加投标活动，并予以通报，情节严重的，还会由工商行政管理机关吊销营业执照。因此，A公司的策略是尽量将影响缩小，两害相权取其轻。

未明确履行时间的合同是否有效

1. 案例背景

某市公共资源工程交易中心组织专家，依正常招标程序对该市某市政建设工程进行了公开评标。评标结束后，招标人与中标人签订了建设工程施工合同。按照该合同的约定，该建设工程所需要的市政设施和设备由中标人负责施工和安装。2020年5月20日，招标人与中标人签订了市政设施和设备供应合同，就市政设施和设备供应的主要条款作了规定，但未约定明确的履行时间。招标人于2020年11月10日在未付款的情况下要求中标人供应设备，遭中标人拒绝。那么，该中标人的做法是否符合相关规定？

2. 案例分析

本案的情况比较特殊。在招标人和中标人所订立的合同中，合同不约定明确而具体的设施或设备购买履约和付款时间，这是合同签订的失误。招标人的意思是要中标人先垫资购买设备，待工程完工后与建筑工程一起结算工程款。而中标人不愿意先行垫付设备款，希望招标人和中标人一手交钱一手交货。对于这种情况，合同是有效的。招标人与中标人可以同时行使履行抗辩权，即如果中标人不交货，则招标人可以行使履行抗辩权而拒绝支付货款；同样，如果招标人不支付货款，则中标人也可以行使履行抗辩权而拒绝交货。那么，问题就会变复杂和僵化。因此，在签订合同时，一定要约定好明确的交货时间和支付货款的方式。在本案例中，问题已经发生了，招标人和中标人只能各退一步，友好协商解决这个问题。

董事会的内部决议是否有效

1. 案例背景

2019年，某建筑装饰公司通过投标，获得了某高校食堂和实验室的装饰装修资格，该工程中标价格为1000万元。后来，该公司拒绝履行合同，理由是该公司股东大会通过了决议，规定董事长只有签订标的额600万元以下合同的权力。因此，尽管公司董事长已经在装饰装修合同上签了字，因为董事长违反了公司内部的规定，所以该公司认为该合同无效。

2. 案例分析

该公司签订合同后，发现没有实验室的装修资格，不能按时、完整地达到履行中标合同的要求，因此，该公司临时起意，希望和平而又"体面"地解除合同。这只不过是该公司逃避合同义务和逃脱监管部门处罚的伎俩。

在本案例中，双方签订的既不是以欺诈、胁迫的手段订立，损害国家利益的合同，也不是恶意串通，损害国家、集体或者第三人利益的合同，则该合同是有效的。该公司的内部规定不为他人所知，是不能改变或取消依法订立的合同的，况且公司内部决议的日期可以随意更改。

如果中标人超越资质等级许可的业务范围签订建设工程施工合同，在建设工程竣工前取得相应资质等级，当事人请求按照无效合同处理的，不予支持。具有劳务作业法定资质的承包人与总承包人、分包人签订的劳务分包合同，当事人以转包建设工程违反法律规定为由请求确认无效的，不予支持。在本案例中，该公司的行为违反了《中华人民共和国招标投标法》第五十四条的规定和《中华人民共和国招标投标法实施条例》第六十八条的规定，应该受到处分和处罚，应处项目金额千分之五以上千分之十以下的罚款，实践中一般还会被加入投标黑名单。

思考与练习

1. 单项选择题

（1）招标人最迟应当在书面合同签订后（　　）内向中标人和未中标的投标人退还投标保证金及银行同期存款利息。

A. 3 日 　　　　　　B. 5 日 　　　　　　C. 7 日 　　　　　　D. 10 日

（2）履约保证金不得超过中标合同金额的（　　）。

A. 10% 　　　　　　B. 20% 　　　　　　C. 3% 　　　　　　D. 5%

（3）根据《中华人民共和国民法典》第四百七十三条的规定，下列关于招标投标行为的法律性质的说法，正确的是（　　）。

A. 发布招标公告文件，属于要约邀请

B. 投标人购买招标文件，属于要约行为

C. 投标人提交投标文件，属于承诺行为

D. 评标委员会推荐中标候选人，属于承诺行为

（4）在招标投标活动中，当事人签订建筑工程中标合同应遵守（　　）原则。

A. 受限 　　　　　　B. 透明 　　　　　　C. 平等 　　　　　　D. 公开

（5）根据《中华人民共和国民法典》的规定，下列关于要约和承诺的说法中，正确的是（　　）。

A. 投标人在开标前撤回投标文件的，视为要约的撤销

B. 承诺应当以双方都认可的方式作出；但是，根据交易习惯或者要约表明可以通过行为作出承诺的除外

C. 招标人对投标文件的投标价作修改应当视为新要约

D. 承诺是受要约人同意要约的意思表示

（6）按照《中华人民共和国建筑法》的规定，建筑材料、建筑构配件和设备由工程承包单位采购的，（　　）不得指定承包单位购入用于工程的建筑材料、建筑构配件和设备或者指定生产厂、供应商。

A. 发包人　　　　　　B. 承包人　　　　　　C. 监管部门　　　　　　D. 当地政府部门

（7）依法必须进行招标的建筑项目，招标人无正当理由不与中标人订立合同，可受到的处罚是（　　）。

A. 将招标人纳入黑名单　　　　　　　　B. 由有关行政监督部门责令重新招标

C. 依法给予党纪和政纪处罚并通报批评　　D. 可以处中标项目金额10‰以下的罚款

（8）若招标人在订立合同时向中标人提出附加条件，可受到的处罚是（　　）。

A. 将招标人纳入黑名单

B. 由有关行政监督部门责令重新招标

C. 可以处中标项目金额10‰以下的罚款

D. 对该招标单位的党委书记和纪委书记进行记过处分

（9）招标人应当自收到评标报告之日起（　　）内公示中标候选人。

A. 10日　　　　　　B. 3日　　　　　　C. 5日　　　　　　D. 7日

（10）建筑工程招标中，中标候选人的公示日期不得少于（　　）。

A. 10日　　　　　　B. 30日　　　　　　C. 5日　　　　　　D. 3日

2. 多项选择题

（1）关于依法必须进行招标的项目的中标合同的签订和效力，下列说法中正确的有（　　）。

A. 中标合同应当按照投标人的投标文件和中标通知书的内容订立

B. 中标合同订立后，招标人和中标人不得再行订立背离合同实质性内容的补充协议

C. 中标合同备案后方可产生合同效力

D. 中标合同应当自中标通知书发出之日起30日内订立

（2）甲公司在投标某施工项目时，为减少报价风险，与乙公司签订了一份塔吊租赁协议。协议约定，甲公司中标后，乙公司按照协议约定的租金标准向甲公司出租塔吊，如甲公司未中标，则协议自动失效。则该协议是（　　）。

A. 既未成立又未生效合同　　　　　　　B. 附条件合同

C. 已成立但未生效合同　　　　　　　　D. 有效合同

（3）下列关于建筑工程中标合同转让的说法中，错误的有（　　）。

A. 合同的义务转让须征得招标人的同意后转让方可有效

B. 合同的转让需通过监管部门的备案和同意后方可以转让

C. 中标人可以将中标项目肢解后分别向他人转让

D. 通过招标发包订立的建设工程施工合同，中标人不可以进行转让

（4）评标后，第一中标候选人公司破产，但尚未签订中标合同，招标人可以（　　）。

A. 由第二中标候选人替补中标　　　　　B. 重新招标

C. 直接选定第三中标候选人中标　　　　D. 不能重新招标

（5）建筑工程中标后所签订的合同，合同的（　　）等主要条款应当与招标文件和中标人的投标文件的内容一致。

A. 标的　　　　　　　　B. 价款　　　　　　　　C. 质量　　　　　　　　D. 履行期限

（6）以下哪种情况，可以处中标项目金额5‰以上10‰以下的罚款（　　）。

A. 不按照招标文件和中标人的投标文件订立合同

B. 合同的主要条款与招标文件、中标人的投标文件的内容不一致

C. 招标人和中标人订立背离合同实质性内容的协议

D. 中标人违法分包与转包

（7）中标人不履行与招标人订立的合同的，下列说法正确的是（　　）。

A. 履约保证金不予退还

B. 给招标人造成的损失超过履约保证金数额的，还应当对超过部分予以赔偿

C. 没有提交履约保证金的，应当对招标人的损失承担赔偿责任

D. 因不可抗力不能履行合同的，可以不承担责任

（8）依法必须进行招标的项目，招标人有下列情形之一的，可以处中标项目金额10‰以下的罚款（　　）。

A. 无正当理由不发出中标通知书

B. 不按照规定确定中标人

C. 中标通知书发出后无正当理由改变中标结果

D. 在订立合同时向中标人提出附加条件

3. 问答题

（1）中标人不按规定签订中标合同，有哪些法律责任？

（2）通过公开招标签订的建筑工程合同，其主要的订立依据是什么？

（3）中标项目的建筑工程合同，招标投标法及其实施条例是如何规定分包及转包的？

（4）中标项目的建筑工程合同，其主要的条款及内容是什么？

（5）中标候选人公示与中标结果公示的异同是什么？

4. 案例分析题

某城市拟新建一大型火车站，地方政府各有关部门组织成立建设项目法人。在项目建议书、可行性研究报告、设计任务书等经该省的发展和改革部门审核通过后，向国家发展和改革委员会申请国家重大建设工程立项。

审批过程中，项目法人（招标人）以公开招标方式与三家公司组成的联合体中标单位签订建设工程总承包合同，约定由该联合体建筑单位（中标人）共同为车站主体工程承包商，承包形式为一次包干，估算工程总造价为18亿元。但合同签订后，国家发展和改革委员会公布该工程为国家重大建设工程项目，批准的投资计划中主体工程部分造价仅为15亿元。因此，该立项下达后，招标人（项目法人）要求联合体建筑单位修改合同，降低包干造价至15亿元，联合体建筑单位不同意，委托方诉至法院，要求解除合同。

问题：

（1）招标人能否要求修改合同或解除合同？

（2）招标人如果不同意解除合同，中标人应如何对招标人进行索赔？

思考与练习部分参考答案

1. 单项选择题

（1）B　（2）A　（3）A　（4）C　（5）D　（6）A　（7）D　（8）C　（9）B （10）D

2. 多项选择题

（1）BD　（2）BCD　（3）ABC　（4）AB　（5）ABCD　（6）ABCD　（7）ABCD （8）ABCD

第11章

建筑工程招标投标的监管、异议、投诉、违法责任与处理

本章将介绍建筑工程招标监管部门与监管对象，重点介绍《中华人民共和国招标投标法实施条例》关于招标投标的监管要求与监管实务，介绍对各种串标、围标、陪标行为的认定与处罚。本章还将分析和介绍建筑工程招标投标活动中各种质疑和投诉的处理方法，并对各方的法律责任进行解读。

11.1 建筑工程招标投标的监管机构

11.1.1 行业主管部门

《中华人民共和国招标投标法》第七条规定："有关行政监督部门依法对招标投标活动实施监督，依法查处招标投标活动中的违法行为。"第四十七条规定："依法必须进行招标的项目，招标人应当自确定中标人之日起十五日内，向有关行政监督部门提交招标投标情况的书面报告。"

目前，由国家发展和改革委员会指导和协调全国招标投标工作，对国家重大建设项目的工程招标投标活动实施监督检查。工业和信息化部、住房和城乡建设部、交通运输部、水利部、商务部等部门按照规定的职责分工对有关招标投标活动实施监督。

县级以上地方人民政府发展改革部门指导和协调本行政区域的招标投标工作。县级以上地方人民政府有关部门按照规定的职责分工，对招标投标活动实施监督，依法查处招标投标活动中的违法行为。如果县级以上地方人民政府对其所属部门有关招标投标活动的监督职责分工另有规定的，只要不违反国家法律法规，则可以依从县级以上地方人民政府及所属部门的规定。

因此，对建筑工程的招标投标活动进行指导和协调的部门为各级发展和改革部门，即国家发展和改革委员会和各地的发展改革委、发改局等。依据工程的行业属性，各行政主管部门按规定的职责分工对本行业的招标投标活动实施监督，这些监督属于日常的常规监督。

11.1.2　财政部门

《中华人民共和国招标投标法实施条例》第四条规定："财政部门依法对实行招标投标的政府采购工程建设项目的预算执行情况和政府采购政策执行情况实施监督。"财政部门承担本级各项财政收支管理的责任，由于工程项目的招标涉及财政资金的预算、运用、绩效和监管，所以财政部门对招标也应承担监管责任。根据住房和城乡建设部颁布的《建筑工程施工发包与承包计价管理办法》（住建部令第 16 号）的规定，国有资金投资的建筑工程招标的，应当设有最高投标限价。最高投标限价与项目的预算有关，且一般应经过当地的财政部门财评中心审定或批准。此外，工程项目的付款、验收或结算均需要财政部门的参与或审批才能完成。所以，财政部门是"当然的"招标投标监管单位之一。

11.1.3　纪检和监察部门

监察机关依法对与招标投标活动有关的监察对象实施监察。2018 年 3 月，我国设立了国家监察委员会。纪律检查委员会属于党内机构，国家监察委员会属于国家机构，在我国纪检与监察一般合署办公。纪检和监察部门的职责之一是对党员领导干部行使权力进行监督，对公职人员依法履职、秉公用权、廉洁从政以及道德操守情况进行监督检查，对涉嫌职务违法和职务犯罪的行为进行调查并作出政务处分决定，对履行职责不力、失职失责的领导人员进行问责，负责组织协调党风廉政建设和反腐败宣传等。由于工程招标投标活动中涉及大量公共资金或财政资金的使用，如果涉嫌腐败或有违纪违法行为，纪检和监察部门是可以介入和查处的。因此，纪检和监察部门也是招标投标活动的监管机关之一。

11.1.4　招标投标交易平台

《中华人民共和国招标投标法实施条例》出台以后，我国已基本建立和完善了各级公共资源交易中心。《中华人民共和国招标投标法实施条例》第五条规定："设区的市级以上地方人民政府可以根据实际需要，建立统一规范的招标投标交易场所，为招标投标活动提供服务。招标投标交易场所不得与行政监督部门存在隶属关系，不得以营利为目的。"

在功能定位上，相关法律法规规定公共资源交易中心为招标投标交易场所，为招标投标活动提供服务。

对于当前蓬勃发展的电子招标投标，《电子招标投标办法》规定："依法设立的招标投标交易场所的监管机构负责督促、指导招标投标交易场所推进电子招标投标工作，配合有关部门对电子招标投标活动实施监督。"

因此，无论是纸质招标还是电子招标，招标投标交易平台既是工作和交易平台，也有一定的监管职能。

11.1.5　部际联席会议

为提高工作效率和加强对公共资源交易平台整合工作的组织领导，贯彻落实《国务院办公厅关于印发整合建立统一的公共资源交易平台工作方案的通知》（国办发〔2015〕63

号），经国务院同意，我国建立了公共资源交易平台整合工作部际联席会议（简称联席会议）制度。部际联席会议的组成和主要职责已在第 1 章详细介绍，此处不再赘述。

部际联席会议在国务院领导下，侧重于研究和协调公共资源交易平台整合工作中的重大问题，但对整合建立统一的公共资源交易平台工作方案及其配套措施贯彻落实情况的评估和监督，该会议亦有一定的指导和监督职责。

11.2　招标投标的监管范围与监管责任

11.2.1　监管范围

国家有关行政监督部门和地方政府所属部门，按照国家有关规定需要履行项目审批、核准手续的，依法审核招标项目。这些建筑工程项目，其招标范围、招标方式、招标组织形式应当报项目审批、核准部门审批、核准，再按投资规模的大小和性质，报国家发展和改革委员会或地方发改部门审核和核准。其他项目由招标人申请有关行政监督部门作出认定。此外，各行业主管部门应在本部门的职责范围内依法审核和监管招标项目。

《中华人民共和国招标投标法实施条例》第七十八条规定："国家建立招标投标信用制度。有关行政监督部门应当依法公告对招标人、招标代理机构、投标人、评标委员会成员等当事人违法行为的行政处理决定。"根据相关法律和法规的规定，招标投标监管单位的监管范围既包括对招标人、投标人、招标代理机构、评标专家及公共资源交易平台的工作人员的常规管理和日常监管，也包括对招标人、投标人、招标代理机构、评标专家及公共资源交易平台的工作人员及其他与招标投标相关的国家工作人员的违纪违法行为的查处。

11.2.2　监管责任

《中华人民共和国招标投标法实施条例》的一大亮点是对监管者也提出了新的要求，其第七十九条规定："项目审批、核准部门不依法审批、核准项目招标范围、招标方式、招标组织形式的，对单位直接负责的主管人员和其他直接责任人员依法给予处分。"

《中华人民共和国招标投标法》第六十三条规定："对招标投标活动依法负有行政监督职责的国家机关工作人员徇私舞弊、滥用职权或者玩忽职守，构成犯罪的，依法追究刑事责任；不构成犯罪的，依法给予行政处分。"

《中华人民共和国招标投标法实施条例》第七十九条规定："有关行政监督部门不依法履行职责，对违反招标投标法和本条例规定的行为不依法查处，或者不按照规定处理投诉、不依法公告对招标投标当事人违法行为的行政处理决定的，对直接负责的主管人员和其他直接责任人员依法给予处分。项目审批、核准部门和有关行政监督部门的工作人员徇私舞弊、滥用职权、玩忽职守，构成犯罪的，依法追究刑事责任。"

国家工作人员利用职务便利，以直接或者间接、明示或者暗示等任何方式非法干涉招标投标活动，有可能受到记过或记大过、降级或撤职、开除直至追究刑事责任。

11.3　招标投标的异议及其处理

11.3.1　异议的概念及性质

在建筑工程的招标投标活动中，经常会遇到某些投标人对招标投标活动不满意而提出异议或质疑的情形。异议通常是一种民事活动，是平等交易主体一方对另一方违反法律、行政法规规定的公平、公正原则而提出质疑的一种民事行为，异议提出主体与异议受理主体之间形成的法律关系通常是民事法律关系；只有当招标人是行政主体，招标活动是确定行政相对人的措施时，二者之间的关系才是行政法律关系。异议与质疑的意思相差不大，都是对某些行为的不同意见或看法。但是，无论是招标投标法还是其实施条例，均只有关于异议的规定，而没有关于质疑的规定。

异议是投诉的前提，特定情况下，投诉必须置于异议之后。《中华人民共和国招标投标法实施条例》第六十条第二款规定："就本条例第二十二条、第四十四条、第五十四条规定事项投诉的，应当先向招标人提出异议。"《工程建设项目招标投标活动投诉处理办法》第七条规定："对招标投标法实施条例规定应先提出异议的事项进行投诉的，应当附提出异议的证明文件。已向有关行政监督部门投诉的，应当一并说明。"这些规定均说明某些异议是投诉行为的前置条件。法律这样规定，是因为解决异议的成本较小且效率较高，有些异议（如小问题）完全可以在招标投标的现场或当场回复或解答，不必要像投诉那样，需要搜集证据，采用书面形式，有复杂的程序。因此，相比异议的解决，投诉需要占用太多的资源。

在实践中，有异议也不等于会投诉，如果异议得到完美解决就不会走入投诉这一步骤。当然，异议和投诉也可以合二为一同时发生。投标人或者其他利害关系人认为招标投标活动不符合法律、法规和规章规定的，有权依法向有关行政监督部门投诉。所谓其他利害关系人，是指投标人以外的，与招标项目或者招标活动有直接和间接利益关系的法人、其他组织和自然人。

11.3.2　异议的适用范围

异议的受理和答复主体是招标人及招标代理机构。异议适用的对象只针对（潜在）投标人、利害关系人认为招标人制定的资格预审文件、招标文件以及开标活动、评标结果不符合法律、行政法规规定的情形。

潜在投标人或者其他利害关系人对资格预审文件有异议的，应当在提交资格预审申请文件截止时间 2 日前提出；对招标文件有异议的，应当在投标截止时间 10 日前提出。招标人应当自收到异议之日起 3 日内作出答复；作出答复前，应当暂停招标投标活动。

投标人对开标有异议的，应当在开标现场提出，招标人应当当场作出答复，并制作记录。投标人或者其他利害关系人对依法必须进行招标的项目的评标结果有异议的，应当在中标候选人公示期间提出。招标人应当自收到异议之日起 3 日内作出答复；作出答复前，应当暂停招标投标活动。

11.4　招标投标的投诉及其处理

前面已论述异议与投诉的区别。投诉是市场主体参与人因其他交易主体的违法行为侵害其合法权益而向行政主管部门提出举报的行为，是一种行政法律关系。投诉的受理主体是行政监督主管部门。如果异议没有解决问题或符合直接投诉的情形，与招标投标有利害关系的人可以直接采取投诉的形式向监管部门进行投诉。

《中华人民共和国招标投标法实施条例》专门增加了关于投诉与处理的条款。此外，《工程建设项目招标投标活动投诉处理办法》《招标投标违法行为记录公告暂行办法》（发改法规〔2008〕1531 号）等法规和规章也规定了招标投标的投诉处理办法。目前，各省市区先后制定了在本行政区域范围内施行的招标投标投诉处理办法。上述法律法规和规定，可以供读者在处理投诉时进行援引和参考。

11.4.1　投标人投诉的方法

1. 投诉期限

投标人或者其他利害关系人认为招标投标活动不符合法律、行政法规规定的，可以自知道或者应当知道之日起 10 日内向有关行政监督部门投诉。什么叫自应当知道之日起呢？就是公告了投诉人应当直接去看公告或公示，或者应当去相关网站查看通知等。

2. 投诉人

投标人或者其他利害关系人均可以投诉。如果不是投标人，而是跟投标有利害关系的第三人，还应当提供与招标项目或招标活动存在利害关系的证明。投诉人不得以投诉为名排挤竞争对手，不得进行虚假、恶意投诉，阻碍招标投标活动的正常进行。投诉人可以自己直接投诉，也可以委托代理人办理投诉事务。代理人办理投诉事务时，应将授权委托书连同投诉书一并提交给行政监督部门。授权委托书应当明确有关委托代理权限和事项。投诉人是法人的，投诉书必须由法定代表人或者其授权代表签字并盖章；其他组织或者自然人投诉的，投诉书必须由其主要负责人或者投诉人本人签字，并附有效身份证明复印件。

3. 投诉受理部门

投标人可以向有关行政监督部门直接投诉。各级发展改革、工业和信息化、城乡住房建设、水利、交通运输、铁道、商务、民航等招标投标活动行政监督部门，依照规定的职责分工，受理投诉并依法作出处理决定。向招标投标监管部门投诉例外的三种情况是：一是开标前对资格预审文件或招标文件有异议的，应先向招标人提出投诉；二是未按规定的时间和地点开标，或投标人少于三个，投标人应在开标现场提出，招标人应作好记录，并当场答复；三是投标人对评标结果有异议的，应当在中标候选人公示期间提出，招标人应当自收到异议之日起 3 日内作出答复，作出答复前，应当暂停招标投标活动。

对国家重大建设项目（含工业项目）招标投标活动的投诉，由国家发展和改革委员会受理并依法作出处理决定。对国家重大建设项目招标投标活动的投诉，有关行业行政监督部门已经收到的，应当通报国家发展和改革委员会，国家发展和改革委员会不再受理。

值得注意的是，投诉人还可以连环投诉，即投诉人就同一事项向两个以上有权受理的行政监督部门投诉的，由最先收到投诉的行政监督部门负责处理。

4. 投诉方式和投诉材料

投诉人投诉时，应当提交书面材料进行投诉，即起草投诉书（少数现场提出口头投诉的除外），否则，有关部门可能不予受理。投诉书有关材料是外文的，投诉人应当同时提供其中文译本。

如果是与本次招标无直接关系的社会公众进行投诉，则属于举报的范畴。按照法律规定，任何人都可以进行举报，如果是实名举报，相关主管部门或责任单位都必须受理。

投诉人投诉时，应当提交投诉书。投诉书应当包括下列内容：

1）投诉人的名称、地址及有效联系方式。

2）被投诉人的名称、地址及有效联系方式。

3）投诉事项的基本事实。

4）相关请求及主张。

5）有效线索和相关证明材料。

5. 投诉不予受理的情形

不是所有的投诉均能被受理，有下列情形之一的投诉，监管部门将不予受理：

1）投诉人不是所投诉招标投标活动的参与者，或者与投诉项目无任何利害关系。

2）投诉事项不具体，且未提供有效线索，难以查证的。

3）投诉书未署具投诉人真实姓名、签字和有效联系方式的；以法人名义投诉的，投诉书未经法定代表人签字并加盖公章的。

4）超过投诉时效的。

5）已经作出处理决定，并且投诉人没有提出新的证据。

6）投诉事项应先提出异议没有提出异议、已进入行政复议或者行政诉讼程序的。

但是，在实践中，许多投诉未能提供名称、地址及有效联系方式、投诉事项的基本事实、请求及主张、有效线索和相关证明材料，使得受理投诉部门无法受理或受理后无法答复。其中有相当一部分投诉，既没署名，也没留联系方式，多采用网络等媒体发出，提供的信息不完整，相关单位一般无法处理也无法反馈。

投诉人故意捏造事实、伪造证明材料或者以非法手段取得证明材料进行投诉，给他人造成损失的，依法承担赔偿责任。

11.4.2 监管机构对投诉的处理方法

1. 投诉受理机关的责任、权利和义务

招标投标行政监督部门处理投诉时，有权查阅、复制有关文件、资料，调查有关情况，相关单位和人员应当予以配合。必要时，行政监督部门可以责令暂停招标投标活动。行政监督部门的工作人员对监督检查过程中知悉的国家秘密、商业秘密，应当依法予以保密。行政监督部门工作人员在处理投诉过程中徇私舞弊、滥用职权或者玩忽职守，对投诉人打击报复的，依法给予行政处分；构成犯罪的，依法追究刑事责任。行政监督部门在处理投诉过程中，不得向投诉人和被投诉人收取任何费用。

行政监督部门负责投诉处理的工作人员，有下列情形之一的，应当主动回避：

1）近亲属是被投诉人、投诉人，或者是被投诉人、投诉人的主要负责人。

2）在近三年内本人曾经在被投诉人单位担任高级管理职务。

3）与被投诉人、投诉人有其他利害关系，可能影响对投诉事项公正处理的。

2. 监管机构受理投诉的期限及处理期限

投诉人就同一事项向两个以上有权受理的行政监督部门投诉的，由最先收到投诉的行政监督部门负责处理。行政监督部门应当自收到投诉之日起 3 个工作日内决定是否受理投诉。

行政监督部门应自受理投诉之日起 30 个工作日内作出书面处理决定；需要检验、检测、鉴定、专家评审的，所需时间不计算在内。

那些应当先向招标人提出异议的投诉，异议答复期间不计算在向行政监督部门投诉的规定期限内。

3. 监管机构的投诉处理决定

投诉处理决定应当包括下列主要内容：

1）投诉人和被投诉人的名称、住址。

2）投诉人的投诉事项及主张。

3）被投诉人的答辩及请求。

4）调查认定的基本事实。

5）行政监督部门的处理意见及依据。

投诉处理决定分两种情况：

（1）**不予受理或驳回**　投诉缺乏事实根据或法律依据的，或者投诉人捏造事实、伪造材料或者以非法手段取得证明材料进行投诉的，行政监督部门应当予以驳回。认定属于虚假恶意投诉予以驳回的，依法对投诉人作出行政处罚。

（2）**受理并处理**　投诉情况属实，招标投标活动确实存在违法行为的，依据《中华人民共和国招标投标法》《中华人民共和国招标投标法实施条例》及其他有关法规、规章作出处罚。

在第二种情况中，若行政监督部门在调查中发现存在其他违法违规行为的，属于本部门职权范围内的，应一并进行处理；属于其他部门职权范围的，移交有权部门处理。

4. 投诉的撤回

投诉处理决定作出前，投诉人要求撤回投诉的，应当以书面形式提出并说明理由，由受理机关视以下情况，决定是否准予撤回：

1）已经查实有明显违法行为的，应当不准撤回，并继续查处直至作出处理决定。

2）撤回投诉不损害国家利益、社会公共利益或其他当事人合法权益的，应当准予撤回，投诉处理过程终止。投诉人不得以同一事实和理由再次提出投诉。

随着招标投标工作的发展，投诉人主体的法律意识和维权意识不断提升，加之投诉渠道广泛和投诉成本较低，招标投标恶意投诉事件的发生率和复杂性不断提高，招标投标恶意投诉的处理已经逐渐成为招标投标行政监督工作中的一大难题。

11.4.3　招标投标恶意投诉的特征与处理方法

1. 招标投标恶意投诉的特征

在实践中，很多投诉都是有一定道理和证据的，但是，也不乏有一些恶意投诉的例子。对于是否是恶意投诉，不要轻易和草率地下结论，以免激化矛盾。一般说来，有下列特征之一的，有恶意投诉的嫌疑：

1）未按规定向投诉处理部门投诉或向不同部门多方投诉的。

2）不符合投诉受理条件，被告知后仍进行投诉的。

3）投诉处理部门受理投诉后，投诉人仍就同一内容向其他部门进行投诉的。

4）捏造事实、伪造材料进行投诉或在网络等媒体上进行失实报道的。

5）投诉经查失实并被告知后，仍然恶意缠诉的。

6）一年内三次以上失实投诉的。

2. 招标投标恶意投诉的处理方法

建筑招标投标投诉是招标投标活动中长时间存在且无法避免的，因此，需要改进对招标投标投诉及恶意投诉的管理，创新监管方法。面对恶意投诉的总体思路应该是：快速处理，增加恶意投诉的投诉成本；做好招标投标投诉方法的宣传工作，细化投诉处理流程。

（1）*完善法规，使招标投标投诉处理规范化*　通过明确招标投标投诉的有关制度和程序来规范投诉人的行为，进一步细化投诉处理程序，将投诉受理前置程序、投诉受理制度、投诉处理程序、投诉处理决定的执行等四个步骤进一步细化和规范。

（2）*广泛宣传，加大投诉方式方法宣传工作*　招标投标主管部门应当向社会公布负责受理投诉的机构及其电话、传真、电子信箱和通讯地址，加大宣传力度，使投诉人能够掌握投诉的正确方法。

（3）*严肃处理，增加恶意投诉成本*　对于故意捏造事实、伪造证明材料及恶意缠诉等恶意投诉，投诉处理部门应当驳回，并予公示。属于投标人的，记入不良行为；情节严重的，可以限制进入本地区招标投标市场 3~12 个月，并依法并处一定数额的罚款；影响招标投标进程，给招标人造成重大损失的，可长期禁止其在本地区范围内投标或参加其他形式的招标活动，并由招标人依照有关民事法律规定追究其相关民事责任。

（4）*快速处理，积极消除匿名投诉（举报）不良影响*　要合情处理匿名投诉或善于处理网络舆情。匿名投诉是指信访者不具名、不具真实姓名的来信或通过其他渠道转来的投诉信。要坚持实事求是的原则，根据来信内容区别对待：对某一方面工作提出批评、意见或建议的，要作好调查研究或及时采纳有益的内容；对有重要线索或重要内容的揭发检举信件，先要初步核实情况，认为需要查处的，按程序办理；对揭发检举有具体根据、事实清楚的，要及时查处；对反映一般问题，情节轻微的，可通过座谈会等方式，请被反映人说明情况；慎重处置重大事件的匿名投诉；对检举重点工程围标、串标等恶意行为的，应及时通报公安部门妥善处置。

处理投诉是一项政策性、法律性很强的工作，要做到合理、合法地处理好投诉，真正维护招标投标当事人的合法程序，需要接诉人员具有很高的政策水平、法律和业务知识及工作技巧。投诉处理不当极易引起行政复议和诉讼。

11.4.4　招标人避免投诉的措施

1. 招标人应当根据招标项目的特点和需要编制招标文件

招标文件应当包括招标项目的技术要求、对投标人资格审查的标准、投标报价要求和评标标准等所有实质性要求和条件以及拟签订合同的主要条款。

国家对招标项目的技术、标准有规定的，招标人应当按照其规定在招标文件中提出相应要求。招标项目需要划分标段、确定工期的，招标人应当合理划分标段、确定工期，并在招标文件中载明。

招标文件的内容要明白、严谨、细致。招标文件在确定需求时，不得要求或者标明特定的生产供应者以及含有倾向或者排斥潜在投标人的其他内容，需求标准要尽量规范、实用，避免过于苛刻。

2. 坚持论证和"三公"原则

对重大、特殊、热点、重点建筑招标项目，应坚持专家论证，坚持公开、公平、公正的"三公"原则，发布公告前采取公开征求意见或标前答疑会的方式进行公开和论证。在招标文件发售前，将招标文件意见征求稿发布上网，公开征求社会各界、潜在投标人及相关专家意见，并将收到的反馈意见组织专家研讨，最终确定招标文件的编制标准。公开征求意见可以将可能出现问题的潜在环节提前找出，在开标前解决相关热点问题，从而减少投诉的发生。

3. 认真做好签字、核对工作

在招标文件编写、开标、评标、中标通知书发放等重要环节应做好签字确认工作。在各环节中，招标、投标各方签字确认无误后，责权划分和资料交接既清晰又明确。这样，即使将来发生投诉，也可厘清各方责任，使投诉处理更方便、迅速，不会出现证据不足、签字不清晰等而导致双方扯皮、纠缠不清、无法划分责任等现象。另外，还要做好核对工作，尽力消除低级错误，如时间、日期及投标人名称、项目名称等，不要出现常识性错误。

4. 加强评标纪律

在评标环节，招标投标监督人员向评标委员会成员宣读评标程序和评标纪律，以增加评标专家责任感。招标投标监督人员在开评标过程中应作好会议记录。

11.5　招标投标违法的法律责任与处理

11.5.1　招标人违法的法律责任与处理

1. 规避招标

（1）规避招标的表现　任何单位和个人不得将依法必须进行招标的项目化整为零或者以其他任何方式规避招标。按《中华人民共和国招标投标法》和《中华人民共和国招标投标法实施条例》的规定，凡依法应公开招标的项目，采取化整为零或弄虚作假等方式不进行公开招标的，或不按照规定发布资格预审公告或者招标公告且又构成规避招标的，都属于规避招标的情况。例如，明招暗定、回避招标直接发包等情形是最常见的规避招标。近年来，随着国家对规避招标的严格限制，规避招标的情况已得到了较大的改观。

当前的改革趋势是加大招标人的自主权利。国家发展和改革委员会在《关于进一步做好〈必须招标的工程项目规定〉和〈必须招标的基础设施和公用事业项目范围规定〉实施工作的通知》（发改办法规〔2020〕770号）中规定："没有法律、行政法规或国务院规定依据的，对16号令第五条第一款第（三）项没有明确列举规定的服务事项，不得强制要求招标。"施工图审查、造价咨询、第三方检测服务不在列举规定之列，不属于必须招标的项目。

（2）规避招标的处理 必须进行公开招标的项目而不招标的，将必须进行公开招标的项目化整为零或者以其他任何方式规避招标的，责令限期改正，可以处项目合同金额千分之五以上千分之十以下的罚款；对全部或者部分使用国有资金的项目，可以暂停项目执行或者暂停资金拨付；对单位直接负责的主管人员和其他直接责任人员依法给予处分，是国家工作人员的，可以进行撤职、降级或开除，情节严重的，依法追究刑事责任。

2. 限制或排斥潜在投标人

招标人不得以不合理的条件限制、排斥潜在投标人或者投标人。

（1）限制或排斥潜在投标人的表现 招标人有下列行为之一的，属于以不合理条件限制、排斥潜在投标人或者投标人：

1）就同一招标项目向潜在投标人或者投标人提供有差别的项目信息。

2）设定的资格、技术、商务条件与招标项目的具体特点和实际需要不相适应或者与合同履行无关。

3）依法必须进行招标的项目以特定行政区域或者特定行业的业绩、奖项作为加分条件或者中标条件。

4）对潜在投标人或者投标人采取不同的资格审查或者评标标准。

5）限定或者指定特定的专利、商标、品牌、原产地或者供应商。

6）依法必须进行招标的项目非法限定潜在投标人或者投标人的所有制形式或者组织形式。

7）以其他不合理条件限制、排斥潜在投标人或者投标人。

（2）限制或排斥潜在投标人的处理 招标人以不合理的条件限制或者排斥潜在投标人的，对潜在投标人实行歧视待遇的，强制要求投标人组成联合体共同投标的，或者限制投标人之间竞争的，责令改正，可以处1万元以上5万元以下的罚款。

对于电子招标投标，电子招标投标系统运营机构向他人透露已获取招标文件的潜在投标人的名称、数量、投标文件内容或者对投标文件的评审和比较以及其他可能影响公平竞争的招标投标信息，参照《中华人民共和国招标投标法》第五十二条关于招标人泄密的规定予以处罚。

3. 招标人多收保证金

招标人超过规定的比例收取投标保证金、履约保证金或者不按照规定退还投标保证金及银行同期存款利息的，由有关行政监督部门责令改正，可以处5万元以下的罚款；给他人造成损失的，依法承担赔偿责任。

4. 招标人不按规定与中标人订立中标合同

招标人不按规定与中标人订立中标合同的情形：

1）无正当理由不发出中标通知书。

2）不按照规定确定中标人。

3）中标通知书发出后无正当理由改变中标结果。

4）无正当理由不与中标人订立合同。

5）在订立合同时向中标人提出附加条件。

招标人有上述情形的，由有关行政监督部门责令改正，可以处中标项目金额10‰以下的罚款；给他人造成损失的，依法承担赔偿责任；对单位直接负责的主管人员和其他直接责任人员依法给予处分。

11.5.2　投标人串标违法的处理

1. 招标人与投标人之间串标

禁止招标人与投标人串通投标。有下列情形之一的，属于招标人与投标人串通投标：

1）招标人在开标前开启投标文件并将有关信息泄露给其他投标人。

2）招标人直接或者间接向投标人泄露标底、评标委员会成员等信息。

3）招标人明示或者暗示投标人压低或者抬高投标报价。

4）招标人授意投标人撤换、修改投标文件。

5）招标人明示或者暗示投标人为特定投标人中标提供方便。

6）招标人与投标人为谋求特定投标人中标而采取的其他串通行为。

招标人与投标人串通投标时对招标人的处罚，无论是《中华人民共和国招标投标法》还是《中华人民共和国招标投标法实施条例》，都没有进行具体的规定。当然，各地有一些具体的处罚细节。招标人和投标人串通投标时对投标人的处罚，与投标人之间相互串标时对投标人的处罚是一致的。

2. 投标人之间相互串标

禁止投标人相互串通投标。投标人有下列情形之一的，视为投标人相互串通投标：

1）不同投标人的投标文件由同一单位或者个人编制。

2）不同投标人委托同一单位或者个人办理投标事宜。

3）不同投标人的投标文件载明的项目管理成员为同一人。

4）不同投标人的投标文件异常一致或者投标报价呈规律性差异。

5）不同投标人的投标文件相互混装。

6）不同投标人的投标保证金从同一单位或者个人的账户转出。

值得注意的是，在电子招标投标中，虽然《中华人民共和国招标投标法》及《中华人民共和国招标投标法实施条例》均没有规定，但一些地方已明确规定，如果不同的投标文件IP地址相同、机器码相同或投标文件高度相同，均可认定为串通投标。在大数据和人工智能时代，这些相同的痕迹很容易发现。

此外，投标人以向招标人或者评标委员会成员行贿的手段谋取中标的，也与投标人之间的串通投标处罚一致。

投标人相互串通投标或者与招标人串通投标的，投标人以向招标人或者评标委员会成员行贿的手段谋取中标的，中标无效，处中标项目金额5‰以上10‰以下的罚款，对单位直接负责的主管人员和其他直接责任人员处单位罚款数额5%以上10%以下的罚款；有违法所得的，并处没收违法所得；情节严重的，取消其1年至2年内参加依法必须进行招标的项目的投标资格并予以公告，直至由工商行政管理机关吊销营业执照；构成犯罪的，依法追究刑事责任。给他人造成损失的，依法承担赔偿责任。

投标人有下列行为之一的，属于《中华人民共和国招标投标法》第五十三条规定的情节严重行为，由有关行政监督部门取消其 1 年至 2 年内参加依法必须进行招标的项目的投标资格：

1）以行贿谋取中标。

2）3 年内 2 次以上串通投标。

3）串通投标行为损害招标人、其他投标人或者国家、集体、公民的合法利益，造成直接经济损失 30 万元以上。

4）其他串通投标情节严重的行为。

3. 投标人弄虚作假谋取中标

投标人有下列情形之一的，属于《中华人民共和国招标投标法》第五十四条规定的以其他方式弄虚作假的行为：

1）使用伪造、变造的许可证件。

2）提供虚假的财务状况或者业绩。

3）提供虚假的项目负责人或者主要技术人员简历、劳动关系证明。

4）提供虚假的信用状况。

5）其他弄虚作假的行为。

投标人弄虚作假，骗取中标的，中标无效，给招标人造成损失的，依法承担赔偿责任；构成犯罪的，依法追究刑事责任。依法必须进行招标的项目的投标人有上述行为尚未构成犯罪的，处中标项目金额 5‰以上 10‰以下的罚款，对单位直接负责的主管人员和其他直接责任人员处单位罚款数额 5%以上 10%以下的罚款；有违法所得的，并处没收违法所得；情节严重的，取消其 1 年至 3 年内参加依法必须进行招标的项目的投标资格并予以公告，直至由工商行政管理机关吊销营业执照。

4. 投标人以他人名义投标

投标人使用通过受让或者租借等方式获取的资格、资质证书投标的，属于《中华人民共和国招标投标法》第五十四条规定的以他人名义投标。

投标人有下列行为之一的，属于《中华人民共和国招标投标法》第五十四条规定的情节严重行为，由有关行政监督部门取消其 1 年至 3 年内参加依法必须进行招标的项目的投标资格：

1）伪造、变造资格、资质证书或者其他许可证件骗取中标。

2）3 年内 2 次以上使用他人名义投标。

3）弄虚作假骗取中标给招标人造成直接经济损失 30 万元以上。

4）其他弄虚作假骗取中标情节严重的行为。

投标人以他人名义投标的处罚与使用虚假材料谋取中标一致。

11.5.3　招标代理机构违法的处理

招标代理机构违反规定，在所代理的招标项目中投标、代理投标或者向该项目投标人提供咨询的，接受委托编制标底的中介机构参加受托编制标底项目的投标或者为该项目的投标人编制投标文件、提供咨询的，泄露应当保密的与招标投标活动有关的情况和资料的，或者与招标人、投标人串通损害国家利益、社会公共利益或者他人合法权益的，处 5 万元以上 25 万元以下的罚款，对单位直接负责的主管人员和其他直接责任人员处单位罚款数额 5% 以上 10% 以下的罚款；有违法所得的，并处没收违法所得；情节严重的，暂停直至取消招标代理资格；构成犯罪的，依法追究刑事责任；给他人造成损失的，依法承担赔偿责任。如果招标代理机构的违法行为影响中标结果的，中标无效。

11.5.4　评标委员会成员违法的处理

评标委员会成员有下列行为之一的，由有关行政监督部门责令改正；情节严重的，禁止其在一定期限内参加依法必须进行招标的项目的评标；情节特别严重的，取消其担任评标委员会成员的资格：

1）应当回避而不回避。

2）擅离职守。

3）不按照招标文件规定的评标标准和方法评标。

4）私下接触投标人。

5）向招标人征询确定中标人的意向或者接受任何单位或者个人明示或者暗示提出的倾向或者排斥特定投标人的要求。

6）对依法应当否决的投标不提出否决意见。

7）暗示或者诱导投标人作出澄清、说明或者接受投标人主动提出的澄清、说明。

8）其他不客观、不公正履行职务的行为。

评标委员会成员收受投标人的财物或者其他好处的，没收收受的财物，处 3000 元以上 5 万元以下的罚款，取消担任评标委员会成员的资格，不得再参加依法必须进行招标的项目的评标；构成犯罪的，依法追究刑事责任。

11.5.5　监管机构工作人员违法的处理

项目审批、核准部门不依法审批、核准项目招标范围、招标方式、招标组织形式的，对单位直接负责的主管人员和其他直接责任人员依法给予处分。

有关行政监督部门不依法履行职责，对违反《中华人民共和国招标投标法》及《中华人民共和国招标投标法实施条例》规定的行为不依法查处，或者不按照规定处理投诉、不依法公告对招标投标当事人违法行为的行政处理决定的，对直接负责的主管人员和其他直接责任人员依法给予处分。

项目审批、核准部门和有关行政监督部门的工作人员徇私舞弊、滥用职权、玩忽职守，构成犯罪的，依法追究刑事责任。

对于电子招标投标，有关行政监督部门及其工作人员不履行职责，或者利用职务便利非法干涉电子招标投标活动的，依照有关法律法规处理。

11.5.6　国家工作人员违法的处理

国家工作人员利用职务便利，以直接或者间接、明示或者暗示等任何方式非法干涉招标投标活动，有下列情形之一的，依法给予记过或者记大过处分；情节严重的，依法给予降级或者撤职处分；情节特别严重的，依法给予开除处分；构成犯罪的，依法追究刑事责任：

1）要求对依法必须进行招标的项目不招标，或者要求对依法应当公开招标的项目不公开招标。

2）要求评标委员会成员或者招标人以其指定的投标人作为中标候选人或者中标人，或者以其他方式非法干涉评标活动，影响中标结果。

3）以其他方式非法干涉招标投标活动。

11.6　本章案例分析

行贿谋求中标案例

1. 案例背景

W 某，男，B 市公安局经侦大队民警。2019 年，根据 B 市政府相关文件要求，W 某被抽调参与该市安置房项目招标投标工作，负责对异地评标专家的随机抽取、接送及评标全过程的监督。Z 某为该市某建筑公司的老板，为中标安置房建设项目，送给 W 某好处费 10 万元，并另给 W 某 10 万元，委托其向评标委员会 5 名成员每人送 2 万元，请求评标委员会予以关照。最终 Z 某公司中标该建设项目。后 W 某被 B 市纪委监委查处。

2. 案例分析

在本案例中，W 某帮助 Z 某向 5 名评标委员会成员送好处费共计 10 万元，构成对非国家工作人员行贿罪没有异议。但对 W 某本人收受 Z 某 10 万元好处费如何定性，以及怎样处罚存在分歧。

W 某身为国家工作人员及招标投标监管人员，利用从事招标投标监管活动的职务便利，收受 Z 某财物，为 Z 某谋取利益，其行为构成受贿罪。W 某的行贿、受贿行为侵害了不同法益，均符合独立的犯罪构成，应当数罪并罚。下面将从《中华人民共和国招标投标法》及《中华人民共和国招标投标法实施条例》的角度分析其行为在招标投标领域该如何处罚。

在本案例中，W 某受委派参与政府工程招标投标，负责评标全过程的监督，系依法从事公务的人员，其招标投标监管职责涵盖招标投标全过程。W 某作为评标监督员，其履行的监督职责是招标投标过程中的重要环节，是招标投标程序、结果公平公正的重要保证。《中华人民共和国招标投标法》第七条规定："招标投标活动及其当事人应当接受依法实施的监督。"W 某作为负责评标过程监督的国家工作人员，非但不依法履行监督职责，反而帮助 Z 某共同行贿破坏评标秩序，影响评标结果。

在本案例中，W 某存在两个行为，一是帮助 Z 某行贿的行为，二是为 Z 某谋取利益并收取好处费的行为。Z 某的两个行为均与招标投标活动有关，两者在客观上存在逻辑性和连续性。

《中华人民共和国招标投标法》第六十三条规定："对招标投标活动依法负有行政监督职责的国家机关工作人员徇私舞弊、滥用职权或者玩忽职守，构成犯罪的，依法追究刑事责任。"《中华人民共和国招标投标法实施条例》第八十条规定，国家工作人员利用职务便利，以直接或者间接、明示或者暗示等任何方式非法干涉招标投标活动，要求评标委员会成员以其指定的投标人作为中标候选人或者中标人，或者以其他方式非法干涉评标活动，影响中标结果，情节特别严重的，依法给予开除处分，构成犯罪的，依法追究刑事责任。

在本案例中，W 某的行为属于情节特别严重，已构成犯罪，应当以受贿罪和对非国家工作人员行贿罪共犯追究 W 某的刑事责任。

招标人多处违规案例

1. 案例背景

2020 年 9 月 28 日，×县交通局下属的交通投资公司发布招标公告，就该县投资 1800 万元的市政道路进行招标。招标文件在该县的公共资源交易中心购买，购买招标文件的时间是 2020 年 9 月 30 日到 10 月 8 日，招标文件每本售价为 500 元。招标文件中规定，投标人要提交 36 万元的投标保证金。但投标人在购买招标文件时，临时被告知要想投标，需要向招标人提交 200 万元的诚信保证金，且应在投标截止时间之前提交。

在招标公告发出第 2 天（也就是 2020 年 9 月 29 日）很多投标人才看到招标公告，所以第 2 天来购买招标文件的投标人比较少，而 3 天后就是国庆假期，国庆假期放假 7 天，直到 2020 年 10 月 8 日很多投标人在临近下班时间才来到现场购买招标文件。由于想购买招标文件的投标人太多，且这天已经是购买招标文件的最后一天，加之又临近下班时间，很多投标人无法购买到招标文件。于是，现场群雄激愤，局面几乎失控。众多投标人聚众讨要说法，迫不得已，×县公共资源交易中心负责人召开紧急会议，同时安抚众投标人，防止事态扩大，并答应开展彻查。

2. 案例分析

经过调查分析，这是一起比较典型的违反招标法律法规的假招标案件，是既应付上级部门的检查，把各手续和程序完善，让相关监管机关抓不到把柄，又充满了内幕交易的招标。不过，这次造假的招标掩盖的痕迹很明显。

第一，招标文件的发售和购买时间就有问题。相关法律法规规定，招标文件的发售时间应不少于 5 日。虽然法律没有明确规定是 5 个日历日还是 5 个工作日，但一般都不少于 5 日。如果 5 日包括休息日，那就应该在休息日内保证投标人能购买到招标文件。在本案例中，招标公告的发出时间是 2020 年 9 月 28 日下午，投标人一般在第 2 天才看到网上的公告，因国庆假期放假，实际上留给投标人购买招标文件的时间只有 9 月 29 日、9 月 30 日、10 月 8 日共 3 天时间。这是招标人故意打的擦边球，有限制潜在投标人来购买招标文件和投标的嫌疑。

第二，招标公告和招标文件中没有规定要交诚信保证金，却又口头告知要交 200 万元的诚信保证金。这是招标人采取的瞒天过海的伎俩。因为招标文件和招标公告上没有写 200 万元的诚信保证金，纪委和监察部门查无实据，万一有人举报或投诉，招标人更好应对。

第三，200 万元的诚信保证金是没有法律依据的。相关招标投标法律法规只规定了要交履约保证金，并没有所谓诚信保证金的说法，且履约保证金不得超过中标合同金额的 10%。在本案例中，1800 万元的项目只能提交不超过 180 万元的履约保证金。不过，既然是履约保证金，那就是在中标以后才需提交，而不是在提交投标文件之后、开标之前提交。履约保证金的提交须在招标文件中说明，而不能私下告知。而且，履约保证金要提交到受监控的账号。

第四，开标之前已提交了36万元的投标保证金，投标保证金没有超过招标项目估算价的2%，这是法律允许的。

纵观本案例，这是一起彻头彻尾的招标人既想内定中标人，又想走过场希望将程序做好的假招标案件。招标人设置高额的诚信保证金，就是通过设置不合理的投标门槛，歧视和限制某些潜在投标人来投标。此事后来被监察机关纠正处理。

思考与练习

1. 单项选择题

（1）县级以上地方人民政府（　　）部门指导和协调本行政区域的招标投标工作。

A. 住建　　　　　　　　　　　B. 纪检监察

C. 发展改革　　　　　　　　　D. 公共资源交易

（2）根据《中华人民共和国招标投标法实施条例》第七十二条的规定，评标委员会成员收受投标人的财物或者其他好处的，没收收受的财物，处3000元以上（　　）元以下的罚款。

A. 5000　　　　　　　　　　　B. 10000

C. 20000　　　　　　　　　　　D. 50000

（3）项目审批、核准部门和有关行政监督部门的工作人员徇私舞弊、滥用职权、玩忽职守，构成犯罪的，依法（　　）。

A. 通报批评　　　　　　　　　B. 行政记过

C. 降级或撤职　　　　　　　　D. 追究刑事责任

（4）投标人相互串通投标或者与招标人串通投标的，中标无效，处中标项目金额（　　）的罚款。

A. 千分之五以上千分之十以下

B. 百分之五以上百分之十以下

C. 千分之一以上千分之五以下

D. 百分之一以上百分之五以下

（5）根据《中华人民共和国招标投标法实施条例》第六十四条的规定，若招标人将公开招标改为邀请招标，可以处（　　）万元以下的罚款。

A. 1　　　　　　　　　　　　　B. 5

C. 10　　　　　　　　　　　　　D. 20

（6）招标人超过规定的比例收取投标保证金，可以处（　　）万元以下的罚款。

A. 1　　　　　　　　　　　　　B. 5

C. 10　　　　　　　　　　　　　D. 20

（7）投标人对招标文件有异议的，应当在投标截止时间（　　）日前提出。

A. 3 　　　　　　　　　　　　　B. 10

C. 15 　　　　　　　　　　　　D. 20

（8）投标人对评标结果有异议的，招标人应当自收到异议之日起（　　　）日内作出答复；作出答复前，应当暂停招标投标活动。

A. 3 　　　　　　　　　　　　　B. 10

C. 15 　　　　　　　　　　　　D. 20

（9）投标人对开标有异议的，应当在（　　　）提出。

A. 3 日内 　　　　　　　　　　B. 10 日内

C. 15 日内 　　　　　　　　　　D. 开标现场

（10）投标人或者其他利害关系人认为招标投标活动不符合法律、行政法规规定的，可以自知道或者应当知道之日起（　　　）日内向有关行政监督部门投诉。

A. 10 　　　　　　　　　　　　B. 15

C. 20 　　　　　　　　　　　　D. 30

2. 多项选择题

（1）根据《中华人民共和国招标投标法》第四十九条的规定，必须进行招标的项目而不招标的，或者化整为零规避招标的，可以给予的处罚是（　　　）。

A. 责令限期改正

B. 处以项目合同金额千分之五以上千分之十以下的罚款

C. 直接责任人撤职

D. 追究刑事责任

（2）根据《中华人民共和国招标投标法实施条例》第六十七条的规定，下列情形属于《中华人民共和国招标投标法》第五十三条规定的情节严重行为的是（　　　）。

A. 以行贿谋取中标

B. 3 年内 2 次以上串通投标

C. 串通投标行为损害招标人的合法利益，造成直接经济损失 30 万元以上

D. 其他串通投标情节严重的行为。

（3）根据《中华人民共和国招标投标法实施条例》第七十条的规定，依法必须进行招标的项目的招标人不按照规定组建评标委员会，其处理结果可以是（　　　）。

A. 由有关行政监督部门责令改正

B. 可以处 10 万元以下的罚款

C. 对单位直接负责的主管人员和其他直接责任人员依法给予罚款

D. 依法重新进行评审

（4）评标委员会成员有下列行为之一的，由有关行政监督部门责令改正；情节严重的，禁止其在一定期限内参加依法必须进行招标的项目的评标；情节特别严重的，取消其担任评标委员会成员的资格（　　　）。

A. 应当回避而不回避

B. 擅离职守

C. 不按照招标文件规定的评标标准和方法评标

D. 对依法应当否决的投标不提出否决意见

(5) 招标人有下列情形之一的，由有关行政监督部门责令改正，可以处中标项目金额10‰以下的罚款（　　　　）。

A. 无正当理由不发出中标通知书

B. 不按照规定确定中标人

C. 中标通知书发出后无正当理由改变中标结果

D. 在订立合同时向中标人提出附加条件

(6) 国家工作人员利用职务便利，以直接或者间接、明示或者暗示等任何方式非法干涉招标投标活动，有下列情形之一的，依法给予记过或者记大过、降级、撤职、开除处分乃至追究刑事责任（　　　　）。

A. 要求对依法必须进行招标的项目不招标，或者要求对依法应当公开招标的项目不公开招标

B. 要求评标委员会成员或者招标人以其指定的投标人作为中标候选人或者中标人

C. 以其他方式非法干涉评标活动，影响中标结果

D. 以其他方式非法干涉招标投标活动

(7) 投诉人投诉时，应当提交投诉书。投诉书应当包括下列内容（　　　　）。

A. 投诉人的名称、地址及有效联系方式

B. 被投诉人的名称、地址及有效联系方式

C. 投诉事项的基本事实

D. 相关请求及主张

E. 有效线索和相关证明材料

(8) 不是所有的投诉均能被受理，有下列情形之一的投诉，监管部门将不予受理（　　　　）。

A. 投诉人不是所投诉招标投标活动的参与者，或者与投诉项目无任何利害关系

B. 投诉事项不具体，且未提供有效线索，难以查证的

C. 投诉书未署具投诉人真实姓名、签字和有效联系方式的；以法人名义投诉的，投诉书未经法定代表人签字并加盖公章的

D. 超过投诉时效的

E. 已经作出处理决定，并且投诉人没有提出新的证据

F. 投诉事项应先提出异议没有提出异议、已进入行政复议或者行政诉讼程序的

3. 问答题

(1) 建筑工程招标监管机构的职责是如何划分的？

(2) 相关法律法规对投标人的投诉期限是如何规定的？

(3) 向招标投标监管机构进行投诉的方式是什么？

(4) 作为招标投标监管机构，如何防止投标人恶意投诉？

(5) 招标人规避招标的法律责任是什么？

(6) 投标人串通投标的行为如何认定？

(7) 国家机关工作人员非法干涉招标的法律责任是什么？

(8) 招标人与投标人串通投标的行为有哪些？

4. 案例分析题

案例一： 某医院决定投资1亿元，兴建一幢现代化的住院综合楼。其中土建工程采用公开招标的方式选定施工单位，但招标文件对省内的投标人与省外的投标人提出了不同的要求，也明确了投标保证金的数额。该医院委托某造价咨询公司为该项工程编制标底。2020年10月6日招标公告发出后，共有A、B、C、D、E、F等6家省内的建筑单位参加了投标。招标文件规定，2020年10月30日为提交投标文件的截止时间，2020年月11月13日举行开标会。其中，E单位在2020年10月30日提交了投标文件，但2020年11月1日才提交投标保证金。

开标会由该省建委主持。在开标会上，招标人公开了某造价咨询公司其所编制的标底，高达6200多万元，而参与投标的A、B、C、D等4家单位的投标报价均在5200万元以下，与标底相差1000万元以上，引起了这些投标人的异议，D单位临时撤回投标文件以示抗议。A、B、C、D这4家投标单位还向该省建委投诉，称某造价咨询公司擅自更改招标文件中的有关规定，漏算多项材料费用。为此，该医院请求省建委对原标底进行复核。2021年1月28日，被指定进行标底复核的省建设工程造价总站拿出了复核报告，证明某造价咨询公司在编制标底的过程中确实存在这4家投标单位所提出的问题，复核标底额与原标底额相差近1000万元。

由于上述问题久拖不决，导致中标通知书在评标3个月后一直未能发出。为了能早日开工，该医院在获得了省建委的同意后，更改了中标金额和工程结算方式，确定F单位为中标单位。

问题：

(1) 上述招标程序中，有哪些不妥之处？请说明理由。

(2) E单位的投标文件应当如何处理？为什么？

(3) 对D单位撤回投标文件的要求应当如何处理？为什么？

(4) 问题久拖不决后，某医院能否要求重新招标？为什么？

(5) 如果重新招标，给投标人造成的损失能否要求该医院赔偿？为什么？

案例二： 某房地产公司计划在某市开发金额为4000万元的某住宅建设项目，采用公开招标的形式。招标公告发出后，共有A、B、C、D、E 5家施工单位购买了招标文件。招标文件规定，2021年1月20日上午10时30分为提交投标文件的截止时间，投标人在提交投标文件的同时，需向招标单位提交投标保证金20万元。

在2021年1月20日，A、B、C、D 4家投标单位在上午10时30分前将投标文件送达，E单位在上午11时送达。各单位均按招标文件的要求提交了投标保证金。

在上午10时25分时，B单位向招标人提交了一份投标价格下降5%的书面说明。

在开标过程中，招标人发现C单位的投标袋密封处仅有投标单位公章，没有法定代表人印章或签字。

问题：

(1) B单位向招标人提交的书面说明是否有效？

(2) C单位的投标文件是否无效？

(3) 通常情况下，废标的条件有哪些？

思考与练习部分参考答案

1. 单项选择题

（1）C （2）D （3）D （4）A （5）C （6）B （7）B （8）A （9）D （10）A

2. 多项选择题

（1）AB （2）ABCD （3）ABD （4）ABCD （5）ABCD （6）ABCD （7）ABCDE （8）ABCDEF

第12章

建筑工程招标代理机构

本章将介绍建筑工程招标代理机构的相关法律法规与代理实务，对招标代理机构近年来的变化进行总结分析，尤其是有关招标代理资质方面的变化情况。本章还将对建筑工程招标的委托与代理程序及其注意事项进行总结，也对招标代理机构的监管与法律责任进行阐述。

12.1 概述

12.1.1 招标代理机构的职能与特征

《中华人民共和国招标投标法》第十三条规定："招标代理机构是依法设立、从事招标代理业务并提供相关服务的社会中介组织。"从招标代理机构的法律定义来看，它有两个显著特征：一是专业性，即招标代理机构必须熟悉工程建设招标投标各项程序，掌握与工程建设相关的法律法规及专业知识，有能够编制招标文件和组织评标的相应专业力量；二是服务性，即招标代理机构要利用其专业技术知识为招标人、投标人提供优质高效的服务，实现其经济目的。

招标代理机构应当具备下列条件：有从事招标代理业务的营业场所和相应资金；有能够编制招标文件和组织评标的相应专业力量。

招标是一项复杂的系统化工作，涉及复杂完整的程序和环节，专业性和纪律性强，牵涉面广。招标代理机构由于专门从事招标投标活动，在人员力量和招标经验方面有得天独厚的条件，因此国际上一些大型招标项目的招标工作通常由专业招标代理机构代为进行。

近年来，我国的招标代理业务有了长足的发展，相继出现了实力强大的机电设备招标公司、国际招标公司、设备成套公司等专业招标代理机构，这些机构的出色工作对保证招标质量、提高招标效益起到了有益的作用。

但是，招标代理工作中也存在着一些不容忽视的问题，特别是随着国家对招标代理机构准入门槛的放宽以及招标代理业务的竞争，一些招标代理机构为承揽项目无原则地迁就招标人的无理要求，从而损害了投标人的合法权益，违反了招标的公正性原则，影响了招标的质量。

12.1.2 招标代理机构的资质准入及其取消

1. 资质准入阶段

从 20 世纪 90 年代到 2017 年期间，我国已逐步建立和完善了招标代理机构的资质管理制度。招标代理机构的资质分级按照其招标代理类别，依照法律和国务院的规定由有关部门分别认定（见表 12-1）。

表 12-1 招标代理类别与资质分级

序号	招标代理类别	资质分级	管理部门	备注
1	工程建设项目招标	甲级、乙级和暂定级	住房和城乡建设部和各省住建厅	2018 年 3 月取消
2	政府采购招标	甲级和乙级	财政部和各省财政厅	2014 年 9 月取消
3	机电产品国际招标	甲级、乙级和预乙级	商务部和各省商务厅	2013 年 12 月取消
4	中央投资项目招标	甲级、乙级和预备级	国家发展和改革委员会	2021 年 4 月取消

当时，我国有四大类的招标代理资质，分别是由国家发展和改革委员会管理的中央投资项目招标代理资质，由住房和城乡建设部管理的工程建设项目招标代理资质，由财政部管理的政府采购招标代理资质，由商务部管理的机电产品国际招标代理资质。

2. 资质全面取消阶段

党的十八大以来，国家大力改革营商环境，以"放管服"为核心的改革全面推行，即放宽市场准入和事前审批，加强事中和事后监管，逐步实施以承诺制取代提交材料的监管改革措施。2010 年，根据《国务院关于第五批取消和下放管理层级行政审批项目的决定》（国发〔2010〕21 号），药品招标代理机构资格认定被列为取消的行政审批项目。2013 年，根据《国务院关于取消和下放一批行政审批项目等事项的决定》（国发〔2013〕19 号），机电产品国际招标机构资格审批和通信建设项目招标代理机构资质认定被取消。2014 年 8 月 31 日起，取消财政部及省级人民政府财政部门负责实施的政府采购代理机构资格认定行政许可事项。

2017 年 12 月 27 日召开的第十二届全国人民代表大会常务委员会第三十一次会议审议通过《中华人民共和国招标投标法》修订意见，删去第十四条第一款，明确取消了工程建设项目招标代理资格认定。2021 年 4 月 1 日，国家发展和改革委员会网站发布了《关于废止部分规章和行政规范性文件的决定》（国家发展和改革委员会令 2021 年第 42 号），正式废止《中央投资项目招标代理资格管理办法》（国家发展改革委令 2012 年第 13 号）。这标志着中央投资项目招标代理资格的彻底取消，也意味着招标代理资质已被全部取消。

招标代理资质被全部取消是对招标投标行业的一项重要改革，是放开招标代理行业准入门槛，加强市场竞争优胜劣汰，推进简政放权，加强事中、事后监管的又一项重要工作。取消招标代理机构资格认定可以减少相关行政成本，进一步放开市场，有利于培育公开、公平、竞争有序的市场环境；同时，促进和保障政府管理由事前审批更多地转向事中事后监管，激发市场活力。

12.1.3 招标代理机构的分布、业务和财务情况

2021 年 9 月 27 日，住房和城乡建设部官网发布了《2020 年全国工程招标代理机构统计

公报》。

　　2020 年度参加统计的全国工程招标代理机构共 9106 个，比上年增长 3.10%。按照企业登记注册类型划分，国有企业和国有独资公司共 298 个，股份有限公司和其他有限责任公司共 3768 个，私营企业 4742 个，港澳台投资企业 1 个，外商投资企业 1 个，其他企业 296 个。全国工程招标代理机构拥有相关资质的情况如下：拥有工程监理资质的企业 1749 个，拥有工程造价咨询资质的企业 3212 个，拥有工程设计资质的企业 226 个。

　　2020 年度工程招标代理机构工程招标代理中标金额 104750.01 亿元，比上年减少 4.86%。其中，房屋建筑和市政基础设施工程招标代理中标金额 80444.98 亿元，比上年减少 2.13%，占工程招标代理中标金额的 76.8%；招标人为政府和国有企事业单位工程招标代理中标金额 86492.5 亿元，比上年减少 1.91%，占工程招标代理中标总金额的 82.57%。

　　2020 年度工程招标代理机构的营业收入总额为 4275.33 亿元，比上年增加 4.01%。其中，工程招标代理收入 264.99 亿元，比上年减少 9.61%，占营业收入总额的 6.2%；工程监理收入 736.69 亿元，比上年增加 33.43%，占营业收入总额的 17.23%；工程造价咨询收入 533.32 亿元，比上年减少 28.39%，占营业收入总额 12.47%；工程项目管理与咨询服务收入 356.10 亿元，比上年增长 67.69%，占营业收入总额的 8.33%；其他收入 2384.22 亿元，比上年增加 3.3%，占营业收入总额的 55.77%。

12.2　建筑工程招标代理从业人员

12.2.1　建筑工程招标代理从业人员概况

　　根据住房和城乡建设部最新的统计，2020 年年末工程招标代理机构从业人员合计 620041 人，比上年减少 1.23%。其中，正式聘用人员 563124 人，占年末从业人员总数的 90.82%；临时工作人员 56917 人，占年末从业人员总数的 9.18%；招标代理人员 96667 人，占年末从业人员总数的 15.59%。

　　2020 年年末工程招标代理机构正式聘用人员中专业技术人员合计 456545 人，比上年减少 3.8%。其中，高级职称人员 69324 人，中级职称人员 184258 人，初级职称人员 100507 人，其他人员 102456 人。专业技术人员占年末正式聘用人员总数的 73.63%。

　　2020 年年末工程招标代理机构正式聘用人员中注册执业人员合计 183241 人，比上年增长 2.97%。其中，注册造价工程师 53603 人，占总注册人数的 29.25%；注册建筑师 1661 人，占总注册人数的 0.91%；注册工程师 3622 人，占总注册人数的 1.98%；注册建造师 36212 人，占总注册人数的 19.76%；注册监理工程师 67082 人，占总注册人数的 36.61%；其他注册执业人员 21061 人，占总注册人数的 11.49%。

12.2.2　建筑工程招标代理从业人员的要求

　　《中华人民共和国招标投标法》第十三条规定，招标代理机构要"有能够编制招标文件和组织评标的相应专业力量"。建筑工程招标代理从业人员的要求如下：具有复合型、多学科专业知识，有招标投标与合同相关的法律事务处理能力，有良好的语言表达和协调各方的沟通能力，有掌握和应用现代信息管理知识的能力。虽然从法律层面上没有对招标代理人员有硬性约束，但全国各地陆续推出了招标代理人员培训、继续教育和持证上岗的制度。招标代理从业人员持证上岗制度的执行，有利于对其诚信行为和业务工作进行量化考评，并切实把其执业过程中的不良记录纳入招标代理诚信管理，从而促进招标代理从业人员素质的提升。

过去的招标投标管理制度对招标代理机构约束较多，对具体执业人员约束较少。当前的改革取消了招标代理机构资格，加强了招标代理人员的个人责任，个人执业制度的建立更是招标投标诚实信用原则的根本体现，以代理从业人员执业资格等为代价的诚信体系建立将更加有利于强化代理从业人员遵纪守法，促进代理事业有序健康发展。

从 2009 年开始，由中国招标投标协会组织开展的招标师职业水平考试和证书发放连续开展了 7 多年，不过我国在 2016 年停止了招标师职业水平考试，这些招标师职业水平证书的持有者对于规范招标代理工作发挥了重要作用。

2017 年 12 月 28 日，住房和城乡建设部办公厅发布了《关于取消工程建设项目招标代理机构资格认定加强事中事后监管的通知》（建办市〔2017〕77 号），对招标代理工作该如何进行予以明确：

1）按照自愿原则向工商注册所在地省级建筑市场监管一体化平台报送人员、业绩等基本信息，并对外公开。招标代理机构需报送信息的内容包括营业执照相关信息、注册执业人员、具有工程建设类职称的专职人员、近 3 年代表性业绩、联系方式。上述信息统一在全国建筑市场监管公共服务平台对外公开，供招标人根据工程项目实际情况选择参考。

2）对工程招标投标活动强化监管。推进电子招标投标，加强招标代理机构行为监管，严格依法查处招标代理机构违法违规行为，及时归集相关处罚信息并向社会公开，切实维护建筑市场秩序。

3）强化信用约束，发布行业自律公约。强化信用信息应用，加快建立失信联合惩戒机制，强化信用对招标代理机构的约束作用，构建"一处失信、处处受制"的市场环境。支持行业协会研究制定从业机构和从业人员行为规范，发布行业自律公约，加强对招标代理机构和从业人员行为的约束和管理。

12.3　建筑工程招标的委托及代理

《中华人民共和国招标投标法》第十二条规定："招标人有权自行选择招标代理机构，委托其办理招标事宜，任何单位和个人不得以任何形式为招标人指定招标代理机构。"由此可见，在法律层面上，业主单位在招标代理机构的选择上具有自主权，任何单位和个人均不得干涉招标人选定招标代理机构。

12.3.1　招标人的招标委托

对于建筑工程招标，招标人如果具备自行招标资格且希望自行招标的，可以自行招标。依法必须进行招标的项目，招标人自行办理招标事宜的，应当向有关行政监督部门备案。当然，招标人也可以将建筑工程项目的招标委托给更专业的招标代理机构进行招标。

招标人具有编制招标文件和组织评标能力的，可以自行办理招标事宜。任何单位和个人不得强制其委托招标代理机构办理招标事宜。因此，招标人在确定招标代理机构上是完全自主的，不受任何外界力量干扰。

"招标人有权自行选择招标代理机构，委托其办理招标事宜"这一规定有 3 层含义：

1）招标人委托招标代理机构属自愿委托，即是否委托招标代理机构由招标人自行决定，法律不要求所有招标活动都必须委托招标代理机构代理招标。

2）委托哪一家招标代理机构代理招标由招标人自主决定，不受任何单位和个人的限制。任何单位和个人（包括招标人的上级主管部门、有关领导人）都不得以任何方式为招标人指定招标代理机构，不得采取任何方式给招标人施加各种压力，迫使其委托特定的招标代理机构代理招标。

3）招标人和招标代理机构的关系是委托代理关系。这种委托代理关系表现为：招标代理机构受招标人委托，在招标代理权限范围内，以招标人的名义组织招标工作，招标人为委托人，招标代理机构为受托人；招标人对招标代理机构的代理行为承担民事责任。但是，在实际工作中，一些利益相关部门、人员都会对招标人的选择权进行干预。

目前，在国内存在以下几种招标委托方式。

1. 招标委托

招标代理包括公开招标和邀请招标，在实践中，又分为一次性招标、一次招标等形式。一次性招标就是招标人就某工程通过招标遴选代理机构，直到该项目完成。有些大型工程需要招标代理机构多次代表招标人进行招标，如在咨询、设计、施工等多个环节，招标人可以通过一次性招标选取招标代理机构。还有的采用一次招标，即招标人通过招标的方式确定招标代理机构后，本年度或几个年度的招标代理事宜全部委托给中标的招标代理机构。目前，有部分地方采取这种委托方式。

2. 招标代理机构库及摇号代理

某些地方政府通过建立招标代理机构库，设立一定的遴选条件，在某次工程选取招标代理机构时，通过摇号的方法来选取招标代理机构。严格来讲，这种操作模式有剥夺招标人自由选择招标代理机构的嫌疑。但地方政府从斩断招标代理机构与招标人的不正当联系，防止招标代理机构过度竞争业务的角度考虑，这种模式也有一定的合理性。一些地方政府在对招标项目进行监管时，让招标人在相关部门的监督下，随机抽签决定由哪家招标代理机构代理招标的做法，并没有明显违反"不得强制招标人委托招标代理机构办理招标事宜"的规定，毕竟抽签过程还是由招标人自己来操作的。

3. 招标代理机构中介超市

党的十九大以来，尤其是 2020 年以来，为打造开放、规范、便捷、高效的工程建设项目招标代理中介服务市场，建立统一的工程建设项目招标代理机构选取办法和诚信评价标准，进一步促进代理机构提升业务水平和服务质量，部分地方在招标代理机构遴选方面作出了新的尝试，即工程建设项目招标代理机构实行网上中介超市选取的办法，一些地方政府出台了选取细则，部分地方政府迅速跟进。

招标人因业务需要在网上中介服务超市公开选取招标代理机构时，需在中介超市填写项目采购信息，公共资源交易中心形式审查通过后，在中介超市门户网站发布招标代理机构招标公告，所有符合报名条件的招标代理机构均可报名参加公开选取活动。

当地监管部门根据建设工程招标代理机构诚信综合评分办法，由交易中心登录中介超市发起评价，中介超市办、行政监督部门、招标人和交易中心进入中介超市，对中选的招标代理机构进行评分，然后根据评分进行招标代理机构推荐。招标代理机构的推荐名单产生后，由招标人在其中自行选取或委托中介超市随机抽取1家作为中选招标代理机构。

12.3.2 招标代理机构的业务代理

招标人委托招标代理机构从事招标工作的，应当与招标代理机构签订书面委托合同，明确规定招标代理机构的代理权限，以分清责任，避免越权代理和不必要的纠纷，保证招标代理工作的顺利进行。值得注意的是，招标代理机构一旦接受招标人的委托，就不得在所代理的招标项目中投标或者代理投标，也不得为所代理的招标项目的投标人提供咨询。

做好招标代理工作是成为一个专业招标代理机构的重要前提。招标代理机构要做好建筑招标代理工作，应注意以下几个方面。

1. 遵守国家法律法规，依法代理

依法代理包含两方面的含义：一是招标代理机构应在国家法律法规的范围内从事代理工作，不能仅从市场及业务竞争的角度，屈从招标人的无理和过分要求；二是招标代理机构与招标人是服务与被服务的关系，但是这种服务关系以国家法律和代理合同为依据，招标代理机构既不能越位也不能缺位。招标代理机构要严格遵守工程建设和招标投标的法定程序，熟悉国家法律法规和建筑领域的相关政策及制度，按规定办理工程报建和招标备案事项，按规定发布招标公告或投标邀请书。招标代理机构要保证评标委员会组建和工作的合法性，包括实行回避制度，评标委员会的名单和评标内容保密，依法赋予评标委员会负责评标的权利，招标代理机构不能干涉、影响评标委员会的评标结果和过程。招标代理机构要严格遵守法定开标程序，在开标过程中，主持人、监督人、开标人、唱标人、记录人要各司其职。

2. 加强内部管理和自身建设

某些招标代理机构在短时间内从各处拼凑人员，使得这些从业人员无论是技术水平还是道德素质都参差不齐。招标代理机构要加强内部管理和自身建设，健全完善内部各项规章制度，加强对代理项目的质量控制，建立健全招标代理过程关键文件的审核审批制度。招标代理机构只有不断强化自身建设，加强自身的实力，才能在激烈的市场竞争中立于不败之地，取得招标人的信任；只有加强自身建设，才能取得监管部门和投标人的认可。招标代理机构应依法尽量给予投标人应有的编制投标文件的时间，同时加强对投标人投标文件编制的指引和提示，保证投标文件的质量。

3. 提供优质的代理服务

招标代理机构要在熟悉和遵守国家法律法规的基础上，为招标人提供优质的代理服务和咨询服务；要编制出合法、公正、科学、完整、严谨、符合招标项目特点的招标文件，尽量避免疏漏，减少招标人和投标人产生法律纠纷的可能性；要制定出合法、科学、便于操作的评标标准和方法，且评标标准和方法应体现公正、公平，不含倾向或排斥潜在投标人的内容。另外，评标标准应尽量合理，并细化为具体的各项子标准，而且要尽量量化和准确，具有可操作。

标底编制要达到深度并严格保密。所谓达到深度是指标底要根据图纸、资料、工程量、招标文件，考虑人工、材料、机械台班等价格变动因素，结合工程所在地市场价格的实际变化来编制。

12.4　招标代理机构的收费

建筑工程招标代理服务原则上实行"谁委托谁付费"，但实际上目前招标代理机构的收费有多种形式和途径。

2002 年 10 月 15 日，为规范招标代理服务收费行为，维护招标人、投标人和招标代理机构的合法权益，促进招标代理行业的健康发展，国家发展计划委员会发布了《招标代理服务收费管理暂行办法》（计价格〔2002〕1980 号）。该办法的主要内容是：招标代理服务收费实行政府指导价；招标代理服务收费采用差额定率累进计费方式；招标代理服务应当遵循公开、公正、平等、自愿、有偿的原则。该办法将招标代理服务收费按照招标代理业务性质分为以下 3 类：

1）各类土木工程、建筑工程、设备安装、管道线路敷设、装饰装修等建设以及附带服务的工程招标代理服务收费。

2）原材料、产品、设备和固态、液态或气态物体和电力等货物及其附带服务的货物招标代理服务收费。

3）工程勘察、设计、咨询、监理，矿业权、土地使用权出让、转让和保险等工程和货物以外的服务招标代理服务收费。

2003 年和 2011 年，国家发展和改革委员会分别以《国家发展改革委办公厅关于招标代理服务收费有关问题的通知》（发改办价格〔2003〕857 号）和《国家发展改革委关于降低部分建设项目收费标准规范收费行为等有关问题的通知》（发改价格〔2011〕534 号）两个文件对该办法进行了补充和修改：降低了中标金额在 5 亿元以上招标代理服务收费标准，并设置收费上限；货物、服务、工程招标代理服务收费按差额费率计算，中标金额在 5~10 亿元的为 0.035%，10~50 亿元的为 0.008%，50~100 亿元的为 0.006%，100 亿元以上的为 0.004%；工程一次招标（完成一次招标投标全流程）代理服务费最高限额为 450 万元，并按各标段中标金额比例计算各标段招标代理服务费。表 12-2 为建筑工程招标代理服务收费标准。

表 12-2　建筑工程招标代理服务收费标准

序号	中标金额/万元	费率（%）
1	100 以下	1.0
2	100~500	0.7
3	500~1000	0.55
4	1000~5000	0.35
5	5000~10000	0.2
6	10000~50000	0.05
7	50000~100000	0.035
8	100000~500000	0.008
9	500000~1000000	0.006
10	1000000 以上	0.004

中标金额在5亿元以下的招标代理服务收费基准价仍按《招标代理服务收费管理暂行办法》的规定执行。此收费额为招标代理服务全过程的收费基准价格，并不含工程量清单、工程标底或工程招标控制价的编制费用。

不过，由于招标代理业务竞争激烈，很多招标代理机构的收费远低于国家有关部委建议的收费标准。

建筑工程招标代理服务收费按差额定率累进法计算。例如，某工程招标代理业务中标金额为6000万元，招标代理服务收费额计算如下：

100万元×1.0%+（500-100）万元×0.7%+（1000-500）万元×0.55%+（5000-1000）万元×0.35%+（6000-5000）万元×0.2%=22.55万元。

2016年1月1日，国家发展和改革委员会发布国家发展和改革委员会令第31号，宣布废止上述3个文件。目前国家层面对招标代理服务费的支付主体和标准未作强制性规定，招标代理服务费应由招标人、招标代理机构与投标人按照约定方式执行。当前，一般的约定是由中标人来支付招标代理费，并按差额定率累进法计算，同时在招标文件中提出并告知投标人。

12.5　招标代理机构的监管

12.5.1　加强事中事后监管

招标代理机构是依法设立、从事招标代理业务的社会中介机构，其应当在招标人的委托范围内办理招标事宜，因此招标代理机构应当遵守法律、法规及部门规章中关于招标人的相关规定。但招标代理机构在招标投标活动中又具有独立的法律地位，因此法律、法规及部门规章对招标代理机构的法律责任又作出了一些特殊规定。

党的十八大以来，尤其是十九大以后，以"放管服"为基本特征的改革逐步深入。对于招标代理机构的监管，国家放宽了对招标代理机构的资质审查和门槛以后，放宽了事前审批，但加强了事中和事后的监管。2017年，住房和城乡建设部办公厅发布《关于取消工程建设项目招标代理机构资格认定加强事中事后监管的通知》（建办市〔2017〕77号），规定："规范工程招标代理行为。招标代理机构应当与招标人签订工程招标代理书面委托合同，并在合同约定的范围内依法开展工程招标代理活动。招标代理机构及其从业人员应当严格按照招标投标法、招标投标法实施条例等相关法律法规开展工程招标代理活动，并对工程招标代理业务承担相应责任。"

1. 强化工程招标投标活动监管

各级住房和城乡建设主管部门加大了房屋建筑和市政基础设施招标投标活动监管力度，推进电子招标投标，加强招标代理机构行为监管，严格依法查处招标代理机构违法违规行为，及时归集相关处罚信息并向社会公开，切实维护建筑市场秩序。

2. 加强信用体系建设

加快推进省级建筑市场监管一体化工作平台建设，规范招标代理机构信用信息采集、报送机制，加大信息公开力度，强化信用信息应用，推进部门之间信用信息共享共用。加快建立失信联合惩戒机制，强化信用对招标代理机构的约束作用，构建"一处失信、处处受制"的市场环境。

国家建立招标投标信用制度。国家发展和改革委员会指导和协调全国招标投标工作，对国家重大建设项目的工程招标投标活动实施监督检查。但对于招标投标的代理机构，由国务院住房和城乡建设部、商务部、国家发展和改革委员会、工业和信息化部等部门，按照规定的职责分工对招标代理机构依法实施监督管理。有关行政监督部门应当依法公告对招标代理机构及其工作人员等当事人违法行为的行政处理决定。

建设主管部门应当建立工程招标代理机构信用档案，并向社会公示。工程招标代理机构应当按照有关规定，向资格许可机关提供真实、准确、完整的企业信用档案信息。工程招标代理机构的信用档案信息应当包括机构基本情况、业绩、工程质量和安全、合同违约等情况。

12.5.2　招标代理机构的法律责任

招标代理机构的法律责任是指招标代理机构在招标过程中对其所实施的行为应当承担的法律后果。招标代理机构不得在所代理的招标项目中投标、代理投标或者向该项目投标人提供咨询，也不能参加受托编制标底项目的投标或者为该项目的投标人编制投标文件、提供咨询，否则，招标代理机构的行为属于违法行为。

《中华人民共和国招标投标法》第五十条规定了招标代理机构的法律责任，即招标代理机构泄露应当保密的与招标投标活动有关的情况资料，或者与招标人、投标人串通损害国家利益、社会公共利益或者他人合法权益的，应当承担相应的法律责任。该条款既规定了招标代理机构的民事责任，又规定了招标代理机构的刑事责任和行政责任。

依据这一条款的规定，招标代理机构承担民事责任的主要方式表现为赔偿责任和中标无效。招标代理机构因违法行为应承担的行政责任方式有：警告，责令改正，通报批评，对单位及单位直接负责的主管人员和其他直接责任人员罚款（根据违法行为的严重程度及所造成的后果处以不同罚款额），取消招标代理资格（根据违法行为的严重程度给予不同的处罚期限），暂停招标代理资格等。构成犯罪的依法追究刑事责任。

除《中华人民共和国招标投标法》中对招标代理机构的法律责任作出相关规定外，在其他一些法律、法规及部门规章中，如《工程建设项目货物招标投标办法》《工程建设项目招标投标活动投诉处理办法》《工程建设项目施工招标投标办法》，对于招标代理机构的行政法律责任也作出了更详细的规定。

如果招标代理机构泄露应当保密的与招标投标活动有关的情况和资料的，或者与招标人、投标人串通损害国家利益、社会公共利益或者他人合法权益的，处五万元以上二十五万元以下的罚款；对单位直接负责的主管人员和其他直接责任人员处单位罚款数额百分之五以上百分之十以下的罚款；有违法所得的，并处没收违法所得；情节严重的，暂停直至取消招标代理资格；构成犯罪的，依法追究刑事责任；给他人造成损失的，依法承担赔偿责任；由于招标代理机构的违法行为而影响中标结果的，中标无效。

12.6 本章案例分析

1. 案例背景

××市拟建设垃圾压缩站3座以及配套工程等，并采购一批环卫垃圾车，预算达2000万元，招标人为该市环卫局。2020年3月，该招标项目在××市公共资源交易中心开标。到投标截止时间为止，一共只有本地的三家投标单位参与投标。开标结束后，三家公司的投标报价非常接近，只相差500多元。当时，开标结果引发了众多的质疑。因为按正常情况，几千万元的工程招标，又不是非常复杂的工程项目，不可能只有三家公司投标，而且只有本地的投标人参与投标，三家投标人的报价还如此接近。

招标人和招标代理机构（××监理工程公司）还是按正常程序组织了评标，并撰写了评标报告。事情发生2个月后，××市的上级省委、省政府开展"反商业贿赂"的"三打两建"专项行动，该市检察院接到了举报线索。于是，检察院、监察局、建设局组成联合调查组及时介入，发现了重大违法和违规事实。后来，该违法招标结果被认定无效而重新招标，相关责任人受到了党纪和政纪处分。经重新招标后，该工程造价平均下浮35%以上，为财政节约支出620多万元。

2. 案例分析

（1）招标代理机构重业务而无视法律法规　招标代理机构××监理工程公司为承揽到该垃圾站建设工程的招标代理业务，向该市环卫局某主管副局长行贿谋取代理工程招标。该副局长答应给××监理工程公司代理该业务，但要××监理工程公司配合组织围标和陪标，并向其介绍了该市的××机电设备公司。原来该市的××机电设备公司事先已找到了该副局长行贿，意图谋取中标。而××机电设备公司只是一个代理环卫垃圾车的贸易商，并没有建筑工程施工的资质。

（2）招标代理机构业务不精　招标代理机构不仅无视法律法规的约束，与招标人勾结，而且代理业务不精，犯下低级错误。招标代理机构按招标程序发布了招标公告，并按招标人的要求为××机电设备公司量身定做了招标文件。同时，招标代理机构还替××机电设备公司制作了三份投标文件。由于招标代理机构认为不会出什么差错，三份投标文件中，除投标人名称不一致外，很多内容雷同，连电话号码、保修期限的页码都一致。不过，正是三份投标文件某些内容的页码相同这一事实，使调查组发现了充分的证据。

（3）处理结果　在本案例中，事情的核心是主管副局长受贿，该副局长收受投标人××机电设备公司贿赂，允许××机电设备公司找来另外两家公司参与围标。实际上，购买招标文件的除参与围标的这三家公司外，还有真正想投标的S市三家公司和D市的三家公司。××机电设备公司通过招标代理机构找到另外这六家公司，说他们根本不可能中标，不如放弃投标。由于××机电设备公司的威胁和贿赂，另外六家公司都放弃了提交投标文件。作为放弃投标的补偿，××机电设备公司给予每家放弃投标的公司3万元。为弥补这些损失，××机电设备公司将投标报价调高到了接近招标底价，仅象征性地下浮500元。

依据调查结果，调查组根据《中华人民共和国招标投标法》的规定，认为该市××监理工程公司在垃圾站工程项目的招标投标活动中存在系列违规违法问题。公司招标代理业务直接负责人黄××有串通投标的重大嫌疑，建议公安部门立案侦查；同时，停止黄××在该市从事招标代理业务的资格。该招标代理机构被通报批评，并进入省招标代理黑名单库，停止招标代理半年。此外，还有其他相关责任人受到了刑事处分。

（4）案例启示及教训　第一，招标人应依法委托，不要利用委托业务的强势地位，要求招标代理机构配合实施违规或违法活动。第二，招标代理机构应依法代理，不要屈从于招标人的无理乃至违纪违法要求，更不应为了业务拓展以身试法。近年来，国家对招标代理机构的监管已越来越严。第三，对于监管部门，应从一些细节去发现违法违规线索。如本案例中，所有投标人的价格非常接近，无外地企业来投标，只有三家公司投标，投标文件很多内容雷同，连电话号码、保修期限的页码都一致，等等，种种证据已非常明显地表明存在明招暗定、串标、围标等违法行为。

思考与练习

1. 单项选择题

（1）招标项目确定中标人后，招标人即向中标人发出中标通知书，中标通知书（　　）具有法律效力。

A. 对招标人和中标人　　　　　　　　B. 只对招标人

C. 只对投标人　　　　　　　　　　　D. 只对招标人和招标代理机构

（2）工程建设项目的招标代理资质管理，已由住房和城乡建设部于（　　）年取消。

A. 2016　　　　　　　　　　　　　　B. 2018

C. 2020　　　　　　　　　　　　　　D. 2021

（3）按照《中华人民共和国招标投标法》第五十条的规定，招标代理机构泄露应当保密的与招标投标活动有关的情况和资料的，处（　　）的罚款。

A. 五万元以上二十五万元以下　　　　B. 一万元以上五万元以下

C. 五万元以上十万元以下　　　　　　D. 一万元以上十万元以下

（4）按照《中华人民共和国招标投标法》第五十条的规定，招标代理机构与招标人、投标人串通损害国家利益、社会公共利益或者他人合法权益，情节严重的，禁止其（　　）内代理依法必须进行招标的项目并予以公告。

A. 5 年　　　　　　　　　　　　　　B. 3 年

C. 2 年　　　　　　　　　　　　　　D. 1~2 年

（5）下列说法中正确的是（　　）。

A. 招标人应当与被委托的招标代理机构签订书面委托合同

B. 招标代理合同约定的收费标准应当符合国家有关规定

C. 招标代理机构不得在所代理的招标项目中投标，但可以代理别人投标

D. 招标代理机构不得在所代理的项目中投标，但可以为所代理的招标项目的投标人提供咨询

2. 多项选择题

(1) 招标代理机构应当具备下列条件（　　　）。

A. 有从事招标代理业务的营业场所

B. 有相应的资金

C. 有能够编制招标文件的能力

D. 有能够组织评标的相应专业力量

(2) 招标代理机构因违法行为应承担的行政责任方式有（　　　）。

A. 警告

B. 责令改正

C. 通报批评

D. 对单位及单位直接负责的主管人员和其他直接责任人员罚款

(3) 目前，国家层面对招标代理服务费的支付主体和标准未作强制性规定，下列可以支付招标代理服务费的是（　　　）。

A. 招标人　　　　　　　　　　B. 中标人

C. 投标人　　　　　　　　　　D. 应在招标文件中约定

(4) 招标人委托哪一家招标代理机构代理招标由招标人自主决定，不受任何单位和个人的限制，包括（　　　　　）。

A. 招标人的上级主管部门　　　B. 有关领导人

C. 监管机关　　　　　　　　　D. 分公司所属的总公司

(5) 招标代理机构不得（　　　）。

A. 在所代理的招标项目中投标或者代理投标

B. 为所代理的招标项目的投标人提供咨询

C. 对招标人收取代理服务费

D. 对中标人收取代理服务费

(6) 国家建立招标投标信用制度。有关行政监督部门应当依法公告对（　　　）等当事人违法行为的行政处理决定。

A. 投标人　　　　　　　　　　B. 监管人员

C. 招标人　　　　　　　　　　D. 招标代理机构

3. 问答题

(1) 招标代理机构应具备哪些条件？

(2) 我国招标代理机构资质管理上的变化及现行规定是什么？

(3) 招标代理机构的法律责任有哪些？

(4) 请简述我国招标代理机构代理费用的收取情况及最新的规定。

(5) 作为监管部门，取消招标代理资质及降低代理准入门槛以后，应如何加强对招标代理机构事中和事后的监管？

4. 案例分析题

当前，一些招标代理机构不依法代理，过分迁就和迎合业主的要求，在项目招标时，利用所掌握的招标投标知识，不惜钻空子，设门槛，做"裁缝"，当"说客"，以满足招标人的特定要求。另外，有的招标代理人员盲目屈从于招标人的要求，将实际违规操作合法化；

有的招标代理人员向招标人作一些不切实际的承诺，甚至帮助招标人规避招标或肢解发包，弄虚作假；有的招标代理人员业务水平低下，法律意识淡薄。更有甚者，有些招标代理机构自行牵线搭桥，为投标人围标串标充当"枪手"和"说客"，谋取非法暴利，完全丧失了独立性和公正性。如果你是监管招标代理机构的政府部门负责人，你对规范发展招标代理机构有什么对策和建议？

思考与练习部分参考答案

1. 单项选择题

（1）A　（2）B　（3）A　（4）D　（5）A

2. 多项选择题

（1）ABCD　（2）ABCD　（3）ABD　（4）AB　（5）AB　（6）ACD

参考文献

[1] 王丹宏. 浅谈电子投标文件与纸质投标文件的差异 [J]. 内蒙古水利，2019 (7)：77-78.

[2] 李承蔚. 电子投标文件与纸质投标文件有出入，该咋办 [J]. 中国招标，2019 (21)：24-25.

[3] 罗小玲. 大数据信息技术在档案管理中的运用 [J]. 陕西档案，2021，20 (5)：33-34.

[4] 戴子龙. 公共资源交易电子化后的档案管理 [J]. 科技创新导报，2018 (27)：190-192.

[5] 李学广，曹红军. 公共资源交易电子文件归档单套管理的实证研究 [J]. 中国档案，2021 (4)：66-68.

[6] 华文. 计算机电子信息技术工程管理与应用 [J]. 计算机工程应用技术，2019 (15)：21-22.

[7] 刘振成. 计算机信息管理技术在维护网络安全中的应用 [J]. 数字通信世界，2021 (2)：171-172.

[8] 李志生，舒美艳. PPP 项目招投标与热点难点问答 [M]. 北京：中国建筑工业出版社，2019.

[9] 李志生. 工程建设招标投标与政府采购常见问题 300 问 [M]. 北京：中国建筑工业出版社，2016.

[10] 董志坚. 某邀请招标工程投标案例分析 [J]. 山西建筑，2009 (10)：267-268.

[11] 吕俊民，张芳娥. 浅谈投标工作策略 [J]. 山西建筑，2008 (25)：276-277.